Controles típicos de equipamentos e processos industriais

Blucher

Controles típicos de equipamentos e processos industriais

2ª edição

Mario Cesar M. Massa de Campos

Herbert C.G. Teixeira

Controles típicos de equipamentos e processos industriais
© 2010   Mario Cesar M. Massa de Campos
           Herbert C.G. Teixeira
2ª edição – 2010
2ª reimpressão – 2015
Editora Edgard Blücher Ltda.

Blucher

Rua Pedroso Alvarenga, 1245, 4º andar
04531-012 – São Paulo – SP – Brasil
Tel 55 11 3078-5366
contato@blucher.com.br
www.blucher.com.br

Segundo Novo Acordo Ortográfico, conforme 5. ed. do *Vocabulário Ortográfico da Língua Portuguesa*, Academia Brasileira de Letras, março de 2009.

É proibida a reprodução total ou parcial por quaisquer meios, sem autorização escrita da Editora.

Todos os direitos reservados pela Editora Edgard Blücher Ltda.

FICHA CATALOGRÁFICA

Campos, Mario Cesar M. Massa de
  Controles típicos de equipamentos e processos industriais / Mario Cesar M. Massa de Campos, Herbert C. G. Teixeira. – 2. ed. – São Paulo: Blucher, 2010.

  Bibliografia
  ISBN 978-85-212-0552-4

  1. Controle de processos 2. Equipamento industrial 3. Processos industriais I. Teixeira, Herbert C. G. II. Título.

10-09428   CDD-620.0011

Índices para catálogo sistemático:
1. Equipamentos e processos industriais: Sistemas de controle: Engenharia   620.0011

Aos nossos Pais, Glaura e Lívio, e
Maria e José, que sempre
nos incentivaram ao estudo.

Agradecimentos

Nosso agradecimento a todos os amigos e colegas das Gerências de Engenharia Básica do Centro de Pesquisa da PETROBRAS (CENPES), em particular da Gerência de Automação e Otimização de Processos, com os quais trabalhamos em vários dos projetos dos sistemas de controle apresentados neste livro, e que contribuíram decisivamente para o sucesso dos mesmos.

Agradecemos ao Eng. Renato Spandri da Refinaria REPLAN, ao Eng. Paulo Sérgio Barbosa Rodrigues da Universidade Petrobras, e ao Eng. Lincoln Fernando Lautensclager Moro do Abastecimento pelas sugestões e pelo trabalho de revisão.

Agradecemos à Lúcia Emília de Azevedo, da Universidade Petrobras, pela revisão e condução de todo o processo.

Finalmente agradecemos à PETROBRAS pela oportunidade de compartilhar este conhecimento junto a toda a comunidade técnica, sem o qual este livro não seria impresso.

Escopo do livro

Este livro tem por objetivo descrever e detalhar os sistemas de controle encontrados na indústria do petróleo, petroquímica e de gás natural. Desta forma, ele apresenta a teoria dos controladores PID (Proporcional, Integral e Derivativo) que são sem dúvida os algoritmos de controle mais utilizados na prática, exemplificando a sua sintonia e cuidados para implementação dos mesmos nos sistemas digitais de automação.

São estudadas também as principais malhas de controle encontradas na prática: vazão, pressão, níveis e temperaturas. Ele também aborda o controle dos principais equipamentos encontrados nos processos de refinarias e plantas petroquímicas: compressores, turbinas a gás e a vapor, fornos, caldeiras, geradores elétricos, bombas centrífugas, colunas de destilação e sistemas de cogeração de energia. Ele também trata dos aspectos importantes dos medidores e atuadores (válvulas e inversores) para o controle.

As estratégias avançadas de controle regulatório, tais como controle em cascata, razão, *split-range*, antecipativo, *override*, desacoplamento, multivariável etc., são estudadas ao longo do livro, nos diversos capítulos do mesmo. A escolha de distribuir a apresentação destas estratégias ao longo do livro foi a de tentar apresentar as mesmas em um capítulo onde exista uma aplicação para elas. Por exemplo, a estratégia de desacoplamento é introduzida no capítulo de "Controle de Compressores", onde existem aplicações potenciais, entretanto ela também pode ser aplicada em outros processos.

Este livro busca mostrar através de exemplos práticos, e também através de simuladores, as limitações e os cuidados necessários, para que os sistemas de controle possam funcionar com um bom desempenho.

E finalmente, ele apresenta ferramentas de avaliação de malhas de controle que permitem acompanhar, ao longo do tempo, o desempenho das mesmas. O objetivo é diagnosticar e atuar na manutenção dos equipamentos ou na sintonia dos controladores PID para não haver degradação das funções de controle.

Pré-requisitos

Este livro não é um texto básico de teoria de controle, mas busca enfocar os aspectos práticos e cuidados necessários para o sucesso da aplicação das técnicas de controle em processos industriais. No entanto, ele faz uma breve introdução aos conceitos básicos da área de controle de processos necessários à compreensão das diversas outras partes do livro. Para os leitores que não conhecem os termos "Transformada de Laplace" e "Função de Transferência" de um processo, recomenda-se começar pelo anexo A.1.

Organização

Este livro está organizado em vários capítulos:
- Introdução ao controle de processos
- Controladores PID – introdução e sintonia
- Controle de vazão
- Controle de nível
- Controle de pressão
- Controle de bombas industriais
- Controle de fornos e caldeiras
- Controle de turbinas a vapor e a gás
- Controle de compressores
- Controle de colunas de destilação
- Controle de sistemas de cogeração de energia
- Avaliação de desempenho das malhas de controle

Objetivos do livro

Espera-se que ao final do livro o leitor seja capaz de:
- Identificar e entender os principais sistemas de controle associados aos equipamentos das unidades industriais.
- Avaliar as possíveis causas dos problemas de implantação e de desempenho dos controles regulatórios (PID).
- Entender a importância de um bom projeto dos sistemas de controle.
- Entender o impacto de um bom sistema de controle para a segurança, a confiabilidade e o desempenho econômico de uma unidade industrial.

Apresentação

Neste ano em que se dedicam todas as homenagens a Petrobras, por ter atingido a tão sonhada autossuficiência, é altamente gratificante para a Universidade Petrobras, a publicação de mais este livro.

Este produto é resultante do esforço silencioso que é feito pela Companhia, a mais de 50 anos, em prol da capacitação de seus empregados.

Nos sentimos orgulhosos de ter nos nossos quadros engenheiros do porte de Mario Campos e Herbert Teixeira, que através de exemplar conduta pessoal, disseminam sempre seus conhecimentos e experiências adquiridos no Sistema Petrobras.

É com grande satisfação, portanto, que a Universidade Petrobras, com o seu Programa de Editoração de Livros Didáticos, promove a produção do livro, Controles Típicos de Equipamentos e Processos Industriais, que será de muita importância na formação dos engenheiros de automação industrial da Petrobras, bem como vai retornar à sociedade o investimento e a confiança depositados em suas atividades.

Humberto Matrangolo de Oliveira
Petróleo Brasileiro S/A - Petrobras
Recursos Humanos
Universidade Petrobras
Gerente da Escola de Ciências e Tecnologias de Abastecimento

Conteúdo

Capítulo 1 – Introdução ao Controle de Processos 1

1.1 Projeto de um Sistema de Controle de Processos 10
1.2 Introdução à Dinâmica de Processos................................. 12
1.3 Referências Bibliográficas... 20

Capítulo 2 – Introdução ao Controlador PID............................ 21

2.1 Controlador Proporcional (P).. 23
2.2 Controlador Proporcional e Integral (PI) 26
2.3 Controlador Proporcional, Integral e Derivativo (PID) 29
2.4 Tipos de Implementação do Algoritmo PID nos Equipamentos Industriais ... 31
2.5 Exemplos de PID nos Equipamentos Industriais 34
2.6 Conversão dos Parâmetros do PID Paralelo para o Série................ 37
2.7 Resposta Dinâmica do Processo com o Controlador PID................ 38
2.8 Referências Bibliográficas... 42

Capítulo 3 – Sintonia de Controladores PID 43

3.1 Método Heurístico de Ziegler e Nichols............................... 48
3.2 Método CHR.. 53
3.3 Método Heurístico de Cohen e Coon (CC) 55
3.4 Método da Integral do Erro... 56
3.5 Método do Modelo Interno (IMC) 60
3.6 Método dos Relés em Malha Fechada 63
3.7 Ferramentas Clássicas de Análise de Controle Linear 66
3.8 Outros Métodos de Sintonia do PID................................. 69
3.9 Comparação entre os Métodos de Sintonia do PID..................... 72
3.10 Conclusões... 77
3.11 Referências Bibliográficas.. 77

Capítulo 4 – Controle de Vazão....................................... 81

4.1 Controle de Vazão – Elementos Primários de Controle................. 83
4.2 Controle de Vazão – Elemento Final de Controle 86
4.3 Estratégia de Controle de Razão.................................... 105
4.4 Não Linearidades Induzidas pela Característica da Válvula 107
4.5 Referências Bibliográficas... 110

Capítulo 5 – Controle de Nível 113

5.1 Exemplos de Controle de Nível.... 116
5.2 Controle em Cascata 119
5.3 Controle em *Override* ou com Restrições 124
5.4 Método Heurístico de Sintonia de Controladores de Nível 127
5.5 Controle de Nível com PID de Ganho Variável.... 129
5.6 Análise do Desempenho dos Controles de Nível 130
5.7 Referências Bibliográficas.... 132

Capítulo 6 – Controle de Pressão.... 133

6.1 Controle de Pressão de um Vaso.... 135
6.2 Controle de Pressão de uma Coluna de Destilação 140
6.3 Estratégia de Controle Utilizando *Split-range* 156
6.4 Controles do Sistema de Óleo de uma Plataforma de Petróleo.... 158
6.5 Otimização de um Controle de Pressão 164
6.6 Referências Bibliográficas.... 165

Capítulo 7 – Controle de Bombas Industriais 167

7.1 Introdução às Bombas Industriais.... 169
7.2 Exemplos de Controles Associados às Bombas Industriais.... 173
7.3 Variadores de Rotação de Motores Elétricos de Indução 182
7.4 Exemplos de Controles de Sistemas de Bombeamento 186
7.5 Referências Bibliográficas.... 197

Capítulo 8 – Controle de Fornos e Caldeiras.... 199

8.1 Introdução aos Fornos Industriais 201
8.2 Introdução às Caldeiras Industriais.... 207
8.3 Controle Antecipatório ou *Feedforward* 209
8.4 Detalhamento dos Controles de um Forno Industrial 213
8.5 Detalhamento dos Controles de uma Caldeira.... 222
8.6 Controle de Trocadores de Calor 225
8.7 Controle de Processos com Resposta Inversa 235
8.8 Referências Bibliográficas.... 239

Capítulo 9 – Controle de Turbinas a Vapor e a Gás 241

9.1 Introdução às Turbinas a Vapor.... 243
9.2 Principais Controles de uma Turbina a Vapor 246

9.3 Introdução às Turbinas a Gás 258
9.4 Principais Controles de uma Turbina a Gás 260
9.5 Referências Bibliográficas...................................... 265

Capítulo 10 – Controle de Compressores 267

10.1 Introdução aos Compressores Industriais........................ 269
10.2 As Curvas Características do Compressor 274
10.3 Limite de *Surge* dos Compressores Dinâmicos 276
10.4 Controle de Capacidade dos Compressores 279
10.5 Controle *Anti-surge* dos Compressores Dinâmicos............... 283
10.6 Detalhes de uma Estratégia de Controle *Anti-surge* 285
10.7 Exemplo de Elaboração do Controle *Anti-surge*................. 297
10.8 O Sistema de Compressão.. 301
10.9 Simulação Dinâmica do Sistema de Compressão 303
10.10 Outros Detalhes do Controlador *Anti-surge* Industrial........ 307
10.11 Desacoplamento de Malhas 308
10.12 Importância da Instrumentação para o Controle *Anti-surge* ... 315
10.13 Exemplos de Problemas de Estratégias de Controle.............. 319
10.14 Referências Bibliográficas.................................... 321

Capítulo 11 – Controle de Colunas de Destilação 323

11.1 Variáveis de Controle de uma Coluna de Destilação 332
11.2 Controle Multivariável 340
11.3 Sistema de Compensação de Tempo Morto 346
11.4 Referências Bibliográficas..................................... 349

Capítulo 12 – Controle de Sistemas de Cogeração de Energia 351

12.1 Turboexpansor acionando um Compressor 353
12.2 Turboexpansor acionando um Gerador Elétrico 355
12.3 Turbina a Gás Gerando Energia Elétrica e Calor 364
12.4 Referências Bibliográficas..................................... 365

Capítulo 13 – Avaliação de Desempenho das Malhas de Controle........ 367

13.1 Índices para Acompanhar a Variabilidade do Processo 370
13.2 Índice Baseado em Controle com Variância Mínima 372
13.3 Algoritmo para Detecção de Oscilações 375

13.4 Acompanhamento da Margem de Ganho e de Fase..................... 376
13.5 Conclusões 380
13.6 Referências Bibliográficas... 380

Capítulo 14 – Conclusões 383

Anexo 1 – Conceitos Básicos de Transformada de Laplace 389

1

Introdução ao controle de processos

1 Introdução ao controle de processos

No atual mercado competitivo, as empresas são obrigadas a melhorar continuamente a produtividade das suas plantas industriais. Uma das áreas tecnológicas fundamentais para se aumentar a rentabilidade das unidades é a de controle, automação e otimização de processos. Vários são os ganhos da aplicação destas tecnologias nos processos industriais:

- Aumento do nível de qualidade dos produtos.
- Minimização da necessidade de reprocessamento. Isto é, com um sistema de controle ruim os produtos podem não atingir as especificações desejadas, o que leva muitas vezes à necessidade de se recircular e fazer com que os produtos passem novamente pelas unidades de processamento, com todos os custos de energia envolvidos.
- Aumento da confiabilidade dos sistemas, pois os controles bem projetados evitam que os equipamentos operem em regiões indesejadas, onde ocorre uma deterioração mais rápida dos mesmos, e possíveis paradas não programadas para manutenção.
- Aumento do nível de segurança da unidade, pois os controles podem atuar para evitar um aumento brusco e perigoso de uma pressão ou temperatura.
- Liberação do operador de uma série de atividades manuais e repetitivas. Por exemplo, em sistemas com um controle deficiente o operador pode ser obrigado muitas vezes a ficar atuando constantemente em válvulas para manter um nível ou uma temperatura nos seus respectivos valores desejados, deixando de executar uma tarefa de supervisão e otimização da planta.

O termo "controle de processos" costuma ser utilizado para se referir a sistemas que têm por objetivo manter certas variáveis de uma planta industrial entre os seus limites operacionais desejáveis. Estes sistemas de controle podem necessitar constantemente da intervenção humana, ou serem automáticos, como, por exemplo, o controle de temperatura de um forno.

Os sistemas de controle podem ser em malha aberta ou em malha fechada. No caso do controle em malha aberta, o operador define a abertura de uma válvula de controle, para obter uma certa vazão desejada. Para determinar esta abertura, ele consulta uma curva de calibração prévia (abertura x vazão) e considera que a vazão vai se manter constante, apesar das possíveis perturbações. A Figura 1.1, a seguir, mostra um esquema de um sistema de controle em malha aberta.

Os sistemas de controle em malha aberta são simples e baratos, mas não compensam as possíveis variações internas da planta, nem as perturbações externas inerentes

Figura 1.1 Sistema de controle em malha aberta.

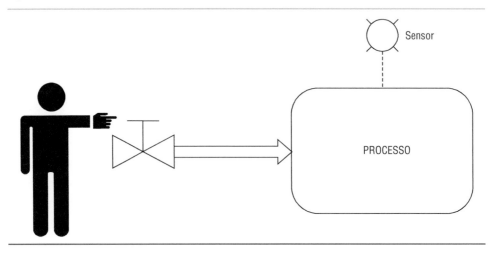

a um processo industrial. Por exemplo, suponha que se deseja controlar uma determinada vazão, e que esta vazão esteja vindo de um tanque, conforme a Figura 1.2.

Considerando uma certa vazão desejada, o operador pode consultar uma curva ou tabela de calibração (que foi obtida anteriormente) e determinar qual é a abertura da válvula que produz aquela vazão. Entretanto, à medida que o nível do tanque for diminuindo, para uma mesma abertura da válvula, a vazão para o processo irá diminuir, pois a pressão a montante da válvula será menor. Portanto, este tipo de controle em malha aberta não compensará esta diminuição da vazão. Além disto, existem atritos, histereses e desgastes das partes internas da válvula que mudam com o tempo. Assim, a própria curva de calibração também não seria mais válida, devido a estas mudanças dos parâmetros internos da planta.

Figura 1.2 Processo para controle de vazão.

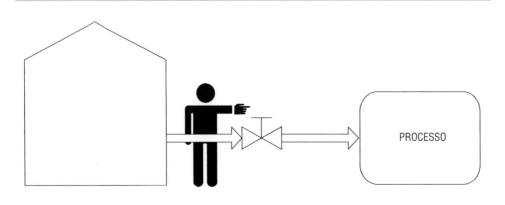

A Figura 1.3 mostra um outro exemplo de controle em malha aberta, onde se deseja controlar a temperatura de saída de um equipamento em torno de 70 °C. Com este objetivo, o operador ajusta a válvula em 15%. Entretanto, quando ocorre uma perturbação na temperatura de entrada do fluido no tempo igual a 60 segundos, observa-se que a temperatura de saída aumenta, e se o operador não atuar na válvula o sistema se afastará do ponto desejado.

Outra desvantagem do controle em malha aberta é a sobrecarga de trabalho repetitivo e sem interesse para o operador. Este controle também estimula o operador a ser conservativo e operar em uma região mais segura e menos econômica. No exemplo da figura anterior, se existisse um risco por temperatura alta, ele iria tender a operar em uma temperatura mais baixa por segurança, mas que por outro lado poderia significar uma perda maior de produtos nobres, o que representaria uma perda de rentabilidade para a planta industrial.

De forma a eliminar estes problemas, pode-se medir a variável importante para o processo e implementar um controle automático em malha fechada. Por exemplo, no

Figura 1.3 Desempenho do controle em malha aberta.

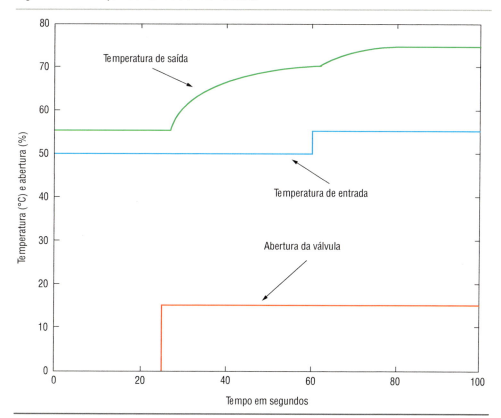

caso discutido anteriormente, pode-se colocar um medidor de temperatura, e retroalimentar o sistema com esta informação, para que o mesmo mude a abertura da válvula e mantenha a temperatura no seu valor desejado. Este valor desejado ou *setpoint* passa a ser a grandeza ajustada pelo operador. Estes sistemas de controle são classificados como sendo em malha fechada ou com retroalimentação (*feedback*). A Figura 1.4 mostra um esquema de sistema em malha fechada.

Figura 1.4   Sistema de controle em malha fechada.

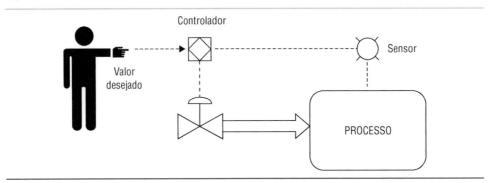

Com o sistema de controle em malha fechada surge a figura do "controlador", que compara o valor desejado com o valor medido, e se houver um desvio entre estes valores, manipula a sua saída de forma a eliminar este desvio ou erro. Desta maneira, o controle em malha fechada mantém a variável do processo no seu valor desejado, compensando as perturbações externas e as possíveis não linearidades do sistema. A variável manipulada pelo controlador pode ser a abertura de uma válvula, ou a rotação de uma bomba, ou a rotação de um compressor, ou a posição de uma haste etc.

A Figura 1.5 mostra a temperatura sendo controlada automaticamente em 70 °C a partir do tempo igual a 25 segundos. Observa-se que neste caso quando ocorre uma variação na temperatura de entrada, o controlador atua na válvula para trazer a temperatura de volta ao seu valor desejado.

Mas o preço a se "pagar" com este tipo de controle em malha fechada é uma tendência de o sistema oscilar, podendo até mesmo instabilizar o processo. Isto é, o controle em malha fechada pode introduzir um problema de estabilidade para sistema. Ao tentar corrigir os erros da variável do processo em relação ao valor desejado (*setpoint*), o controlador pode causar oscilações de amplitudes crescentes na abertura da válvula, instabilizando a planta. A forma de se eliminar esta instabilidade é retirar o controlador do modo "automático" e reajustar os seus parâmetros de sintonia.

Figura 1.5 Controle em malha fechada.

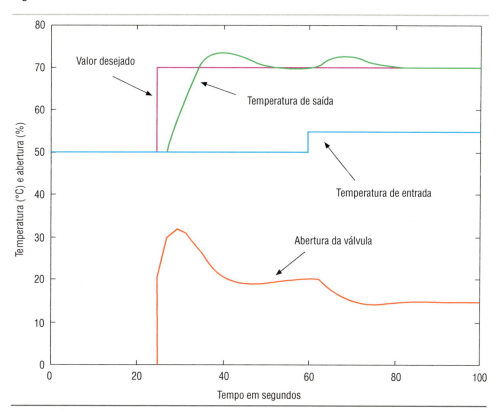

O controlador do tipo Proporcional-Integral-Derivativo (PID) é, sem dúvida, o mais usado em sistemas de malha fechada na área industrial. As vantagens deste controlador são:

- Bom desempenho em muitos processos;
- Estrutura versátil;
- Poucos parâmetros a serem sintonizados ou ajustados;
- Fácil associação entre os parâmetros de sintonia e o desempenho.

> Neste livro será apresentada a problemática de sintonia de controladores PID, que é fundamental para garantir a estabilidade, assim como as diversas metodologias utilizadas na prática com suas respectivas vantagens e desvantagens. O uso de controladores PID em estratégias avançadas de controle regulatório também será abordado.

Os problemas de controle em malha fechada podem ser classificados em dois principais tipos de aplicações:

- ☐ **REGULATÓRIO:** Onde o ponto de operação (*setpoint*) é fixo e se deseja manter o processo o mais próximo possível deste valor, apesar das perturbações. Na maioria dos processos contínuos, que operam "continuamente" durante 3 ou 6 anos até uma parada programada para manutenção, os controles têm este objetivo e são chamados de "controles regulatórios". O objetivo destes controles é rejeitar ou minimizar os efeitos das perturbações.

- ☐ **SERVO:** Onde o ponto de operação deve seguir uma trajetória. Este controle é comum em plantas de "batelada", onde, por exemplo, um reator com volume fixo é alimentado, e as temperaturas devem seguir uma trajetória no tempo, de maneira a otimizar as reações e, consequentemente, o produto desejado. Após um certo tempo, por exemplo 24 horas, o produto é retirado, e se inicia um novo ciclo ou uma nova batelada. O objetivo destes controles é seguir com o mínimo erro o *setpoint* desejado.

Figura 1.6 Controle regulatório.

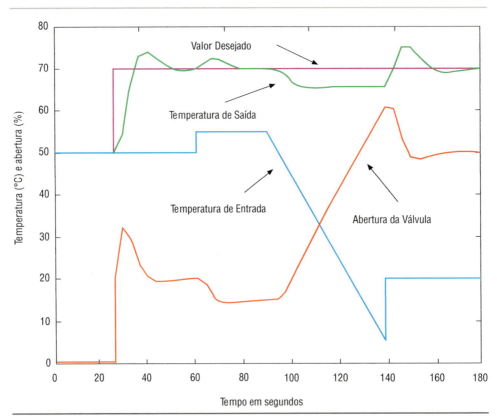

Na prática, os sistemas de controle devem ser capazes de resolver ambos os problemas na presença de incertezas e perturbações no processo. A Figura 1.6 mostra um exemplo de problema regulatório, onde o *setpoint* ou o valor desejado para a variável controlada passa a maior parte do tempo constante. Neste caso, o controle deve eliminar as perturbações e manter o sistema no ponto desejado. Observa-se que a temperatura de saída é mantida próxima ao seu valor desejado (*setpoint*), apesar das variações na temperatura de entrada do equipamento. Quando a temperatura de entrada varia em rampa, observa-se que o controlador tem dificuldade em manter a temperatura no seu valor desejado.

A Figura 1.7 mostra um exemplo de problema servo, onde o *setpoint* ou o valor desejado para a variável controlada segue uma trajetória e o controle deve tentar fazer com que o sistema siga esta trajetória. A sintonia ótima do controlador PID depende de que o problema de controle seja predominantemente servo ou regulatório, como será visto no Capítulo 3.

Figura 1.7 Controle servo.

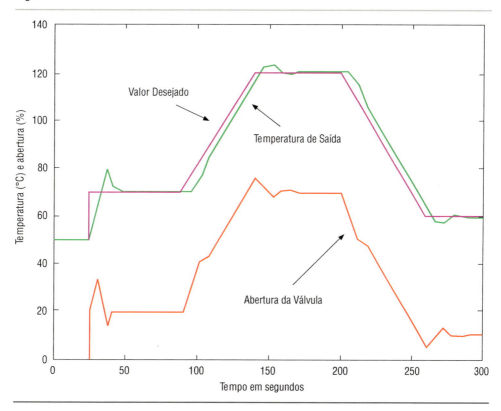

1.1 Projeto de um sistema de controle de processos

Os requisitos gerais para o projeto de um sistema de controle são os seguintes:

- ☐ Deve-se buscar uma estrutura de controle que minimize as perdas econômicas decorrentes das perturbações que o processo pode vir a sofrer. Desta forma, busca-se definir variáveis controladas, como certas temperaturas e vazões, que se forem mantidas constantes nos seus respectivos *setpoints*, o processo minimiza as perdas em função das perturbações [Skogestad, 2000] [Skogestad e Postlethwaite, 2005].
- ☐ O sistema deve ser estável, isto é, a sua resposta não deve possuir oscilações, com amplitude constante ou crescente.
- ☐ O sistema deve ser robusto e eliminar os desvios entre a variável controlada e o seu valor desejado, isto é, ele deve tender a reduzir estes erros a zero ao longo do tempo, e ser estável apesar das perturbações externas e das não linearidades do processo.

Em outros termos, os sistemas de controle devem manter o processo no seu ponto operacional ótimo, evitando regiões inseguras de operação, e devem ser capazes de eliminar perturbações.

O requisito específico para o projeto de uma malha de controle é basicamente a **definição do desempenho desejado**. Obviamente, o próprio processo a ser controlado impõe restrições ao máximo desempenho que o controle pode ter. Por exemplo, se o processo é lento e demora a responder a uma ação na sua entrada em torno de 30 minutos, então não se pode desejar que o controle responda em 2 minutos. Buscar uma resposta tão rápida para este processo pode significar um controle com ação muito brusca, o que levará a um sistema instável. Portanto, um bom desempenho do controle é aquele que leva o sistema a ter uma resposta a mais rápida possível para aquele processo (por exemplo, três vezes mais rápido do que a resposta em malha aberta), e com um amortecimento razoável (estabilidade relativa – sem grandes oscilações).

As fases de um projeto de um sistema de controle são:

1. Projeto básico: Análise do processo e definição de uma estratégia de controle (algoritmos e instrumentação necessária);
2. Detalhamento e implantação: Cuidados com a instalação da instrumentação e com a configuração do controle no sistema digital (PLC ou SDCD).
3. Fase de operação e manutenção: Sintonia dos controladores e possíveis alterações das mesmas em função de mudanças operacionais.

Fase de projeto

Em função dos objetivos operacionais, define-se uma estratégia de controle, que pode ser, por exemplo:

- ☐ O uso de um controlador simples do tipo PID, para controlar uma vazão ou um nível;
- ☐ O uso de um controle cascata, onde a saída de um controlador PID atua no *setpoint* de outro controlador PID.
- ☐ O uso de controle *override*, onde normalmente um controlador PID atua no processo, mas se uma outra variável se aproximar de um limite operacional, ela passa a atuar no processo, através de um seletor de maior ou menor.
- ☐ O uso de controle de razão, onde se deseja por exemplo manipular uma vazão, de maneira que a razão entre esta e uma outra vazão seja controlada.
- ☐ O uso de controle antecipatório (*feedforward*), de forma a minimizar o efeito de uma perturbação medida, em uma variável controlada.
- ☐ O uso de controle *split-range* quando necessário, onde por exemplo de 0 a 50% na saída do controlador atua na válvula "A" e de 50 a 100% ele atua em outra válvula "B".

Ao longo deste livro todas estas estratégias avançadas de controle serão discutidas detalhadamente: razão, cascata, antecipatório etc.

Fase de detalhamento e implantação

Instalar de forma adequada os instrumentos das malhas de controle, de maneira a evitar erros de medição durante a operação, assim como ruídos nestas variáveis, o que dificulta o controle. Configurar corretamente a estratégia no sistema digital de controle da unidade, evitando por exemplo ações indesejadas durante as transições de modo dos controladores. Outro cuidado na implementação é traçar uma estratégia durante a falha dos sensores, por exemplo passando o controlador para o modo manual e mantendo a última saída para a válvula. Evitar a saturação indevida do controlador (válvula totalmente aberta ou fechada) também deve ser uma preocupação durante a configuração. Todos estes cuidados serão discutidos ao longo deste livro.

Fase de operação e manutenção

A principal tarefa nesta fase é a sintonia dos controladores. Para sintonizar um controlador é necessário conhecer:

- A estratégia de controle proposta,
- A dinâmica do processo,
- O algoritmo de controle utilizado,
- O critério de desempenho desejado para a malha.

Técnicas de sintonia também serão discutidas ao longo deste livro.

1.2 Introdução à dinâmica de processos

O passo mais importante para o projeto de um sistema de controle é a obtenção da dinâmica do processo. Isto é, ao se atuar em uma variável da planta em quanto tempo a variável controlada irá reagir? A dinâmica do processo influencia muito a sintonia, como será visto a seguir. Alguns métodos de sintonia necessitam de um modelo explícito do processo, sendo que existem duas maneiras de se obter este modelo:

- Modelagem do processo em termos de leis físico-químicas e correlações;
- Identificação do sistema, que é o ajuste estatístico de um modelo do processo a partir de dados experimentais.

1.2.1 Modelagem do processo

A **modelagem fenomenológica** [Seborg e Mellichamp, 1989] usa as leis físicas e correlações para descrever o sistema. Um processo pode ser caracterizado por suas variáveis de estado que descrevem a quantidade de massa, energia e momento linear do sistema. As variáveis típicas que são escolhidas são: posições e velocidades (sistemas mecânicos), tensões e correntes (sistemas elétricos), níveis e vazões (sistemas hidráulicos), e temperaturas, pressões e concentrações (sistemas químicos, térmicos e de reação). A relação entre os estados é determinada usando-se balanços (princípios de conservação) de momento linear, massa, energia e também outras equações constitutivas (correlações).

A vantagem dos modelos físicos é que eles podem dar informações pormenorizadas do sistema e eles permitem extrapolações. Dependendo do grau de descrição dos fenômenos físicos, os seus parâmetros têm interpretações físicas. Estes modelos também permitem obter um conhecimento mais global das relações entre as diversas variáveis, incorporando as possíveis não linearidades.

A desvantagem é que pode ser difícil construir modelos físico-químicos dinâmicos de processos complexos, como certas colunas de destilações e certos reatores. Outro problema é que estes modelos podem ser extremamente complexos e de pouco valor prático, caso não se conheçam com precisão os seus parâmetros. Outra desvantagem é o tempo necessário para o desenvolvimento destes modelos.

Normalmente, estes modelos são linearizados (aplicando-se a série de Taylor) em torno do ponto de operação, de forma a se utilizar as teorias de controle de sistemas lineares.

LINEARIZAÇÃO:

$$y = f(x,z) = f(x_0,z_0) + \frac{df}{dx}(x_0,z_0)(x - x_0) + \frac{df}{dz}(x_0,z_0)(z - z_0)$$

1.2.2 Identificação do processo

A identificação de sistemas tem por objetivo construir modelos matemáticos de processos dinâmicos a partir de dados experimentais observados na planta. Estes modelos são do tipo "caixa-preta", pois só se está interessado nas relações entre as entradas e saídas do processo, e não nos mecanismos internos do mesmo.

A vantagem destes modelos em sistemas complexos é que este pode ser o método mais rápido e prático de se obter um modelo da dinâmica do processo. A desvantagem é que este modelo tem uma validade apenas local, isto é em torno do ponto de operação, não permitindo grandes extrapolações.

A identificação do processo inclui os seguintes passos:

☐ Planejamento e execução experimental;

☐ Seleção da estrutura do modelo (linear ou não);

☐ Estimação dos parâmetros do modelo;

☐ Validação do modelo.

Na prática, o procedimento para a identificação é iterativo, isto é, os passos descritos anteriormente podem e devem ser repetidos até que o modelo seja realmente representativo do processo.

1.2.3 Exemplo de modelagem e identificação

A seguir, será estudada a obtenção da dinâmica de um processo simples, de forma a exemplificar tanto a modelagem fenomenológica, quanto a identificação. O sistema escolhido será um trocador de calor de casco e tubo, que está mostrado na Figura 1.8. Pelos tubos passa um fluido frio "A", com uma vazão mássica não controlada (M_A– kg/h), e com uma temperatura de entrada T_{A1}, o objetivo é controlar a temperatura de saída (T_{A2}), manipulando a vazão do fluido quente do casco "B" (M_B), que possui uma temperatura de entrada T_{B1}.

Primeiramente, será feita uma modelagem fenomenológica deste trocador de calor, de maneira a elaborar um simulador dinâmico desta parte do processo.

Figura 1.8   Sistema do trocador de calor a ser controlado.

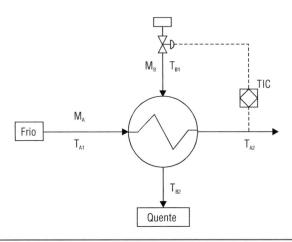

Obviamente, existem vários graus de precisão na modelagem, mas o importante é não aumentar a complexidade do modelo se o problema a ser resolvido não necessitar. Isto é, **o modelo deve ser o mais simples possível**, para resolver o problema em questão. Por exemplo, no caso acima o modelo mais simples seria:

- Considerar que a quantidade de calor (Q – kcal/h), fornecida pelo fluido quente "B", é proporcional à abertura da válvula. (Q = K x Saída do TIC).
- Considerar que as dinâmicas da válvula e da troca térmica podem ser agrupadas em uma única função de transferência de primeira ordem.
- Considerar que não ocorre vaporização do fluido "A" e que a temperatura de saída deste fluido, que se deseja controlar, pode ser calculada pela seguinte equação, onde "c_p" é o calor específico (kcal/kg.C):

$$T_{A2} = T_{A1} + \frac{Q}{c_p \times M_A}$$

Logo, desta maneira simplificada, o modelo dinâmico do trocador de calor poderia ser representado conforme a Figura 1.9.

As premissas deste modelo dinâmico nem sempre são válidas, por exemplo a influência das temperaturas e da vazão do fluido frio na troca de calor (Q) nem sempre pode ser desconsiderada, e a dinâmica de troca de calor em alguns casos necessita ser considerada de forma mais rigorosa. Entretanto, este modelo simplificado será usado

Figura 1.9 Modelo dinâmico do sistema.

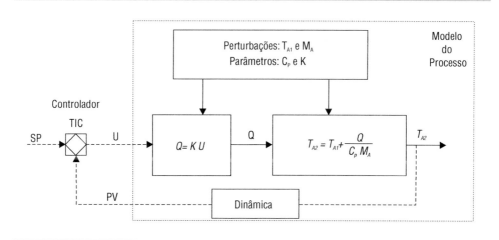

com o objetivo didático de se elaborar um simulador dinâmico. No Capítulo 8 deste livro, será discutido um modelo mais detalhado para trocadores de calor.

Simulação dinâmica

Existem várias possibilidades de se elaborar um programa de simulação dinâmica, desde o uso de linguagens padrões de programação, como o C++ e o FORTRAN, até o uso de ambientes particulares de programação, como o MATLAB.

De posse de um simulador dinâmico, pode-se testar as várias possibilidades de sintonia de um controlador. A vantagem do simulador é permitir uma maior flexibilidade nos testes e nas perturbações do sistema de controle, já que estas análises não afetam a produção. A desvantagem é o número de parâmetros que precisam ser obtidos (no exemplo da Figura 1.9: c_P do fluido, fator K de troca térmica, dinâmica da válvula etc.), e a necessidade de validação do modelo utilizado, verificando se o mesmo representa realmente os dados medidos na planta.

Como já foi dito, a outra possibilidade de se obter a dinâmica do processo é através da **identificação**. Neste caso, por exemplo, seria solicitado ao operador colocar o controlador "TIC" em manual, e variar a sua saída de um valor que não perturbe muito o processo, mas que o tire do seu regime permanente, por exemplo uma variação de ±1% em uma planta ou ±10% em outra planta. Seria então registrada a evolução da temperatura (que é a PV – *process variable* do controlador). Esta curva permitiria obter o ganho, a constante de tempo e o tempo morto do processo (modelo de resposta ao degrau). A Figura 1.10 mostra um exemplo de evolução da temperatura obtida, não diretamente da planta, mas através de um simulador do sistema de controle do trocador de calor para: c_p = 1 kcal/kgC, fator K = 5 kcal/%, vazão de 1 kg/min e temperatura de entrada igual a 20 °C. A temperatura de saída foi normalizada para [0 – 100 °C].

Figura 1.10 Resposta do processo para identificação do modelo dinâmico.

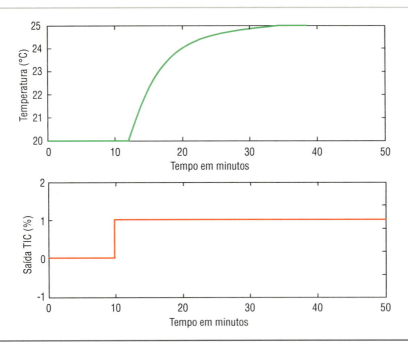

Em muitos trabalhos na prática, tenta-se modelar a dinâmica do processo como sendo um tempo morto mais um modelo de primeira ordem (ganho mais constante de tempo). Seja um processo, com variável de saída "T" e de entrada "u", que possa ser representado pela seguinte equação diferencial de primeira ordem:

$$\tau \frac{dT(t)}{dt} + T(t) = K \times u(t)$$

Aplicando a transformada de Laplace (ver anexo 1) na equação anterior, tem-se a dinâmica do processo representada por uma função de transferência de primeira ordem:

$$\frac{T(s)}{U(s)} = \frac{K}{\tau s + 1}$$

A solução no tempo para um degrau unitário na variável "u(t)" (variação de uma unidade no tempo igual a zero) seria:

$$T(t) = K \times \left(1 - e^{(-t/\tau)}\right)$$

Decorrido um tempo igual a "τ" (t = τ), que é conhecido como a constante de tempo do processo, a saída do processo seria igual a T(τ) = K × (1 – e $^{(-1.0)}$) = 0.63 × K. Portanto, a constante de tempo pode ser obtida observando-se o tempo a partir do degrau em que a saída da planta atinge 63% do seu valor final de regime permanente.

Os parâmetros a serem identificados para este modelo da dinâmica do processo de primeira ordem são os seguintes:

- Ganho do processo: $K = \dfrac{\Delta T}{\Delta U}$
- Constante de tempo (τ) que é tempo necessário para a temperatura atingir 63% do seu valor final.

A Figura 1.11 mostra este modelo de primeira ordem, que é na maioria das vezes apenas uma aproximação da realidade, pois um processo real raramente é linear e de primeira ordem. Entretanto, esta aproximação da dinâmica da planta industrial é satisfatória para se ajustar e definir muitos controles na prática.

Figura 1.11 Modelo identificado do processo.

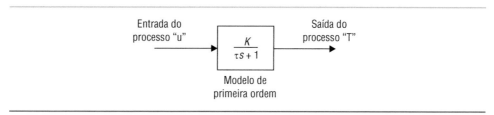

Um modelo um pouco mais completo é aquele que utiliza mais um parâmetro adicional chamado de tempo morto (θ), que é definido como o tempo a partir do instante em que o processo foi perturbado com um degrau, em que a sua variável de saída, por exemplo a temperatura, começa a variar ou sair do seu regime permanente.

Este modelo é mostrado na equação a seguir, e é um dos mais utilizados na prática para representar a dinâmica do processo e servir de base para a sintonia dos controladores do tipo PID [Ziegler e Nichols, 1942], [Corripio, 1990].

$$G_P(s) = \dfrac{K\ e^{-\theta s}}{\tau s + 1}$$

Para obter estes parâmetros que representam a dinâmica do processo (K, τ e θ) pode-se utilizar uma metodologia de **identificação**, que consiste no seguinte:

- Introduzir perturbações iniciais em degrau na variável manipulada (U) de forma a garantir o condicionamento do sistema (verificar bandas mortas, histereses etc.), isto é, efetuar dois ciclos de degraus para cima e para baixo. Esperar para que o sistema atinja o regime permanente estável (variável controlada constante) e que não esteja sendo perturbado por alguma outra variável (no caso de sistemas multivariáveis).

☐ Introduzir um degrau na variável manipulada, e obter a resposta do processo. Esta resposta do processo é conhecida na prática como "curva de reação" da planta. A partir desta curva pode-se calcular os parâmetros do modelo do processo (Ex. ganho, constante de tempo e tempo morto).

- O ganho do processo (K) em unidade de engenharia é calculado dividindo-se a variação da variável controlada em regime permanente pela variação da variável manipulada ($K = \Delta T / \Delta U = (T_2 - T_1)/(U_2 - U_1)$). Ver a Figura 1.12. Notar que "T", neste caso, é a notação para temperatura.

- A constante de tempo (τ) é o tempo a partir do início da perturbação na variável manipulada, descontado o tempo morto, em que a variável controlada já atingiu 63% da variação total até o novo regime permanente. Logo é o tempo para atingir: $0.63 \times \Delta T = 0{,}63 \times (T_2 - T_1)$. Observando-se a Figura 1.12, pode-se calcular a constante de tempo como: $\tau = t_3 - t_2$.

- O tempo morto (θ) é o tempo a partir do início da perturbação na variável manipulada em que a variável controlada começa a responder. Este tempo também é conhecido como tempo de transporte, pois estaria associado ao tempo que a perturbação necessita para "transitar" dentro do processo e começar a afetar a variável controlada. Por exemplo, seja um duto de comprimento (L), onde existe um fluido com velocidade (V), e se adiciona um produto químico (X), o tempo para este componente (X) atingir a saída do duto que está sendo monitorado será: $\theta = L/V$. Este tempo está associado ao tempo morto. Na Figura 1.12, o tempo morto seria calculado como: $\theta = t_2 - t_1$.

☐ Repetir pelo menos três vezes este ciclo, incluindo variações positivas e negativas na variável manipulada, e considerar como modelo do processo a média dos valores obtidos em cada uma destas identificações. O objetivo de repetir o teste é verificar se existe uma diferença na dinâmica do processo para uma variação positiva ou negativa da variável manipulada. Esta repetição também permite verificar se ocorreu alguma outra perturbação não desejada durante o teste (principalmente para processos multivariáveis) que alterou o cálculo dos parâmetros do modelo.

Introdução ao controle de processos 19

Figura 1.12 Teste para obter a modelo da dinâmica do processo.

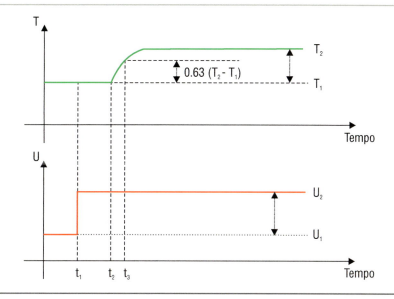

Linearizando a função da transformada de Laplace do tempo morto $f(s) = e^{-\theta s}$ (aplicando-se a série de Taylor) em torno do ponto $(s = 0)$:

$$f(s) = e^{-\theta s} \cong 1 - \theta s$$

Pela equação anterior, observa-se que se pode utilizar o tempo morto como uma aproximação para um "zero" positivo na função de transferência, que ocorre em processos com resposta inversa, ou de fase não mínima (serão vistos no Capítulo 8). Outra aproximação do tempo morto é vista na próxima equação.

$$f(s) = e^{-\theta s} = \frac{1}{e^{\theta s}} \cong \frac{1}{1 + \theta s}$$

Pela equação anterior, observa-se que se pode também utilizar o tempo morto como aproximação para uma constante de tempo rápida do processo. Esta é a essência de aproximar um processo por um modelo de primeira ordem, onde a constante de tempo representa a dinâmica dominante, seguido de um tempo morto, que considera as outras dinâmicas mais rápidas da planta.

A aproximação de primeira ordem de "Pade" também pode ser usada para linearizar o tempo morto:

$$f(s) = e^{-\theta s} = \frac{e^{-(\theta/2)s}}{e^{(\theta/2)s}} \cong \frac{1 - (\theta/2)s}{1 + (\theta/2)s}$$

Modelos de sistemas integradores, onde a saída do processo é sempre crescente para uma perturbação degrau (ver Capítulo 5), também podem ser necessários em alguns casos na prática; e podem ser aproximados pela seguinte função de transferência:

$$G_p(s) = \frac{K\ e^{-\theta s}}{s(\tau s + 1)}$$

Este modelo apresenta como resposta a um degrau unitário a seguinte saída:

$$y(t) = K\left[t - \theta - \tau\left(1 - e^{-\frac{(t-\theta)}{\tau}}\right)\right]$$

Portanto, seja através de uma modelagem ou através de uma identificação, pode-se obter a dinâmica do processo que é fundamental para o projeto e ajuste de um sistema de controle como será visto nos próximos capítulos.

1.3 Referências bibliográficas

[Corripio, 1990], "Tuning of Industrial Control Systems", Editora ISA – Instrument Society of America.

[Seborg e Mellichamp, 1989], "Process Dynamics and Control", Ed. Wiley.

[Skogestad, 2000], "Plantwide control: The search for the self-optimizing control structure", Journal of Process Control, V. 10, pp. 487-507.

[Skogestad e Postlethwaite, 2005], "Multivariable Feedback Control: Analysis and Design", John Wiley&Sons Chichester, UK.

[Ziegler e Nichols, 1942], "Optimum Settings for Automatic Controllers", Transactions ASME, V. 64, pp. 759-768.

2

Introdução ao controlador PID

2 Introdução ao controlador PID

O controlador Proporcional-Integral-Derivativo (PID) é certamente o algoritmo de controle mais tradicional na indústria. Em uma pesquisa observou-se que de mais de 11.000 malhas de controle analisadas em diversas plantas (refinarias, plantas químicas, de papel etc.), cerca de 97% eram controladas com o PID [Aström e Hägglund, 1995]. Esta popularidade se deve principalmente à simplicidade no ajuste dos seus parâmetros para se obter um bom desempenho, e do fato de este algoritmo estar disponível em quase todos os equipamentos de controle na indústria. Existem obviamente algumas diferenças de implementação prática deste algoritmo dependendo do fabricante, mas a essência do controlador PID continua a mesma [Isermann, 1989], [Luyben, 1990] e [Shinskey, 1989].

Um controlador PID calcula inicialmente o "erro" entre a sua variável controlada (medida no processo) e o seu valor desejado (*setpoint*), e em função deste "erro" gera um sinal de controle, de forma a eliminar este desvio. O algoritmo PID usa o erro em três módulos distintos para produzir a sua saída ou variável manipulada: o termo proporcional (P), o Integral (I) e o derivativo (D).

Os principais controladores encontrados na prática são os seguintes:
- Controlador Proporcional (P);
- Controlador Proporcional e Integral (PI);
- Controlador Proporcional e Derivativo (PD);
- Controlador Proporcional, Integral e Derivativo (PID).

2.1 Controlador proporcional (P)

O controlador proporcional (P) gera a sua saída proporcionalmente ao erro (e(t)). O fator multiplicativo (K_P) é conhecido como o ganho do controlador. A seguir, está mostrada a equação do **algoritmo de posição** do controlador P, onde a saída "u(t)" define realmente a posição, por exemplo, de uma válvula, entre 0% (fechada) e 100% (aberta):

$$u(t) = K_p \times e(t) + u_0$$

onde u_0 é o valor inicial

O "valor inicial" é a posição da saída do controlador no momento em que ele foi colocado em automático. Como atualmente a maioria dos controladores são digitais, utiliza-se normalmente a implementação do **algoritmo em velocidade,** que apresenta a vantagem de não necessitar da definição de um valor inicial. Este algoritmo de controle calcula sempre a variação da sua saída a partir do ponto atual. Portanto, a saída do algoritmo é somada à posição atual para definir a nova posição:

$\Delta u(t) = K_P \times \Delta e(t)$

A equação anterior foi obtida subtraindo-se a definição de controlador P no instante "t" daquela do instante "t–1":

$u(t) = K_P \times e(t) + u_0$ e $u(t-1) = K_P \times e(t-1) + u_0$

A Figura 2.1 mostra a estrutura de um controlador do tipo P. Pode-se observar que quanto maior o ganho, maior será a ação do controlador (ou a variação da posição de uma válvula na saída do controlador) para um mesmo desvio ou erro na variável de processo. Alguns fabricantes de controladores industriais usam a banda proporcional (BP), ao invés do ganho, que é definida como sendo 100% divididos pelo ganho (BP = $100/K_P$). A banda proporcional equivale ao erro que provoca uma variação de 100% na saída do controlador $\Delta u(t) = \dfrac{100}{BP} \times \Delta e(t)$.

Figura 2.1 Controlador proporcional.

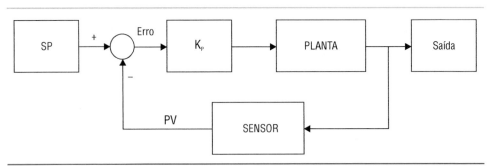

Em função do fabricante, o "erro" do controlador também pode ser definido como o *setpoint* menos a variável controlada (SP – PV) ou vice-versa como: PV – SP. Além disto, existe normalmente um fator multiplicativo do erro, conhecido como "Ação" do controlador, que permite na prática inverter o cálculo do erro.

Erro(n) = Erro(n) × Ação

onde: Ação = 1 ou –1

A ação pode ser direta ou reversa. Na maioria dos sistemas digitais define-se que o controlador com ação direta é aquele que, quando a variável de processo (PV) aumenta, a saída do controlador também aumenta. No caso de ação reversa quando a variável de processo (PV) aumenta, a saída do controlador diminui. Deve-se verificar no sistema digital utilizado (SDCD – Sistema Digital de Controle Distribuído ou CLP – Controlador Lógico Programável) qual a definição destes termos.

Entretanto, a ação do controlador deve ser escolhida corretamente em função do processo, para que o controlador funcione adequadamente. A escolha errada da ação do controlador pode provocar uma instabilidade no sistema, e o controlador não conseguirá operar em automático. Por exemplo, suponha que se coloque um controlador para controlar o nível de um tanque atuando na vazão de retirada do mesmo. Logo, se o nível (que é a PV) subir, a saída do controle deve aumentar, abrindo a válvula. Portanto, este controlador deve ter ação direta. Se a ação for configurada errada, quando o nível subir o controle vai fechar a válvula fazendo com que o nível suba ainda mais, até transbordar. Na prática, o operador colocará este controle em manual e atuará corretamente na planta até que a ação do controlador seja alterada na configuração do sistema digital (CLP ou SDCD).

A Figura 2.2 mostra a ação do controlador proporcional quando ocorre um "erro" em degrau. Observa-se que a ação proporcional também será um degrau, pois

Figura 2.2 Ação proporcional.

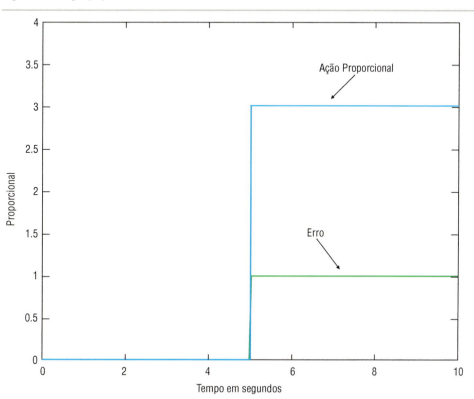

ela tem a mesma forma do erro, apenas multiplicada por um ganho proporcional (neste caso K_P = 3). Se o erro não variar e ficar constante como mostra a Figura 2.2, a saída do controlador P também não irá variar. Portanto, estes controladores permitem um erro em regime permanente, isto é, eles podem encontrar um ponto de equilíbrio onde existe um desvio entre o valor desejado (*setpoint*) e a variável a ser controlada (PV). Este assunto será discutido no Item 2.7 deste capítulo.

2.2 CONTROLADOR PROPORCIONAL E INTEGRAL (PI)

O controlador Proporcional e Integral (PI) gera a sua saída proporcionalmente ao erro (P), e proporcionalmente à integral do erro (I – termo integral). A seguir, está mostrada a equação do algoritmo de posição do controlador PI **paralelo clássico**, cujo ganho proporcional também multiplica o termo integral:

$$u(t) = K_P \times e(t) + K_P \times \frac{1}{T_I} \times \int e(t)\, dt + u$$

O fator multiplicativo ($1/T_I$) é conhecido como o ganho integral do controlador (ou número de repetições por segundo). O termo (T_I) é o tempo integral. Alguns fabricantes preferem que o termo da ação integral a ser ajustado durante a sintonia seja o tempo integral (T_I) em segundos ou em minutos por repetição, enquanto outros escolhem o *reset* ou repetições por segundo ou por minuto, que é o inverso do tempo integral ($1/T_I$).

A Figura 2.3 mostra a ação do controlador integral (I) quando ocorre um "erro" em degrau. Observa-se que a ação integral será a "integral" do degrau, que é uma rampa. A ação integral irá aumentar ou diminuir a saída do controlador indefinidamente enquanto houver erro. O tempo integral neste exemplo foi igual a 2 (dois).

A Figura 2.4 mostra a ação do controlador PI quando ocorre um "erro" em degrau. Observa-se que a ação proporcional (supondo $K_P=3$) muda instantaneamente a saída quando ocorre um erro, mas é a ação integral que continua mudando a saída enquanto existir este erro. Portanto, o controlador PI não irá aceitar um erro em regime permanente entre o valor desejado (*setpoint*) e a variável a ser controlada (PV). A saída do controlador tenderá a saturar (abrir ou fechar totalmente uma válvula na saída do controlador) buscando a eliminação do erro.

Pode-se observar também na Figura 2.4 que, após o tempo integral (neste caso igual a 2), a ação integral fez com que a saída repetisse a ação proporcional. Isto é, quando ocorreu o erro de 1%, a saída do controlador foi para 3% devido à ação proporcional, e após o tempo integral (2 seg) a saída foi para 6% devido à ação integral de 3% somada à ação proporcional, que continua em 3%. Ou melhor, a ação integral "repetiu" a ação proporcional. É por esta razão que o tempo integral (T_I) também é

Figura 2.3 Ação integral.

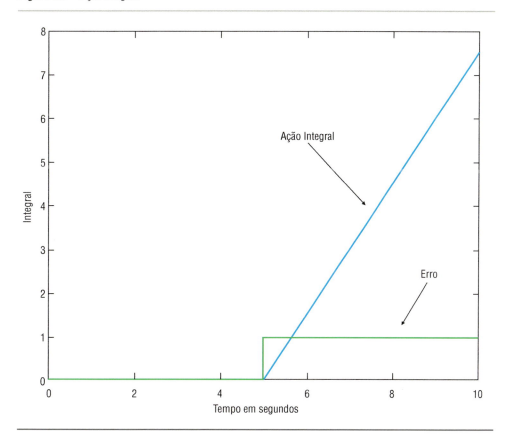

conhecido como o tempo por repetição, e o seu inverso (1/T_I) como repetições por minuto ou segundos. A Figura 2.4 mostra a ação do controlador PI.

Como atualmente a maioria dos controladores são digitais, utiliza-se normalmente a implementação do **algoritmo em velocidade**, que apresenta a vantagem de não necessitar inicializar e também permite eliminar a saturação do termo integral (*reset windup*) de uma maneira mais simples. A equação a seguir mostra a implementação em velocidade do algoritmo PI **paralelo alternativo** (onde o ganho proporcional não afeta o termo integral):

$$\Delta u(t) = K_P \times \Delta e(t) + \frac{1}{T_I} \times e(t) \times TA$$

onde "TA" é o período de amostragem do controlador.

Na implementação do algoritmo PI **paralelo clássico** a equação seria:

$$\Delta u(t) = K_P \times \Delta e(t) + K_P \times \frac{1}{T_I} \times e(t) \times TA$$

Figura 2.4 Ação proporcional e integral.

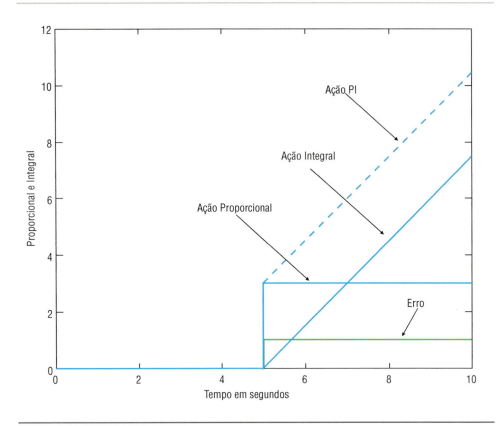

O tipo de implementação do algoritmo PI é importante, já que influencia a sintonia do controlador, como será visto posteriormente. Um cuidado que deve ser considerado ao se usar o controlador PI é evitar a saturação do mesmo (*reset windup*). Como a saída do termo integral varia continuamente enquanto existir erro, este termo poderia continuar aumentando, enquanto fisicamente a válvula já saturou, por exemplo, está toda aberta ou totalmente fechada. Desta forma, pode haver um descompasso entre a saída do controlador e o elemento de atuação no processo. Por exemplo, a saída do controlador poderia ir para 120%, mas a válvula já está totalmente aberta com 100%. Quando ocorrer uma necessidade de fechar a válvula, como a ação integral está saturada em 120%, o controle deverá esperar um tempo maior para começar a fechar a válvula, que é o tempo necessário para diminuir a ação integral de 120% até 100%. Este atraso no controle pode ser indesejável e levar a violações de limites para as variáveis controladas. Esta saturação do controlador será estudada mais adiante neste capítulo.

2.3 CONTROLADOR PROPORCIONAL, INTEGRAL E DERIVATIVO (PID)

O controlador Proporcional, Integral e Derivativo (PID) gera a sua saída proporcionalmente ao erro, proporcionalmente à integral do erro e proporcionalmente à derivada do erro. A seguir, está mostrada a equação do algoritmo de posição do controlador **PID paralelo clássico**, onde o ganho proporcional também multiplica o termo integral e o termo derivativo:

$$u(t) = K_P \times e(t) + K_P \times \frac{1}{T_I} \times \int e(t)dt + K_P \times T_D \times \frac{de}{dt}(t) + u_0$$

O fator multiplicativo (T_D) é conhecido como o tempo derivativo do controlador.

A Figura 2.5 mostra a ação derivativa do controlador quando ocorre um "erro" em rampa. Observa-se que a ação derivativa será um valor constante (degrau), pois a derivada de uma rampa é um valor fixo (neste caso de/dt = 1) que será multiplicado por um tempo derivativo (neste caso K_P = 3 e T_D = 5).

A Figura 2.6 mostra a ação do controlador PD quando ocorre um "erro" em rampa. Observa-se que a ação proporcional é uma rampa (ganho K_P = 3) e a ação derivativa

Figura 2.5 Ação derivativa.

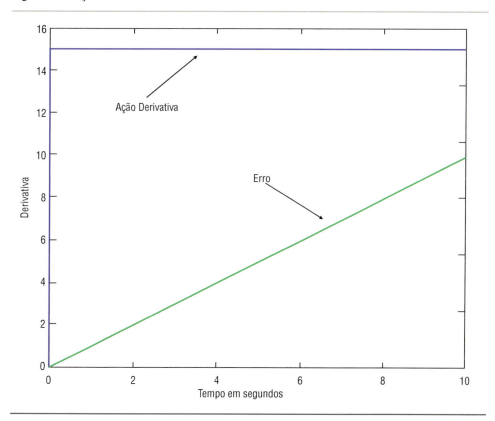

Figura 2.6 Ação do controlador PD.

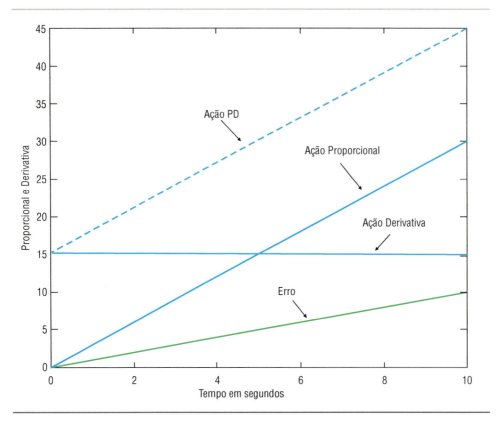

soma um valor constante a esta rampa. Observa-se que o tempo derivativo ($T_D = 5$) antecipa a ação do proporcional que só iria ocorrer no tempo de 5 segundos depois. Isto é, se não existisse a ação derivativa, a saída do controlador só seria igual a 15% após 5 segundos. Entretanto, com o tempo derivativo igual a 5, a saída do controlador já é igual a 15% no tempo zero, assim que o controlador calcula a derivada do erro. Portanto, o termo derivativo tenta "estimar" uma tendência de aumento ou diminuição do erro, e atuar na saída do controlador de forma a eliminar este potencial erro que está sendo previsto no futuro. A ação derivativa tem, portanto, uma função de antecipação, e surgiu para facilitar o controle e evitar oscilações em processos lentos.

Uma outra maneira de visualizar esta característica é fazer uma expansão em série de Taylor da estimativa do erro em um tempo "T_D" à frente:

$$e(t + T_D) \cong e(t) + T_D \times \frac{de}{dt}(t)$$

$$u(t) = K_P \times e(t + T_D) \cong K_P \times e(t) + K_P \times T_D \times \frac{de}{dt}(t) + u_0$$

Portanto, o controlador PD é equivalente a um controlador P atuando em uma predição da saída do processo em um tempo "T_D" no futuro.

2.4 Tipos de implementação do algoritmo PID nos equipamentos industriais

A equação do controlador PID **paralelo alternativo**, onde o ganho proporcional não afeta nem o termo integral, nem o termo derivativo, é a seguinte:

$$u(t) = K_P \times e(t) + \frac{1}{T_I} \times \int e(t)dt + T_D \times \frac{de}{dt}(t) + u_0$$

Ele é dito paralelo porque as suas ações: proporcional (P), integral (I) e derivativa (D) são calculadas em paralelo e em seguida somadas. A Figura 2.7 mostra um diagrama de blocos deste algoritmo.

Aplicando a transformada de Laplace à equação anterior, obtém-se a função de transferência do controlador PID paralelo alternativo ($G_C(s)$):

$$G_c(s) = \frac{U(s)}{E(s)} = K_P + \frac{1}{sT_I} + T_D s$$

A equação do controlador PID paralelo clássico, mais encontrado na prática, onde o ganho proporcional afeta tanto o termo integral quanto o termo derivativo, é:

$$u(t) = K_P \times e(t) + \frac{K_P}{T_I} \times \int e(t)dt + K_P \times T_D \times \frac{de}{dt}(t) + u_0$$

Figura 2.7   Algoritmo PID paralelo alternativo.

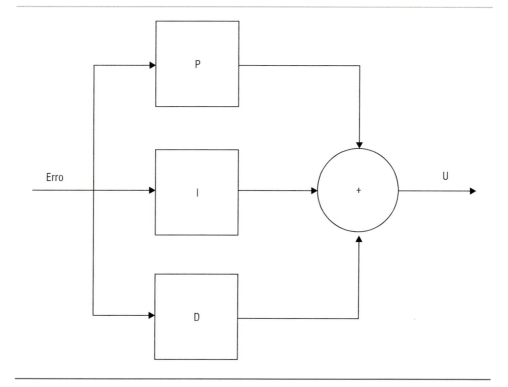

A função de transferência deste controlador PID paralelo clássico é a seguinte:

$$G_c(s) = \frac{U(s)}{E(s)} = K_P\left(1 + \frac{1}{sT_I} + T_D s\right)$$

A implementação da equação anterior em um equipamento físico (pneumático ou eletrônico analógico) não é possível em função do termo derivativo: (T_D s). Este termo não é "realizável", pois a função de transferência possui o grau do numerador maior do que o do denominador. Esta função de transferência (T_D s) tem um ganho que cresce sem limites, quando a frequência do sinal aumenta. Uma solução muito utilizada na prática é utilizar um filtro na ação derivativa:

$$D(s) \cong \frac{T_D s}{(1 + \alpha\, T_D s)}$$

Onde o fator "α" costuma ser um valor pequeno em torno de 1/8, fazendo com que o numerador prepondere, que é a ação derivativa desejada. Alguns fabricantes de sistemas de controle permitem que o usuário ajuste o fator "α", enquanto outros mantêm um valor fixo e constante.

Em função desta dificuldade de implementação do termo derivativo, os fabricantes de controladores analógicos pneumáticos e eletrônicos utilizaram tradicionalmente o algoritmo de controle **PID do tipo Série ou interativo**, cuja equação é a seguinte, usando a notação de transformada de Laplace:

$$U(s) = K_P \left[\frac{1 + T_D s}{1 + \alpha\, T_D s}\right]\left[1 + \frac{1}{T_I s}\right] E(s)$$

Observa-se que o termo derivativo é implementado por uma função de transferência cuja ordem do numerador é igual, à do denominador, logo é viável fisicamente. Outra particularidade deste algoritmo PID série é que o termo PI é calculado em paralelo:

$$G_{PI}(s) = K_P \left[1 + \frac{1}{T_I s}\right] E(s)$$

E em seguida (em "série"), o resultado do termo "PI" passa pelo termo derivativo para calcular a saída do "PID":

$$U(s) = \left[\frac{1 + T_D s}{1 + \alpha\, T_D s}\right] \times G_{PI}(s)$$

A Figura 2.8 representa o algoritmo PID série.

Figura 2.8 Algoritmo PID série ou interativo.

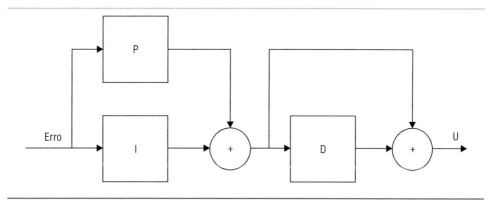

Com o aparecimento dos sistemas digitais, muitos fabricantes de CLP (Controlador Lógico Programável) ou de SDCD (Sistema Digital de Controle Distribuído) preferiram manter a implementação do algoritmo de controle **PID do tipo série** em seus novos equipamentos. A razão era permitir uma migração mais simples de um equipamento analógico para um digital, já que, preservando o algoritmo, a sintonia ou o ajuste dos parâmetros PID também seria preservada. Entretanto, outros fabricantes de sistemas digitais resolveram implementar o algoritmo **PID paralelo.**

O tipo de implementação do algoritmo PID (**paralelo ou série**) é importante, pois influencia a sintonia do controlador [Corripio, 1990], como será visto no Capítulo 3 deste livro. Os PIDs série e o paralelo clássico têm a característica de o ganho proporcional (K_P) ser o principal fator que controla a resposta ou velocidade da malha, já que ele altera também os termos integral e derivativo.

Ainda existem outras variações do algoritmo PID, por exemplo, o termo derivativo pode atuar na variável de processo (PV) e não no erro como nas equações anteriores.

$$u(t) = K_P\, e(t) + \frac{1}{T_I}\int e(t)\, dt + T_D \frac{dPV}{dt}(t)$$

A vantagem desta implementação é que qualquer mudança brusca no *setpoint* do controlador, feita pelo operador, não irá perturbar a saída do controlador em função do termo derivativo. Este termo "D" passa então a considerar apenas as tendências de mudança na variável medida (PV). No PID clássico, uma variação em degrau no erro irá provocar uma grande variação na sua saída. A escolha do tipo adequado de PID depende da aplicação, como será visto ao longo deste livro. Por exemplo, para controladores onde o *setpoint* não é ajustado pelo operador, e vem da saída de um outro controlador, o PID clássico é mais recomendado.

Como foi visto, pode-se implementar o PID utilizando um algoritmo de velocidade ou de posição. A forma de velocidade apresenta certas vantagens sobre a de posição:

- Não precisa de valor inicial ("u_0"). Ao passar o controle de manual para automático, o algoritmo de posição requer este valor inicial da variável manipulada.

- Permite de forma simples resolver os problemas de saturação na ação integral (*Integral wind-up*), que podem na prática gerar sobre elevação (*overshoot*) e oscilações.

Como o algoritmo PID de velocidade calcula a variação desejada para a saída do controlador, que é somada à posição atual, basta limitar o resultado desta soma, para se eliminar o problema da saturação do termo integral.

Por exemplo, se o algoritmo PID calcula uma variação de +5%, e a posição atual já atingiu 100% (por exemplo, a válvula já está 100% aberta), então o resultado da soma será 105%, que será limitado entre [0 – 100%], voltando a 100%. Portanto, a saída do controlador fica presa no valor máximo real do processo de 100%. Quando o sistema necessitar diminuir a saída e o algoritmo PID calcular uma variação negativa de –5%, neste mesmo ciclo de execução do controlador a saída irá para 95%. A Figura 2.9 ilustra este mecanismo.

Figura 2.9 Algoritmo PID velocidade – eliminação da saturação do termo I.

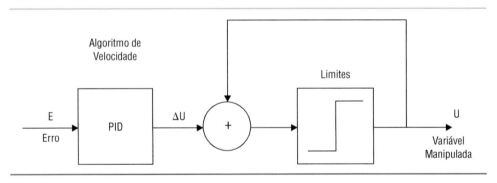

2.5 Exemplos de PID nos equipamentos industriais

A seguir, serão ilustradas algumas implementações industriais do algoritmo PID.

2.5.1 PID da Siemens

O primeiro PID a ser analisado é o PID do CLP (Controlador Lógico Programável) da Siemens [Siemens, 1997]. A equação deste algoritmo PID é a seguinte:

$$\frac{U(s)}{E(s)} = K_P \times \left(1 + \frac{1}{T_I s} + \frac{T_D s}{1 + T_{LAG} s}\right)$$

Onde – T_{LAG} é um filtro do termo derivativo normalmente igual a 2 segundos.

Este PID é do tipo posição, paralelo clássico, isto é, reajustar o termo proporcional (P) afeta também os termos integral (I) e derivativo (D). Cada termo P, I ou D pode ser ativado ou desativado independentemente, desta forma pode-se ter os seguintes controladores: P, PI, PD ou PID. As ações P e D podem atuar tanto no "erro", quanto na variável controlada do processo (PV). Os termos variáveis para ajuste ou sintonia do PID são os seguintes:

- Proporcional (P) – Ganho proporcional (K_P);
- Integral (I) – Tempo integral ("reset time") (T_I em segundos);
- Derivativo (D) – Tempo derivativo (T_D em segundos).

A resposta no tempo deste algoritmo PID a um degrau de amplitude "E" na variável "erro" de entrada é igual a:

$$u(t) = K_P \times E \times \left(1 + \frac{t}{T_I} + \frac{T_D}{T_{LAG}} e^{(-t/T_{LAG})}\right)$$

Como se pode observar, o "T_{LAG}" filtra a ação derivativa, que no tempo zero não é tão abrupta quanto seria no caso de um termo derivativo clássico (tenderia para o infinito).

2.5.2 PID do SDCD da Yokogawa

O PID do SDCD da Yokogawa [2005] é mostrado para o instante "n" na equação a seguir:

$$\Delta MV_n = \frac{100}{BP} \left\{\Delta E_n + \frac{\Delta T}{T_I} E_n + \frac{T_D}{\Delta T} \Delta(\Delta E_n)\right\}$$

Onde:

- MV – variável manipulada (saída do controlador);
- ΔT – período de execução ou de amostragem do algoritmo (*scan*).

Este PID é do tipo velocidade, paralelo clássico, isto é, reajustar o termo proporcional (P) afeta também os termos integral (I) e derivativo (D). Cada termo P, I ou D também pode ser ativado ou desativado independentemente, desta forma podemos ter os seguintes controladores: P, PI, PD ou PID. As ações P e D podem atuar tanto no "erro", quanto na variável controlada do processo (PV).

Por exemplo, o algoritmo PID com os termos proporcional e derivativo atuando na variável de processo (PV) e não no "erro" é chamado de I–PD pela Yokogawa:

$$\Delta MV_n = \frac{100}{BP}\left\{\Delta PV_n + \frac{\Delta T}{T_I} E_n + \frac{T_D}{\Delta T}\Delta(\Delta PV_n)\right\}$$

Por exemplo, o algoritmo PID com o termo derivativo atuando na variável de processo (PV) é chamado de PI–D pela Yokogawa:

$$\Delta MV_n = \frac{100}{BP}\left\{\Delta E_n + \frac{\Delta T}{T_I} E_n + \frac{T_D}{\Delta T}\Delta(\Delta PV_n)\right\}$$

Os termos variáveis para ajuste ou sintonia do PID são os seguintes:
- Proporcional (P) – Banda proporcional (BP) em %. Que pode ser obtida a partir do ganho proporcional (K_P) como: $BP = \frac{100}{K_P}$;
- Integral (I) – Tempo integral ("reset time") (T_I em segundos);
- Derivativo (D) – Tempo derivativo (T_D em segundos).

2.5.3 PID da Emerson

O PID do SDCD da EMERSON [2005] é mostrado a seguir:

$$\frac{M(s)}{E(s)} = K_P\left(\frac{1+\tau_D s}{1+\alpha\tau_D s}\right)\left(1+\frac{1}{\tau_I s}\right)$$

Onde:
- M – variável manipulada.

Observa-se que este PID é de posição e do tipo série. O parâmetro "α" é igual a 0,1. Os termos variáveis para ajuste ou sintonia do PID são os seguintes:
- Proporcional (P) – Ganho (K_P);
- Integral (I) – Tempo integral ou "reset time" (T_I em segundos);
- Derivativo (D) – Tempo derivativo (T_D em segundos).

2.5.4 PID da Smar

O PID do CD–600 da SMAR [2005] é mostrado a seguir:

$$u(t) = K_P e(t) + \frac{1}{T_I}\int e(t)dt + T_D \frac{dPV}{dt}(t)$$

Observa-se que este PID é de posição e do tipo paralelo alternativo. Os termos variáveis para ajuste ou sintonia do PID são os seguintes:

- Proporcional (P) – Ganho (K_P) entre 0 e 100;
- Integral (I) – Tempo integral ou *reset time* (T_I em minutos) entre 0,01 e 1000;
- Derivativo (D) – Tempo derivativo (T_D em minutos) entre 0 e 100.

2.5.5 PID da GE–Fanuc

O PID da GE–Fanuc [2005] é idêntico ao anterior (paralelo), mas o termo integral é ajustado como repetições por segundos. Desta forma, caso se deseje um tempo integral de 2 minutos (120 segundos), deve-se ajustar o ganho integral do controlador em 0,0083 repetições por segundo.

2.6 Conversão dos parâmetros do PID paralelo para o série

Muitas vezes, é necessário converter a sintonia de um controlador para outro. Por exemplo, quando uma unidade moderniza o seu sistema de controle pode ser interessante guardar os parâmetros de sintonia dos controladores PID (K_P, T_I e T_D), já que o trabalho de ajuste dos mesmos é demorado. Entretanto, o controlador usado no sistema antigo podia ser um PID série, enquanto no novo será um PID paralelo. Portanto, é necessário converter a sintonia de um tipo de PID para o outro.

Seja o seguinte PID série:

$$U(s) = K_P \left[\frac{1 + T_D^{"}s}{1 + \alpha T_D^{"}s} \right] \left[1 + \frac{1}{T_I^{"}s} \right] E(s)$$

O parâmetro "α" costuma ser constante, em torno de 0.1, dependendo do fabricante, e tem por objetivo filtrar a ação derivativa conforme discutido anteriormente. O seu efeito na resposta do controlador quando se altera a sintonia pode ser desprezado, logo a função de transferência pode ser simplificada:

$$U(s) = K_P^{*} \left[1 + T_d^{"}s \right] \left[1 + \frac{1}{T_I^{"}s} \right] E(s)$$

A função de transferência de um PID paralelo clássico é:

$$U(s) = K_P \left[1 + \frac{1}{T_I s} + T_D s \right] E(s)$$

Comparando-se os coeficientes do polinômio em "s" das equações anteriores, pode-se obter fórmulas para converter a sintonia do PID série para o paralelo:

$$\text{Fator} = 1 + T_D'' / T_I''$$

$$K_P = K_P'' \times \text{Fator}$$
$$T_I = T_I'' \times \text{Fator}$$

$$T_D = T_D'' / \text{Fator}$$

Nem sempre é possível converter a sintonia do PID paralelo clássico para o série, pois este algoritmo paralelo é mais "geral", permitindo zeros complexos para a função de transferência do controlador. Quando $T_I \geq 4 \times T_D$ então se pode converter a sintonia do paralelo para o série pelas equações:

$$\text{Fator} = 0.5 + \left[0.25 - \left(\frac{T_D}{T_I}\right)\right]^{0.5}$$

$$K_P'' = K_P \times \text{Fator}$$
$$T_I'' = T_I \times \text{Fator}$$

$$T_D'' = T_D / \text{Fator}$$

Seja um PID paralelo alternativo:

$$U(s) = \left[K_P^{ALT} + \frac{1}{T_I^{ALT} s} + T_D^{ALT} s\right] E(s)$$

Para converter a sintonia do PID paralelo clássico para um alternativo, utilizam-se as seguintes equações:

$$K_P^{ALT} = K_P$$

$$T_I^{ALT} = T_I / K_P$$

$$T_D^{ALT} = T_D \times K_P$$

2.7 Resposta dinâmica do processo com o controlador PID

Primeiramente será analisada a sintonia de um controlador tipo Proporcional (P) para uma planta (Figura 2.1) com dinâmica representada pela seguinte função de transferência:

$$G_{PLANTA}(s) = \frac{0.5}{5s+1}\, e^{-2s}$$

A Figura 2.10 mostra o desempenho do controlador "P" para uma mudança no *setpoint*. O ganho proporcional foi ajustado em 4.0. Pode-se observar que este tipo de controlador não consegue eliminar o erro, isto é, existe sempre um *off-set* ou "erro" em regime permanente para este processo. Quanto maior for o ganho, menor será este desvio em regime permanente, entretanto a malha tenderá a instabilizar. A explicação para este erro é a seguinte: no início a saída (u_0) do controlador é tal que não há erro. Quando ocorre uma perturbação no processo, ou uma mudança do *setpoint* em alguns processos, então a saída do controlador deve ser alterada, mas a única maneira para isto ocorrer neste controlador P é existir um erro permanente: $u(t) = u_0 + K_P \times$ Erro. Pois, se o erro voltasse a zero, a saída voltaria ao valor inicial, e a válvula permaneceria na posição anterior.

A Figura 2.10 mostra também que, quando o erro entre o *setpoint* e a variável controlada permanece constante, a saída do controlador proporcional (P) também permanece inalterada. Se o processo fosse integrador, isto é, tivesse um polo na origem,

Figura 2.10 Desempenho do controlador Proporcional (K_P = 4).

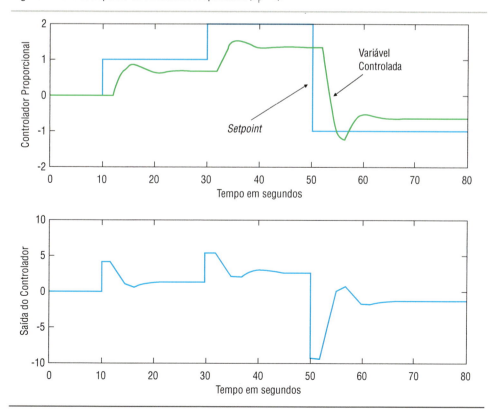

então o controlador P não iria apresentar este erro em regime permanente, e seria o algoritmo ideal para esta planta, como será visto na Tabela 3.11 do Capítulo 3.

A Figura 2.11 mostra o desempenho do controlador PI paralelo clássico para uma mudança no *setpoint*. Pode-se observar que este tipo de controlador consegue eliminar o erro em regime permanente, isto é, não existe um *off-set*. Quanto maior for o ganho, e quanto menor for o tempo integral, mais rápida será a resposta do controlador, e maior a tendência de o sistema instabilizar.

Figura 2.11 Desempenho do controlador PI ($K_P=3$, $T_I=5$ s).

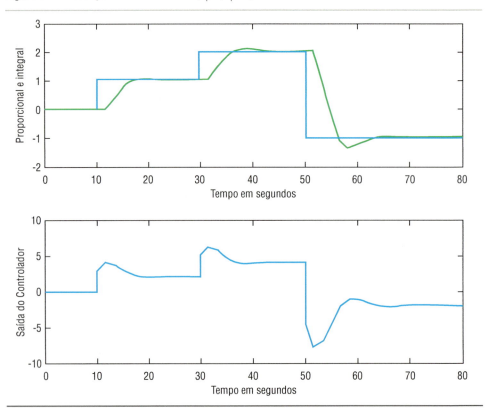

O algoritmo PID a ser utilizado nesta parte do livro será o paralelo clássico modificado para incluir um filtro do termo derivativo, com fator "α" igual a 0.1.

$$U(s) = K_P \left[1 + \frac{1}{T_I s} + \frac{T_D s}{\alpha T_D s + 1} \right] E(s)$$

A Figura 2.12 mostra o desempenho deste controlador PID para uma mudança no *setpoint*. Pode-se observar que com a inclusão do termo derivativo ($T_D=2$ s) a resposta da malha ficou menos nervosa (comparar a Figura 2.11). Em geral, o termo derivativo tende a deixar a malha mais estável, desde que a variável de processo não seja muito ruidosa. Quanto maior for o tempo derivativo, a resposta tenderá a ser mais rápida para processos lentos, pois o controlador tenderá a ter uma antecipação mais pronunciada.

Figura 2.12 Desempenho do controlador PID (K_P=3, T_I=5 s, T_D=2 s).

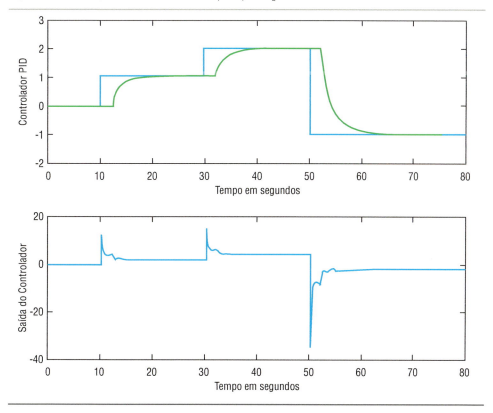

A Figura 2.12 mostra também que, com a inclusão do termo derivativo, a saída do controlador mudou muito mais rapidamente quando ocorreu uma mudança brusca do *setpoint*. Por exemplo, no tempo igual a 50 segundos, no controlador PI, a saída variou em torno de −10%, enquanto a saída do controlador PID variou aproximadamente −40%. Em processos, cuja variável controlada é muito ruidosa, o termo derivativo tende a amplificar este ruído na variável manipulada ou de saída do controlador [Luyben, 2001]. O ajuste do tempo derivativo deve ser escolhido da ordem de grandeza da dinâmica mais rápida do processo (como a dos sensores). Muitas vezes na prática o tempo morto do processo serve para modelar estas dinâmicas mais rápidas do que a constante de tempo dominante do processo. Logo, em alguns casos, o termo derivativo pode ser escolhido da ordem de grandeza do tempo morto do processo. No Capítulo 3 deste livro será discutida, de forma mais detalhada, a sintonia de controladores PID.

A Tabela 2.1 mostra um resumo das aplicações típicas dos algoritmos do tipo PID, PI e P na indústria.

Tabela 2.1 Aplicações típicas dos controladores P, PI e PID.

Controlador	Características	Aplicação Típica
P	Tem desvio do *setpoint* em regime permanente.	Controle de nível.
PI	Não tem desvio do *setpoint* em regime permanente. Sistema mais "nervoso".	Controles de vazão, nível e pressão.
PID	A resposta é mais estável em malhas lentas e sem ruídos, e com tempos mortos razoáveis, mas não muito elevados.	Controles de composição e temperatura.

2.8 Referências bibliográficas

[Aström e Hägglund, 1995], "PID Controllers: Theory, Design and tuning", Ed. ISA.

[Corripio, 1990], "Tuning of Industrial Control Systems", Editora ISA – Instrument Society of America.

[Emerson, 2005], ver manual no site: www.emersonprocess.com

[GE–Fanuc, 2005], ver manual no site: www.gefanuc.com

[Isermann, 1989], "Digital Control Systems", Ed. Springer-Verlag.

[Luyben, 1990], "Process Modeling, Simulation and Control for Chemical Engineers", 2°Ed., Editora McGraw-Hill, NY.

[Luyben, 2001], "Effect of Derivative Algorithm and Tuning Selection on the PID Control of Dead-Time Process", Ind. Eng. Chem. Res., 40, pp. 3605-3611.

[Shinskey, 1989], "Process Control Systems", Ed. McGraw-Hill, 3°Ed.

[Siemens, 1997], "Manual SIMATIC – Modular PID Control", Siemens AG.

[Smar, 2005], ver manual no site: www.smar.com

[Yokogawa, 2005], ver manual no site: www.yokogawa.com.

3

Sintonia de controladores PID

3 SINTONIA DE CONTROLADORES PID

Antes de se obter a sintonia do controlador PID, para um processo com dinâmica conhecida, deve-se definir o critério de desempenho desejado para a malha. Exemplos de desempenhos desejados são:

- A temperatura deve ser mantida a mais próxima de 200 °C, e nunca exceder 250 °C.
- O sistema de freio deve parar um carro a 200 km/h em 50 metros sem derrapar.
- A mudança de um ponto operacional para outro deve ser a mais rápida possível e sem sobrevalor (isto é, sem ultrapassar o novo *setpoint*).
- Esta malha deve ser lenta para não perturbar um outro sistema de controle mais crítico para a planta.

Obviamente, o principal critério para ajuste de uma malha de controle, e que deve ser sempre satisfeito, é a **estabilidade** da mesma. Desta forma, a sintonia deve ser tal que todos os polos da função de transferência em malha fechada tenham a parte real negativa (Anexo 1 – Conceitos básicos de Transformada de Laplace). A Figura 3.1 mostra o diagrama de blocos de um sistema em malha fechada.

Figura 3.1 Sistema de controle em malha fechada.

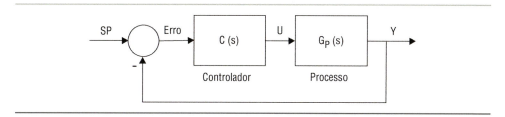

A função de transferência em malha fechada, que relaciona a saída do processo com o *setpoint*, pode ser obtida analisando o diagrama de blocos da Figura 3.1. Considerando que a entrada do controlador é o erro "E(s)", a sua saída pode ser calculada como:

$U(s) = C(s) \times E(s)$

A saída do processo será, portanto:

$Y(s) = G_P(s) \times U(s)$

Substituindo a primeira equação na segunda: $Y(s) = G_P(s)C(s)E(s)$

Como $E(s) = SP(s) - Y(s)$, substituindo-se na equação anterior e explicitando, obtém-se a função de transferência em malha fechada:

$$\frac{Y(s)}{SP(s)} = \frac{G_P(s)C(s)}{1 + G_P(s)C(s)}$$

Portanto, os polos desta função de transferência são as raízes da equação do seu denominador: $1+G_P(s)C(s) = 0$.

Desta forma, para que o sistema seja estável, todos os polos desta função de transferência em malha fechada devem ter a parte real negativa. Logo, para um certo processo "$G_P(s)$", esta estabilidade depende também dos parâmetros de sintonia do controlador "$C(s)$". Lembre que para um controlador PID paralelo clássico a sua função de transferência é igual a:

$$C(s) = K_P \left(1 + \frac{1}{sT_I} + T_D s\right)$$

A Figura 3.2 a seguir mostra um possível exemplo de uma resposta dinâmica desejada para uma variável controlada (Y).

Figura 3.2 Resposta dinâmica de uma malha de controle.

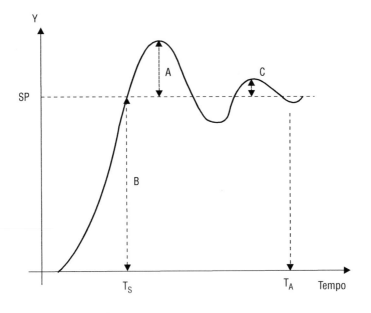

A seguir, estão listados alguns critérios de desempenho que podem ser usados para a sintonia de controladores do tipo PID:

- O menor sobrevalor ou *overshoot* (que é igual a "A/B" na Figura 3.2) possível.
- Razão de declínio (que é igual a "C/A" na Figura 3.2) igual a um certo valor.
- O menor tempo de ascensão ou subida (T_S na Figura 3.2) possível.
- O menor tempo de assentamento (tempo quando o desvio em regime permanente é menor do que 5%) possível (T_A na Figura 3.2).
- Mínima energia ou atuação na variável manipulada.
- Utilização de um índice de desempenho para avaliar a qualidade do controle.

Estes índices podem ser calculados através do acompanhamento da trajetória da variável controlada em relação ao seu valor de referência desejado ao longo de uma janela de avaliação. Alguns índices de desempenho e sua definição são relacionados na Tabela 3.1:

Tabela 3.1 Índices de desempenho para avaliação do controle em malha fechada.

Índice de Desempenho	Descrição	Expressão
IAE	Integral do módulo do erro	$\int |e(t)|\, dt$
ISE	Integral dos erros ao quadrado	$\int e^2(t)\, dt$
ITAE	Integral do módulo do erro vezes o tempo	$\int t\, |e(t)|\, dt$

Nestes índices, "e(t)" é a diferença entre o valor medido da variável controlada e o valor desejado para ela em cada instante (t) ao longo da janela de avaliação.

Obviamente, nem todos os critérios de desempenho listados acima podem ser satisfeitos simultaneamente. Logo, na prática, deve existir uma solução de compromisso. Além disto, o sistema de controle deve ter mínima sensibilidade para mudanças dos parâmetros do processo ($G_P(s)$), isto é, ele deve ser robusto para as incertezas no modelo utilizado durante a sintonia. Esta **robustez** é outra característica desejada para o controle. Pode-se traduzir a robustez como sendo uma garantia de que os polos da função de transferência em malha fechada ($1 + G_P(s)C(s) = 0$) possuem a parte real negativa para todos os possíveis modelos dinâmicos do processo ($G_P(s)$).

A seguir, serão estudados diversos métodos de sintonia dos controladores PID, todos eles necessitando de um certo conhecimento da dinâmica do processo (representada pela função de transferência $G_P(s)$) e da definição de um desempenho esperado para o sistema em malha fechada.

3.1 Método heurístico de Ziegler e Nichols

O trabalho de Ziegler e Nichols [1942] foi inovador no sentido de ter sido o primeiro a propor uma metodologia objetiva e simples para a sintonia de controladores PID. Como mostrou o trabalho de Faccin [2004], este artigo teve um papel importante na disseminação deste algoritmo de controle na indústria, que tinha acabado de ser lançado no mercado ("Fulscope da Taylor"). Acredita-se que Ziegler, que era do departamento de vendas, necessitava de um procedimento de ajuste do PID para impulsionar as vendas, e para isto trabalhou com Nichols do departamento de pesquisa neste artigo.

Neste trabalho são propostos dois métodos para se obter um modelo da dinâmica de um processo SISO (*Single Input Single Output* – uma entrada e uma saída). No primeiro, com o controlador P **em malha fechada**, aumenta-se o ganho proporcional (só o termo P) gradativamente até se obter uma resposta oscilatória com amplitude constante. Neste ponto determina-se o ganho último (K_U) e o período de oscilação (P_U). O ganho último (K_U) é este ganho do controlador P que gerou uma resposta oscilatória na variável controlada no limite da estabilidade, com um período (P_U). Se o ganho do controlador for maior que (K_U), então o sistema será instável.

Tabela 3.2 Sintonia segundo [Ziegler e Nichols, 1942].

Controlador	K_P	T_I	T_D
P	0.5 K_U	–	–
PI	0.45 K_U	$P_U/1.2$	–
PID	0.6 K_U	$P_U/2$	$P_U/8$

Com estes valores "K_U" e "P_U" (que representam a dinâmica do processo), entra-se na Tabela 3.2 para se obter a sintonia do controlador PID, usando como critério de desempenho uma razão de declínio igual a ¼ (igual a C/A na Figura 3.2). Apesar de este critério (razão de declínio igual a ¼) ter sido considerado como aquele que leva a um desempenho ótimo dos controladores em geral, Ziegler e Nichols alertaram que nem sempre ele deve ser usado, como no caso de sintonia de nível de um tanque-pulmão. Este tipo de controle será estudado no capítulo de controle de nível.

Como exemplo, considere o mesmo processo utilizado no Item 2.7 do Capítulo 2:

$$G_{PLANTA}(s) = \frac{0.5}{5s+1} e^{-2s}$$

A Figura 3.3 mostra a resposta deste processo durante o teste para se obter o ganho último (K_U) e o período de oscilação (P_U). O ganho proporcional (K_P) foi aumentado até o valor de 9.25, e o *setpoint* foi alterado para 0.1 no tempo igual a 10 segundos, que causou as oscilações da figura. Portanto, o ganho último neste caso é igual a 9.25 e o período de oscilação é de 7.1 segundos e a sintonia proposta por Ziegler e Nichols seria: $K_P = 5.55$, $T_I = 3.55$ e $T_D = 0.88$. Esta sintonia apresenta para um PID série um desempenho, cuja razão de declínio é de ¼.

Figura 3.3 Resposta do processo durante o teste.

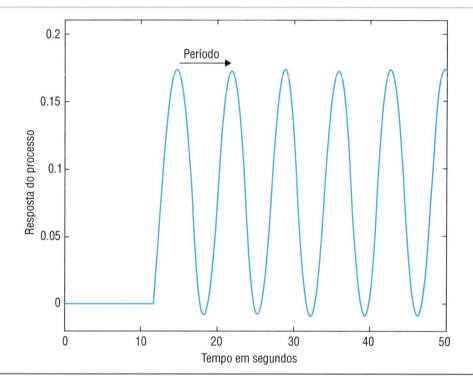

Obviamente, na prática, este teste pode levar o processo a variar fora de uma região segura. Não há garantia de que a variável controlada estará entre limites especificados, portanto este teste não é muito utilizado nas plantas industriais.

Como um segundo método para obter a dinâmica do processo eles sugeriram um **teste em malha aberta**, onde, com o controlador em manual, gera-se uma variação em degrau na saída do controlador (Δu). Pela resposta do processo (Y) a esta perturbação, calcula-se a taxa de variação "R" e o tempo morto "L" (nomenclatura do artigo de Ziegler e Nichols).

Figura 3.4 Resposta do processo em malha aberta.

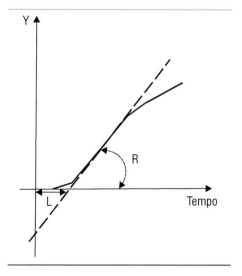

A vantagem deste método de identificação do modelo é que ele pode ser aplicado a processos integradores, que não apresentam um ganho finito para uma perturbação em degrau. O ganho último (K_U) e o período último (P_U) podem ser estimados pelas equações a seguir, e a sintonia do PID pode ser obtida da Tabela 3.2.

$$K_U = \frac{2 \times \Delta u}{R \times L} \quad \text{e} \quad P_U = 4 \times L$$

Atualmente, os algoritmos PID dos sistemas digitais industriais costumam trabalhar com valores normalizados (por exemplo, 0 a 100%) na entrada (variável de processo a ser controlada) e na saída (variável manipulada). A vantagem é que os ganhos proporcionais dos controladores podem ser comparados, e evita-se a necessidade de ganhos muito altos, ou muito pequenos, que poderiam levar a problemas numéricos nos sistemas digitais. Portanto, os valores de "Δu" e "Δy" utilizados nas fórmulas anteriores, e naquela para obter o ganho do processo (K), devem ser normalizados a partir dos valores em unidades de engenharia (U.E.) e do range do instrumento de medição:

$$\Delta y(\%) = \frac{\Delta y(U.E.)}{\text{Range}} \times 100$$

Seja um processo modelado por uma dinâmica ($G_P(s)$) de primeira ordem com tempo morto (K, τ, TM = θ):

$$G_P(s) = \frac{K\,e^{-\theta s}}{\tau s + 1}$$

O teste de identificação deste modelo na prática já foi discutido no Capítulo 1, mas vale a pena lembrar que se deve calcular o ganho ($K = \frac{\Delta y(\%)}{\Delta u(\%)}$) para valores normalizados (0–100%) de Δy e Δu, conforme discutido anteriormente.

A taxa de variação "R" do processo acima pode ser obtida a partir da variação da variável controlada Δy e da constante de tempo do processo (τ), conforme a Figura 3.5 e a equação: $R = \frac{\Delta y}{\tau}$.

Desta forma, o ganho último será pelas fórmulas anteriores e mudando a nomenclatura para o tempo morto (de "L" para "θ"):

$$K_U = \frac{2 \times \Delta u}{R \times L} = \frac{2 \times \Delta u \times \tau}{\Delta y \times L} = \frac{2 \times \tau}{K \times L} \quad \text{e} \quad P_U = 4 \times L = 4 \times \theta$$

Portanto, substituindo as equações anteriores do ganho e do período último na Tabela 3.2, obtém-se a Tabela 3.3 [Ziegler e Nichols, 1943] que mostra a sintonia do controlador do tipo PID em função dos parâmetros de um modelo de primeira ordem com tempo morto (K, τ, TM = θ):

Figura 3.5 Resposta do processo de primeira ordem em malha aberta.

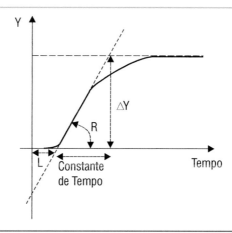

Tabela 3.3 Sintonia segundo [Ziegler e Nichols, 1943].

Controlador	K_P	T_I	T_D
P	$\tau / (K \times \theta)$	—	—
PI	$0.9 \ \tau / (K \times \theta)$	$3.33 \times \theta$	—
PID	$1.2 \ \tau / (K \times \theta)$	$2 \times \theta$	$0.5 \times \theta$

Algumas considerações gerais a respeito da sintonia de controladores PID podem ser feitas a partir dos resultados de Ziegler e Nichols:

- O ganho proporcional do controlador (K_P) é inversamente proporcional ao ganho do processo (K).

- O ganho proporcional do controlador (K_P) também é inversamente proporcional à razão entre o tempo morto e a constante de tempo do processo (θ/τ). Esta razão também é conhecida como fator de incontrolabilidade do processo [Corripio, 1990]. Quanto maior esta razão, mais difícil de controlar o processo e menor deve ser o ganho do controlador. Portanto, quanto maior for o tempo morto comparativamente à constante de tempo do processo, mais difícil controlar esta planta.

- O tempo integral (T_I) do controlador está relacionado com a dinâmica do processo (θ). Quanto mais lento o processo (maior o tempo morto θ) maior deve ser o tempo integral (T_I). Isto é, o controlador deve esperar mais, antes de "repetir" a ação proporcional.

- O tempo derivativo (T_D) do controlador também está relacionado com a dinâmica do processo (θ). Quanto mais lento o processo (maior o tempo morto θ), maior deve ser o tempo derivativo (T_D). Ziegler e Nichols utilizaram sempre uma razão de ¼ entre T_D/T_I, logo $T_I = 4T_D$.

A utilização da Tabela 3.3 requer alguns cuidados:
- Ela foi desenvolvida para os controladores PID existentes na época. Não existe um consenso na literatura se o controlador era do tipo série ou paralelo, mas com certeza o termo P afetava os termos I e D. [Skogestad, 2004] acredita que Ziegler e Nichols utilizaram simulações computacionais com o PID paralelo clássico para obter o método, apesar de na época as implementações industriais serem do PID série. No Item 2.6 do Capítulo 2 existem as fórmulas para converter a sintonia de um tipo de PID para o outro.
- [Corripio, 1990] considera as equações de sintonia Z&N boas para processos com fator de incontrolabilidade (θ/τ) entre 0.1 e 0.3. Isto é, para processos em que o tempo morto não é muito significativo. [Rivera *et al.*, 1986], entretanto, considera que o desempenho é razoável para (θ/τ) entre 0.2 e 1.4, embora a robustez só é boa para (θ/τ) aproximadamente igual a 0.3. Para valores do fator (θ/τ) maiores que 4, as regras de sintonia de Ziegler e Nichols geram sistemas instáveis de controle.
- Ela foi desenvolvida para controladores analógicos e não para os digitais. Logo, se o período de amostragem for considerável as fórmulas podem gerar um desempenho com razão de declínio maior do que ¼, tendendo para a instabilidade. Uma opção é aumentar o tempo morto de um valor igual à metade do período de amostragem ($\theta' = \theta + TA/2$) antes de utilizar a Tabela 3.3.

A sintonia pelo método de Ziegler e Nichols serve como referência inicial, mas pode instabilizar algumas malhas por diversas razões:
- Erros de modelagem.
- Interação entre malhas de controle devido ao fato de os processos industriais serem geralmente MIMO (*Multiple Input Multiple Output* – Múltiplas entradas e múltiplas saídas) e não SISO (*Single Input Single Output*).
- Pelo fato de o PID utilizado atualmente ser geralmente digital e não analógico.
- E também devido ao critério utilizado da razão de declínio igual a ¼ ser muitas vezes pouco robusto, isto é, com uma folga pequena do limite de estabilidade, podendo levar o sistema para a instabilidade em função de qualquer não linearidade do processo.

Logo, sugere-se na prática diminuir inicialmente os ganhos propostos no trabalho de [Ziegler e Nichols, 1942] e ir aumentando posteriormente estes ganhos em função da observação do comportamento do processo. Deve-se lembrar que estas fórmulas não garantem nem um desempenho específico, nem a estabilidade em malha fechada e, portanto, devem ser utilizadas com cuidado.

3.2 Método CHR

Este método CHR é baseado no trabalho de [Chien, Hrones e Reswick, 1952], que propõe dois critérios de desempenho:

- A resposta mais rápida possível sem sobrevalor (*overshoot*).
- A resposta mais rápida possível com 20% de sobrevalor.

Figura 3.6   Análise do controle para uma perturbação de carga.

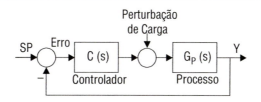

As sintonias são obtidas tanto para o problema servo (mudança de *setpoint* – SP) quanto para o problema regulatório (perturbação de carga com *setpoint* constante – ver a Figura 3.6).

Neste trabalho, eles fazem uma análise das sintonias propostas pelo método CHR para o controlador Proporcional (P) com a do método de Ziegler e Nichols para uma perturbação de carga. Para isto é traçada uma curva do ganho proporcional do controlador (K_P) multiplicado pelo ganho do processo (K) em função da razão "r" entre a constante de tempo do processo e o tempo morto (τ/θ) para as diversas sintonias. A Figura 3.7 mostra esta comparação.

Observa-se, pela Figura 3.7, que quando se escolhe como critério de desempenho "a resposta mais rápida possível sem sobrevalor", se obtém o menor ganho proporcional para o controlador. Na prática não é necessária para a maioria dos processos industriais uma resposta muito rápida e oscilatória, portanto este é o melhor critério de desempenho para a maioria das malhas de controle. A vantagem é que, por se escolher um ganho mais baixo, o sistema é mais robusto, isto é, ele está mais longe da instabilidade, podendo absorver mais variações na dinâmica do processo, devido às não linearidades, desgastes dos equipamentos etc.

Figura 3.7 Comparação entre as sintonias propostas por CHR com a de Ziegler e Nichols (Z&N).

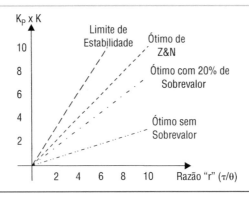

A Tabela 3.4 mostra as sintonias propostas pelo método CHR para o critério de desempenho **"a resposta mais rápida possível sem sobrevalor"**, supondo que o problema de controle é "servo" (mudança em degrau no *setpoint*). O algoritmo PID utilizado no trabalho original foi o paralelo alternativo, entretanto as tabelas a seguir foram convertidas para o PID paralelo clássico:

$$\frac{U(s)}{E(s)} = K_P \times \left(1 + \frac{1}{T_I s} + T_D s \right)$$

Tabela 3.4 Sintonia pelo método CHR (Critério: sem sobrevalor – Problema servo).

Controlador	K_P	T_I	T_D
P	$\dfrac{0.3 \times \tau}{K \times \theta}$	—	—
PI	$\dfrac{0.35 \times \tau}{K \times \theta}$	$1.16 \times \tau$	—
PID	$\dfrac{0.6 \times \tau}{K \times \theta}$	τ	$\dfrac{\theta}{2}$

A Tabela 3.5 mostra as sintonias propostas pelo método CHR para o critério de desempenho **"a resposta mais rápida possível sem sobrevalor"**, supondo que o problema de controle é regulatório (perturbação de carga em degrau). Observa-se que esta sintonia é mais agressiva que no problema servo.

Tabela 3.5 Sintonia pelo método CHR (Critério: sem sobrevalor – Problema regulatório).

Controlador	K_P	T_I	T_D
P	$\dfrac{0.3 \times \tau}{K \times \theta}$	—	—
PI	$\dfrac{0.6 \times \tau}{K \times \theta}$	$4 \times \theta$	—
PID	$\dfrac{0.95 \times \tau}{K \times \theta}$	$2.375 \times \theta$	$0.421 \times \theta$

A Tabela 3.6 mostra as sintonias propostas pelo método CHR para o critério de desempenho **"a resposta mais rápida possível com 20% de sobrevalor"**, supondo que o problema de controle é "servo" (mudança em degrau no *setpoint*).

Tabela 3.6 Sintonia pelo método CHR (Critério: 20% de sobrevalor – Problema servo).

Controlador	K_P	T_I	T_D
P	$\dfrac{0.7 \times \tau}{K \times \theta}$	—	—
PI	$\dfrac{0.6 \times \tau}{K \times \theta}$	τ	—
PID	$\dfrac{0.95 \times \tau}{K \times \theta}$	$1.357 \times \tau$	$0.473 \times \theta$

3.3 Método heurístico de Cohen e Coon (CC)

Este método é baseado no trabalho de [Cohen e Coon, 1953], onde se deseja uma sintonia do PID para processos com tempos mortos mais elevados. Isto é, com fator de incontrolabilidade (θ/τ) maior que 0,3. O critério de desempenho continua sendo a razão de declínio igual a ¼. A Tabela 3.7, a seguir, mostra a sintonia sugerida por este método.

O algoritmo PID utilizado no trabalho original foi o paralelo clássico:

$$\frac{U(s)}{E(s)} = K_P \times \left(1 + \frac{1}{T_I s} + T_d s \right)$$

Este método também supõe que a dinâmica do processo pode ser adequadamente representada por um modelo de primeira ordem (K, τ), em série com um tempo morto (TM = θ):

$$G_P(s) = \frac{K \; e^{-\theta s}}{\tau s + 1}$$

A Tabela 3.7 mostra as sintonias propostas pelo método CC.

Tabela 3.7 Sintonia segundo o método de [Cohen e Coon, 1953] (continua).

	K_P	T_I	T_D
P	$\left(1.03 + 0.35 \times \left(\dfrac{\theta}{\tau} \right) \right) \times \dfrac{\tau}{K \times \theta}$	—	—
PI	$\left(0.9 + 0.083 \times \left(\dfrac{\theta}{\tau} \right) \right) \times \dfrac{\tau}{K \times \theta}$	$\dfrac{\left(0.9 + 0.083 \times \left(\dfrac{\theta}{\tau} \right) \right)}{\left(1.27 + 0.6 \times \left(\dfrac{\theta}{\tau} \right) \right)} \times \theta$	—

Tabela 3.7 Sintonia segundo o método de [Cohen e Coon, 1953] (continuação).

	K_P	T_I	T_D
PID	$\left(1.35 + 0.25 \times \left(\dfrac{\theta}{\tau}\right)\right) \times \dfrac{\tau}{K \times \theta}$	$\dfrac{\left(1.35 + 0.25 \times \left(\dfrac{\theta}{\tau}\right)\right)}{\left(0.54 + 0.33 \times \left(\dfrac{\theta}{\tau}\right)\right)} \times \theta$	$\dfrac{0.5 \times \theta}{\left(1.35 + 0.25 \times \left(\dfrac{\theta}{\tau}\right)\right)}$

Algumas considerações gerais a respeito deste método de sintonia:

☐ Segundo [Rivera et al., 1986] o método de Cohen e Coon apresenta um desempenho razoável para valores do fator de incontrolabilidade do processo (θ/τ) entre 0.6 e 4.5.

☐ A robustez é ruim para valores de (θ/τ) menores do que 2. Na realidade, o objetivo deste método era obter regras de sintonia para processos com tempo mortos maiores do que aqueles estudados por Ziegler e Nichols.

Este método CC costuma produzir sintonias agressivas, e como no método de Ziegler e Nichols, sugere-se na prática diminuir inicialmente os ganhos (diminuir o ganho proporcional, aumentar o tempo integral e diminuir o derivativo) propostos na Tabela 3.7 e ir aumentando posteriormente estes ganhos em função da observação do comportamento do processo.

3.4 Método da integral do erro

Este método foi inicialmente proposto no trabalho de [Lopez et al., 1967] para perturbação de carga (problema regulatório) e posteriormente no de [Rovira et al., 1969] para degraus no *setpoint*. Este método sugere utilizar como critério de desempenho a integral de uma função do erro dentro de uma janela de tempo, suficiente para eliminar o erro em regime permanente. A vantagem deste critério é considerar toda a curva de resposta do sistema, ao invés de apenas dois pontos, como no da razão de declínio ¼ (igual a C/A na Figura 3.2).

Os dois critérios mais utilizados na prática são o IAE (Integral do valor absoluto do erro entre a variável e o *setpoint* (SP) em um horizonte de análise – $\int |e(t)|.dt$) ou ITAE (Integral do produto do tempo pelo valor absoluto do erro entre a variável e o SP em um horizonte de análise – $\int t.|e(t)|.dt$). A vantagem do ITAE é que ele é menos sensível aos erros que acontecem logo após a perturbação (tempo próximo de zero).

O algoritmo PID utilizado nos trabalhos de [Lopez et al., 1967] e [Rovira et al., 1969] foi o paralelo clássico:

$$\frac{U(s)}{E(s)} = K_P \times \left(1 + \frac{1}{T_I s} + T_D s\right)$$

Este método também supõe que a dinâmica do processo pode ser adequadamente representada por um modelo de primeira ordem (K, τ), em série com um tempo morto (TM = θ). Onde a constante de tempo (τ) pode ser calculada de duas formas: na primeira ela é igual ao tempo em que a resposta do processo atingiu 63,2% do valor final menos o tempo morto, e na segunda como a razão entre o delta de saída e a taxa de variação "R" (Figura 3.5):

$$G_P(s) = \frac{K \, e^{-\theta s}}{\tau s + 1}$$

Onde: $\tau = \frac{\Delta y}{R}$ ou $\tau = t_{63,2\%} - \theta$

No trabalho de [Lopez et al., 1967] considera-se uma perturbação na carga, portanto o objetivo do controle é rejeitar perturbações (problema regulatório). Ele resolveu numericamente o problema de otimização (obter as sintonias que minimizassem a integral) para várias razões entre o tempo morto e a constante de tempo do processo (fator de incontrolabilidade (θ/τ)). A faixa de análise foi para fatores de incontrolabilidade (θ/τ) entre 0 e 1 [0 < (θ/τ) < 1]. Em seguida, foi feita uma regressão para obter as seguintes equações de sintonia:

$$K_P = \frac{1}{K} \times \left(A \times \left(\frac{\theta}{\tau}\right)^B\right) \quad T_I = \frac{\tau}{\left(C \times \left(\frac{\theta}{\tau}\right)^D\right)} \quad T_D = \tau \times \left(E \times \left(\frac{\theta}{\tau}\right)^F\right)$$

As constantes A, B, C, D, E e F são obtidas na Tabela 3.8 a seguir para cada tipo de controlador (PI ou PID) e para o critério desejado (IAE ou ITAE).

Tabela 3.8 Constantes para cálculo da sintonia do PID [Lopez et al., 1967].

Controlador	Critério	A	B	C	D	E	F
PI	IAE	0.984	−0.986	0.608	−0.707	—	—
PI	ITAE	0.859	−0.977	0.674	−0.68	—	—
PID	IAE	1.435	−0.921	0.878	−0.749	0.482	1.137
PID	ITAE	1.357	−0.947	0.842	−0.738	0.381	0.995

No trabalho de [Rovira et al., 1969] considera-se uma perturbação no *setpoint* (problema servo). Eles também resolveram o problema de otimização numericamente e em seguida fizeram uma regressão para obter as seguintes equações de sintonia (só a equação para cálculo do tempo integral é diferente da anterior):

$$K_P = \frac{1}{K} \times \left(A^* \times \left(\frac{\theta}{\tau}\right)^{B^*} \right) \quad T_I = \frac{\tau}{\left(C^* + D^* \times \left(\frac{\theta}{\tau}\right) \right)} \quad T_D = \tau \times \left(E^* \times \left(\frac{\theta}{\tau}\right)^{F^*} \right)$$

As constantes A^*, B^*, C^*, D^*, E^* e F^* são obtidas na Tabela 3.9, a seguir, para cada tipo de controlador (PI ou PID) e para o critério desejado (IAE ou ITAE).

Tabela 3.9 Constantes para cálculo da sintonia do PID [Rovira et al., 1969].

Controlador	Critério	A*	B*	C*	D*	E*	F*
PI	IAE	0.758	−0.861	1.02	−0.323	—	—
PI	ITAE	0.586	−0.916	1.03	−0.165	—	—
PID	IAE	1.086	−0.869	0.740	−0.130	0.348	0.914
PID	ITAE	0.965	−0.850	0.796	−0.147	0.308	0.929

Considere um processo com a seguinte dinâmica: Ganho (K) igual a 1, constante de tempo (τ) igual a 2 e tempo morto (θ) igual a 1. Seja um controlador PI, então a sintonia ótima para um degrau na perturbação de carga (Figura 3.6) obtida na Tabela 3.8 será: $K_P = 1.691$, e $T_I = 1.852$. A sintonia ótima deste PI para um degrau no *setpoint* obtida na Tabela 3.9 será: $K_P = 1.106$, e $T_I = 2.111$. Observa-se, portanto, que a sintonia da Tabela 3.9 é mais suave (mais robusta), pois dá origem a ganhos proporcionais menores e tempos integrais maiores. A Figura 3.8 mostra o desempenho destas duas

Figura 3.8 Comparação entre as sintonias propostas nas Tabelas 3.8 e 3.9 para um degrau no *setpoint*.

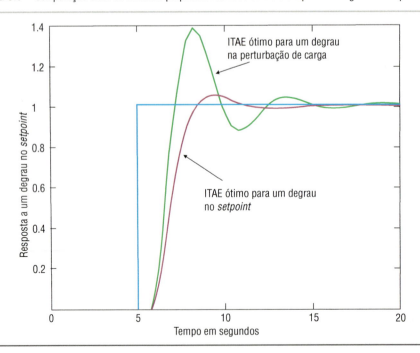

sintonias para um degrau no *setpoint*. Como era de se esperar, o PI ajustado pela Tabela 3.9 apresentou o melhor desempenho.

A Figura 3.9 mostra o desempenho destas duas sintonias para um degrau na perturbação de carga. Como era de se esperar, o PI ajustado pela Tabela 3.8 apresentou o melhor desempenho.

Figura 3.9 Comparação entre as sintonias propostas nas Tabelas 3.8 e 3.9 para um degrau na perturbação de carga.

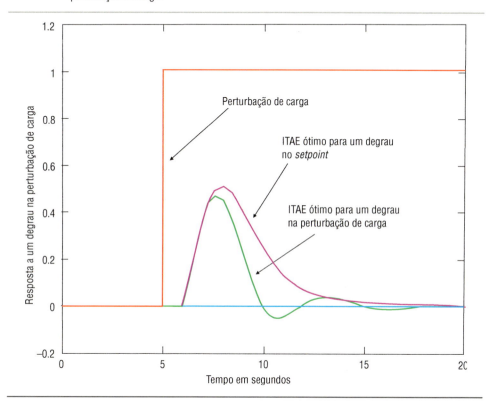

Na prática, na maioria dos casos deve-se buscar uma sintonia mais robusta para as malhas de controle, portanto aquelas obtidas para um degrau no *setpoint* (Tabela 3.9) costumam ser mais indicadas de modo geral.

Um trabalho mais recente [Tavakoli e Tavakoli, 2003] executou uma análise dimensional para reduzir as variáveis do sistema, e em seguida buscar a sintonia ótima do PID. Foi utilizado o PID paralelo clássico. O modelo da dinâmica do processo utilizado foi uma primeira ordem com tempo morto. A faixa de valores dos fatores de incontrolabilidade (θ/τ) foi variada entre 0.1 e 2.

Neste trabalho de [Tavakoli e Tavakoli, 2003] utilizou-se um algoritmo genético [Campos e Saito, 2004] para a busca da sintonia ótima considerando como função objetivo as integrais ISE, IAE e ITAE após um degrau no *setpoint*. A Tabela 3.10 mostra os resultados deste trabalho.

Tabela 3.10 Sintonia do PID segundo [Tavakoli e Tavakoli, 2003].

Fator Adimensional	IAE	ITAE
$K_P \times K =$	$1 / \left(\left(\theta/\tau \right) + 0.2 \right)$	$0.8 / \left(\left(\theta/\tau \right) + 0.1 \right)$
$\dfrac{T_I}{\theta} =$	$\left(0.3 \times \left(\theta/\tau \right) + 1.2 \right) / \left(\left(\theta/\tau \right) + 0.08 \right)$	$0.3 + \left(1 / \left(\theta/\tau \right) \right)$
$\dfrac{T_D}{\theta} =$	$1 / \left(90 \times \left(\theta/\tau \right) \right)$	$0.06 / \left(\left(\theta/\tau \right) + 0.04 \right)$

3.5 Método do modelo interno (IMC)

A estrutura IMC (Internal Model Control) tem como objetivo a partir do modelo do processo e de uma especificação de desempenho obter o controlador adequado. Portanto, o controlador possui um modelo interno do processo que pode ser utilizado apenas na fase de projeto, ou que também pode ser usado durante a operação. A Figura 3.10 mostra a estrutura IMC de controle e a envoltória do controlador.

Este método IMC, portanto, requer um modelo do processo, que pode ser obtido através da identificação experimental (curva de reação do processo após um degrau na variável manipulada), conforme discutido no Capítulo 1.

Uma vez obtido o modelo do processo (ver Figura 3.1), o próximo passo é obter a função de transferência em malha fechada do sistema:

Figura 3.10 Estrutura IMC.

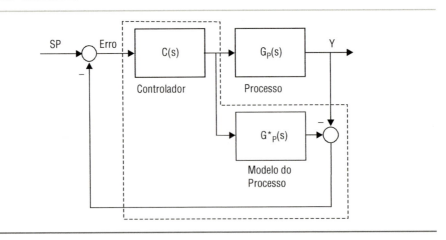

$$\frac{Y(s)}{SP(s)} = \frac{G_P(s)C(s)}{(1 + G_P(s)C(s))} \quad \text{onde o controlador é:} \quad C(s) = K_P \times \left(1 + \frac{1}{T_I s} + T_D s\right)$$

O método IMC deseja obter a sintonia do controlador (C(s)) de tal forma que a resposta do sistema a um degrau no *setpoint* tenha uma dinâmica conhecida (trajetória de referência) e fornecida como critério de ajuste.

Por exemplo, pode-se desejar que a função de transferência do sistema em malha fechada seja uma primeira ordem com constante de tempo igual a (λ):

$$\frac{Y(s)}{SP(s)} = \frac{1}{\lambda s + 1}$$

Este parâmetro (λ) é o critério de desempenho deste método de sintonia IMC e define o quão rápido se deseja que a saída do processo "y" acompanhe o *setpoint*. Este parâmetro deve ser escolhido respeitando as restrições dinâmicas do processo ($G_P(s)$). Por exemplo, não se deve escolher um (λ) menor do que o tempo morto do processo, pois isto levaria a uma sintonia extremamente agressiva.

Igualando as duas equações anteriores, a função de transferência do controlador (C(s)) será função do modelo do processo (G_P) e da constante de tempo desejada para o sistema (λ):

$$\frac{Y(s)}{SP(s)} = \frac{1}{\lambda s + 1} = \frac{G_P(s)C(s)}{(1+G_P(s)C(s))}$$

Obtendo o seguinte controlador capaz de satisfazer o critério:

$$C(s) = \frac{1}{G_P(s) \times \lambda \times s}$$

Por exemplo, se a dinâmica do processo for um integrador puro: $G_P(s) = \dfrac{K}{s}$

Substituindo na equação anterior, obtém-se o seguinte controlador:

$$C(s) = \frac{1}{G_P(s) \times \lambda \times s} = \frac{1}{K \times \lambda}$$

O controlador obtido é um proporcional (P). Isto é, para um processo integrador, o controlador P é aquele que consegue o desempenho desejado (resposta ao *setpoint* de primeira ordem com constante de tempo "λ").

Esta ideia de propor um desempenho (λ) em malha fechada para o sistema, e a partir dela obter um controlador que consiga realizar este objetivo foi inicialmente proposta por [Dahlin, 1968]. O objetivo na época era obter uma "lei de controle" a ser implementada em um computador digital que não necessariamente precisava ser a de um PID. Uma grande vantagem do método de sintonia IMC é que o desempenho de um controlador está associado com a razão da constante de tempo de malha fechada (λ – parâmetro do método) com a de malha aberta (τ). Assim, este método permite definir claramente o desempenho desejado.

Rivera, Morari e Skogestad [Rivera *et al.*, 1986] propuseram este método IMC para a sintonia de controladores PID. Eles imaginaram várias dinâmicas diferentes para os processos e obtiveram os respectivos controladores PID em função do parâmetro de desempenho (λ). A Tabela 3.11 mostra alguns dos resultados do trabalho.

Tabela 3.11 Sintonia do PID segundo [Rivera *et al.*, 1986].

Modelo do Processo	K_P	T_I	T_D
$\dfrac{K}{\tau s + 1}$	$\dfrac{\tau}{K \times \lambda}$	τ	—
$\dfrac{K}{(\tau_1 s + 1)(\tau_2 s + 1)}$	$\dfrac{(\tau_1 + \tau_2)}{K \times \lambda}$	$(\tau_1 + \tau_2)$	$\dfrac{\tau_1 \times \tau_2}{(\tau_1 + \tau_2)}$
$\dfrac{K}{\tau^2 s^2 + 2\xi\tau s + 1}$	$\dfrac{2\xi\tau}{K \times \lambda}$	$2\xi\tau$	$\dfrac{\tau}{2\xi}$
$\dfrac{K}{s}$	$\dfrac{1}{K \times \lambda}$	—	—
$\dfrac{K}{s(\tau s + 1)}$	$\dfrac{1}{K \times \lambda}$	—	τ

A tabela anterior mostra a dificuldade da escolha do melhor controlador PID, que pode ser do tipo P, ou PD ou PID em função da dinâmica do processo controlado.

Quando a dinâmica do processo for adequadamente representada por um modelo de primeira ordem (K, τ), em série com um tempo morto (TM = θ), o trabalho [Rivera *et al.*, 1986] sugere a sintonia da Tabela 3.12.

Tabela 3.12 Sintonia do PID segundo [Rivera *et al.*, 1986] para processos com tempo morto.

Controlador	K_P	T_I	T_D	Sugestão para o Desempenho
PID	$\dfrac{2\tau + \theta}{K \times (2\lambda + \theta)}$	$\tau + \left(\dfrac{\theta}{2}\right)$	$\dfrac{\tau \times \theta}{(2\tau + \theta)}$	$\dfrac{\lambda}{\theta} > 0.8$
PI	$\dfrac{(2\tau + \theta)}{K \times 2\lambda}$	$\tau + \left(\dfrac{\theta}{2}\right)$	—	$\dfrac{\lambda}{\theta} > 1.7$

Observa-se da Tabela 3.12 que o parâmetro de desempenho "λ" deve ser compatível com a restrição de dinâmica do processo, neste caso o tempo morto "θ":

$$\frac{\lambda}{\theta} > 0.8$$

Pode-se exemplificar o método IMC para uma dinâmica do processo de primeira ordem: $G_P(s) = \dfrac{K}{(\tau s + 1)}$

Substituindo na equação do controlador:

$$C(s)= \frac{1}{G_P(s) \times \lambda \times s} = \frac{(\tau s + 1)}{K \times \lambda \times s} = \frac{\tau}{K \times \lambda}\left(1 + \frac{1}{\tau s}\right)$$

Observa-se que o controlador obtido é um PI, com a seguinte sintonia:

$$K_P = \frac{\tau}{K \times \lambda} \quad e \quad T_I = \tau$$

Na sintonia pelo método IMC, o único parâmetro a ser ajustado é o "λ", que de uma maneira conservativa pode ser escolhido igual à constante de tempo dominante do processo (maior constante de tempo): $\lambda \cong \tau_{Dominante}$.

Quanto maiores forem as não linearidades do sistema (histereses, bandas mortas, saturações etc), ou quanto maiores forem os erros de modelagem do processo, mais conservativa deve ser a sintonia (λ maiores), de forma a manter a robustez e a estabilidade do sistema. Um "tempo morto" também tende a tornar o controle mais difícil, o que deve ser refletido em um maior parâmetro "λ".

3.6 MÉTODO DOS RELÉS EM MALHA FECHADA

[Aström e Hägglund, 1984] propuseram um método para a sintonia de controladores utilizando "relés" em malha fechada com o objetivo de provocar oscilações limitadas e controladas no processo e a partir desta resposta estimar a resposta em frequência da planta. Isto é, em função da amplitude ("a") e do período das oscilações ("P") provocadas pelo relé, pode-se ter uma estimativa do ganho último (K_U) e do período último de oscilação (P_U) do processo. Conceitualmente, este método é muito parecido com o teste proposto por Ziegler e Nichols para a obtenção do ganho último, com a vantagem de ser um teste mais controlado (amplitude da perturbação no processo é limitada).

Com estas informações sobre a dinâmica do processo (K_U e P_U), pode-se usar um método como o de Ziegler e Nichols (Item 3.1 deste capítulo) para obter uma sintonia dos controladores. A Figura 3.11 a seguir mostra o método do relé, onde se substitui o controlador pelo relé, que gera uma perturbação de amplitude controlada no processo (±h). Para se implementar este método, deve-se ter ideia apenas do sinal do ganho estático do processo, de maneira a definir o relé (+h ou –h): Se {erro > 0} então {saída = +h ou –h}.

Figura 3.11 Método do "relé" em malha fechada.

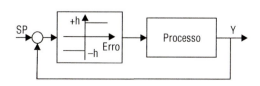

Na prática pode-se utilizar o PID configurado no sistema de controle para simular um relé: limita-se a saída do PID de "±h" em torno do ponto de operação, aumenta-se o ganho proporcional ao máximo e elimina-se o termo integral e derivativo.

Esta realimentação com o relé é um caso particular de sistemas não lineares, denominados de sistemas lineares por partes. Uma vez implementado o relé, para a maioria das dinâmicas encontradas nas plantas industriais, a saída do processo (variável Y da Figura 3.11) irá oscilar com uma amplitude ("a") pequena e controlada, e com um período ("P"). A partir desta resposta, pode-se estimar o ganho último (K_U) e o período último de oscilação (P_U) do processo (onde $\pi = 3.1416$):

$$K_U \cong \frac{4 \times h}{a \times \pi} \quad e \quad P_U \cong P$$

Este método nem sempre pode ser utilizado para estimar as grandezas críticas devido à ocorrência de fenômenos indesejados, como os comportamentos caóticos. Pode-se definir condições para o processo, de forma a garantir a existência e a estabilidade dos ciclos limites (oscilações) [Bazanella e Silva, 2005].

Este método do relé supõe o conhecimento da estrutura do controle (pares de variáveis manipuladas e controladas) e do sinal dos ganhos estáticos do processo. Em função destes conhecimentos, define-se a amplitude da oscilação do relé "h" (1 a 10% em torno do valor de regime permanente atual), e implementa-se este relé.

A identificação do ganho e período último da malha pelas fórmulas acima pode resultar em erros da ordem de 5 a 20%, dependendo do processo [Li, Eskinat e Luyben, 1991]. Processos cuja razão do tempo morto pela constante de tempo são maiores irão apresentar erros maiores nesta estimação. Logo, deve-se considerar esta possível imprecisão na hora de usar os resultados propostos pelo método na prática.

Apesar de se poder utilizar o método de Ziegler e Nichols para se obter a sintonia do controlador a partir da dinâmica do processo (K_U e P_U), sugere-se utilizar um fator de folga ou *detuning* "f" igual a 2.5 [devido às incertezas da ordem de 5 a 20% na dinâmica estimada do processo] nas equações de sintonia de Z&N:

$K_P = K_P^{Z\&N} / (f/2)$

$T_I = T_I^{Z\&N} \times f;$

Outros métodos de sintonia, além do Z&N, como os já analisados neste capítulo, também podem ser utilizados a partir do conhecimento aproximado da dinâmica da planta.

Luyben (1987) propôs uma metodologia para a sintonia de vários PIDs (multimalhas) em sistemas multivariáveis (MIMO – "Multiple-Input Multiple-Output") a partir de uma sequência de aplicações do método do relé. Este procedimento iterativo é repetido várias vezes até que não ocorra mais mudança nas sintonias. Outros trabalhos que também descrevem a aplicação deste método do relé para sistemas multivariáveis são: [Friman e Waller, 1994] e [Shen e Yu, 1994].

No caso da aplicação do relé para sistemas multimalhas, além dos conhecimentos necessários citados anteriormente, seria interessante se ter uma ideia de quais são as malhas rápidas e lentas do sistema. A metodologia proposta é a seguinte:

- ☐ Começar a sintonia pelas malhas rápidas, com as outras em manual.
- ☐ Executar o método do relé para a primeira malha, e sintonizar a mesma através de algum método de sintonia de PID.
- ☐ Colocar esta malha sintonizada em automático e executar o método do relé para a próxima malha, sintonizando a mesma. Continuar o método, deixando as malhas já sintonizadas em automático, até terminar todas as malhas.
- ☐ Voltar à primeira malha, mas desta vez executar o método do relé com as outras malhas em automático. Ressintonizar esta malha e passar para a próxima malha.

Continuar este processo iterativamente até convergir, isto é, parar quando a sintonia dos controladores de uma iteração para outra não variar significativamente. As Figuras 3.12 e 3.13 mostram este tipo de procedimento.

Para sistemas multivariáveis também existe a abordagem do ensaio descentralizado dos relés, onde se colocam vários relés em paralelo simultaneamente. Este experimento permite estimar um ponto da curva crítica do sistema multivariável [Palmor et al., 1993]. Mas neste caso, existem infinitas direções para se variar os ganhos de cada malha, e diferentemente do caso monovariável, não existe uma abordagem de sintonia dos PIDs que garanta uma tendência de estabilidade e desempenho [Campestrini, 2006].

Outros autores aperfeiçoaram o método do relé monovariável, por exemplo colocando um tempo morto em série com o relé, de forma a obter o modelo em uma

Figura 3.12 Primeira iteração do método dos "relés" para o caso multivariável.

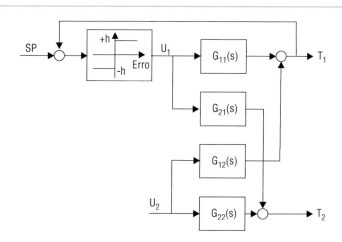

Figura 3.13 Segunda iteração do método do "relés".

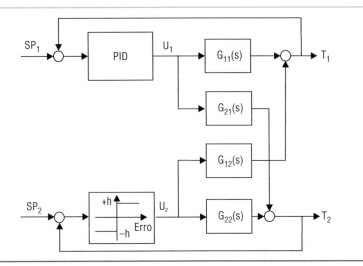

outra frequência, com o objetivo de minimizar os erros de modelagem [Li, Eskinat e Luyben, 1991], [Huang *et al.*, 1996], [Tan *et al.*, 1996] e [Arruda, 2003].

A grande vantagem deste método do relé monovariável é a facilidade de implementação na prática: como já foi comentado, pode-se simular o relé com o próprio controlador Proporcional (P) configurado no sistema digital, eliminando-se o termo integral (repetições por minuto igual a 0) e derivativo (tempo derivativo igual a zero), e aumentando-se o ganho proporcional para o valor máximo possível. Em seguida, limita-se a saída do controlador P em torno do valor atual de operação na faixa de (±h). Este valor de "h" deve ser discutido com os operadores, de maneira a não perturbar muito a planta, mas ao mesmo tempo tirar o processo do seu regime estacionário. Em seguida, coloca-se o controlador em automático iniciando o teste do relé.

Outra grande vantagem deste método do relé é existir uma abordagem sistematizada para a sintonia dos vários controladores PIDs (multimalhas) em sistemas multivariáveis. Obviamente, muitas malhas na prática podem ser vistas como SISO (*single input single output*), isto é, não existe uma grande interação desta malha com as outras do processo, e os métodos descritos neste capítulo podem ser aplicados. Entretanto, em alguns casos esta hipótese não é verdadeira, e deve-se empregar uma abordagem de sintonia multivariável.

3.7 Ferramentas clássicas de análise de controle linear

Uma vez obtido o modelo linear da dinâmica da planta, pode-se utilizar as teorias de controle linear para se analisar o sistema. A Figura 3.14 mostra algumas das técnicas disponíveis.

Figura 3.14 Técnicas de análise de sistemas lineares.

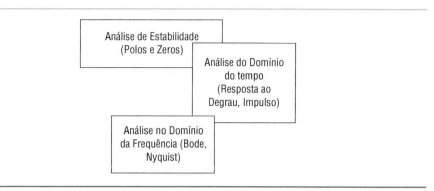

Este livro trabalhará principalmente no domínio do tempo e enfocando mais os aspectos práticos dos sistemas de controle, e sugere-se para os leitores interessados em se aprofundar na teoria clássica de controle (no domínio da frequência) as seguintes referências: [Ogata, 1982], [Sthephanopoulos, 1984] e [Bolton, 1995]. Entretanto, neste livro será mostrado apenas um conceito básico da análise dos pólos e zeros de uma função de transferência.

Análise dos polos e zeros

Os polos e zeros da função de transferência (definida no Anexo A.1) são analisados para se determinar a estabilidade do sistema. Seja uma função de transferência do processo definida pela seguinte equação:

$$G_P(s) = N(s)/D(s)$$

Os polos da função de transferência são as raízes do denominador ($D(s)$), e os zeros são as raízes do numerador ($N(s)$). Observe que os polos e zeros podem ser números complexos. Analisando a localização dos polos e zeros, no plano complexo, pode-se tirar várias conclusões a respeito do comportamento do sistema. Por convenção os polos no plano complexo são representados pelo símbolo (x) e os zeros por (o).

As seguintes considerações podem ser feitas:
- Cada polo "p_i" corresponde a um modo no domínio do tempo: $e^{p_i t}$. A parte real do polo equivale a um decaimento exponencial, enquanto a parte imaginária resulta em oscilações: um polo "$\sigma_i \pm j\omega_i$" resulta no domínio do tempo em: $e^{\sigma_i t} \sin(\omega_i t)$
- Analisando os modos "$e^{p_i t}$" nota-se que aquele mais lento irá dominar a resposta dinâmica do sistema.

☐ Plantas estáveis possuem todos os polos com partes reais negativas, plantas instáveis possuem pelo menos um polo com parte real positiva. Como foi dito, um polo "$\sigma_i \pm j\omega_i$" resulta no domínio do tempo em: $e^{\sigma_i t}\sin(\omega_i t)$. Portanto, para o sistema ser estável, a exponencial deve decrescer com o passar do tempo e para isto a parte real (σ_i) deve ser negativa.

O comportamento da planta também depende da localização dos zeros. Plantas com zeros no semiplano real positivo são ditas de fase não mínima.

Considerando o modelo de primeira ordem estudado neste capítulo:

$$G_P(s) = \frac{K}{(\tau s + 1)}$$

Observa-se que ele só tem um polo:

$$(\tau s + 1) = 0 \Rightarrow s = -\frac{1}{\tau}$$

Para que o sistema seja estável, este polo ($-1/\tau$) deve ser negativo, o que significa que a constante de tempo deve ser positiva. Um sistema dinâmico em malha fechada com controlador e processo (Figura 3.1) tem como função de transferência entre o *setpoint* e a variável controlada a seguinte expressão (supondo o controlador P – só o ganho K_P):

$$\frac{Y(s)}{SP(s)} = \frac{C(s) \times G_P(s)}{(1 + C(s) \times G_P(s))} = \frac{K_P \times G_P(s)}{(1 + K_P \times G_P(s))}$$

Uma das ferramentas de análise da estabilidade deste sistema dinâmico é chamada de "lugar das raízes". A equação característica, que define os polos da função de transferência é: $1 + K_P \times G_P(s) = D(s) + K_P \times N(s)$. Onde "D" e "N" são respectivamente o denominador e o numerador da função $G_P(s)$. Se o ganho K_P do controlador for zero, então os polos do sistema em malha fechada são os próprios polos da dinâmica do processo em malha aberta. À medida que o ganho do controlador for aumentando, os polos do sistema em malha fechada vão se modificando e se afastando dos de malha aberta. Quando o ganho do controlador tender para infinito, então os polos do sistema em malha fechada são os próprios zeros da dinâmica do processo em malha aberta (raízes do numerador): $1/K_P \, D(s) + N(s) = 0$.

Pode-se traçar um gráfico no plano complexo de como estes polos vão se alterando enquanto o ganho do controlador vai aumentando, e enquanto eles estiverem com a parte real negativa, ou no semiplano negativo, o sistema será estável.

A Figura 3.15 mostra um exemplo do "lugar das raízes" de um processo, onde se pode calcular o maior ganho possível para o controlador P ainda se manter estável,

Figura 3.15   Lugar das raízes de um processo.

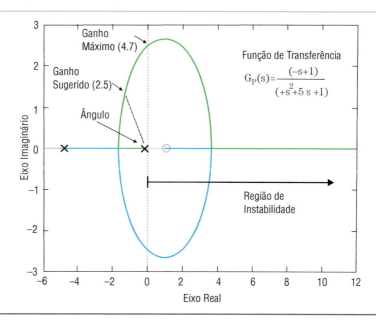

que é o ganho onde a curva cruza o eixo imaginário, e passa a ter parte real positiva. A partir deste ganho máximo, pode-se definir um desempenho desejado: margem de ganho = 2. Logo, o ganho do controlador poderia ser o ganho máximo dividido por esta margem. Ou então considerar um fator de amortecimento, que está associado ao $\cos(\theta)$, onde este é o ângulo com o eixo real. Por exemplo, como mostra a figura, escolher o ganho que gera um ângulo de 60 ou 45°. A Figura 3.15 mostra um exemplo de lugar das raízes para uma certa função de transferência. Observa-se que quando o controlador P tem um ganho igual a 4.7, o sistema está no limite da estabilidade (ganho último – K_U). O ganho sugerido para o controlador P neste caso seria igual a 2.5.

3.8   Outros métodos de sintonia do PID

Apesar de o primeiro método de sintonia de PID ter sido publicado em 1942, as aplicações industriais deste controlador e os problemas práticos ainda enfrentados no ajuste destes controladores fazem com que existam desafios e pesquisas acadêmicas nesta área. Todos os anos, centenas de artigos são publicados no mundo em periódicos importantes sobre controladores PID (sintonia, estratégias e aplicações).

Como exemplo de pesquisas nesta área pode-se citar os trabalhos de [Faccin, 2004] e de [Arruda, 2003]. O primeiro utiliza um método de otimização no domínio da frequência para encontrar os valores ótimos do PID, e o segundo utiliza os experimentos modificados do relé em malha fechada e/ou aberta para obter o desempenho da malha e, de forma iterativa, ajustar os parâmetros do PID.

Um outro exemplo é o trabalho de [Chidambaram et al., 2004] que propõe um método de sintonia de PID para processos estáveis de primeira ordem com tempo morto:

$$G_P(s) = \frac{K\ e^{-\theta s}}{\tau s + 1}$$

E para processos instáveis (com constante de tempo negativas) de primeira ordem com tempo morto:

$$G_P(s) = \frac{K\ e^{-\theta s}}{\tau s + 1}$$

A Tabela 3.13 mostra a sintonia para processos estáveis.

Tabela 3.13 Sintonia do PID segundo [Chidambaram et al., 2004].

Controlador	K_P	T_I	T_D
PID	$\frac{1}{K} \times \left(\frac{\tau}{\theta} + 0.5 \right)$	$\tau + 0.5 \times \theta$	$\frac{0.5\theta\ (\tau + 0.1667\theta)}{\tau + 0.5\theta}$

A Tabela 3.14 mostra a sintonia para processos instáveis para uma faixa do fator de controlabilidade ($0.01 \leq \theta/\tau \leq 0.6$).

Tabela 3.14 Sintonia do PID para processos instáveis [Chidambaram et al., 2004].

K_P	T_I	T_D
$\frac{1}{K} \times \left(1.4183 \times \left(\frac{\theta}{\tau} \right)^{-0.9147} \right)$	$\tau \times \left(16.327 \left(\frac{\theta}{\tau} \right)^2 + 5.577 \left(\frac{\theta}{\tau} \right) + 0.816 \right)$	$0.492 \times \theta$

Um outro exemplo é o trabalho de [Luyben, 2001], que propõe um método de sintonia para um PID, cujo filtro da ação derivativa está explícito e pode ser ajustado no sistema digital (SDCD – Sistema Digital de Controle Distribuído ou CLP – Controlador Lógico Programável). A equação do PID é mostrada na equação a seguir:

$$G_c(s) = \frac{U(s)}{E(s)} = K_P \left(1 + \frac{1}{sT_I} + T_D s \right) \times \left(\frac{1}{\tau_F s + 1} \right)$$

Luyben (2001) sugere utilizar o método do IMC com o parâmetro "λ" igual ao maior valor entre 0.25 vezes o tempo morto e 0.2 vezes a constante de tempo: $\lambda = \max(0.25 \times \theta, 0.2 \times \tau)$.

A sintonia proposta para o PID e para o filtro ("τ_F") é:

$$K_P = \frac{1}{K} \times \left(\frac{2\tau + \theta}{2 \times (\lambda + \theta)} \right) \quad T_I = \tau + \frac{\theta}{2} \quad T_D = \frac{\tau\theta}{2\tau + \theta} \quad \tau_F = \frac{\lambda \times \theta}{2(\lambda + \theta)}$$

Skogestad (2004) propõe uma extensão do método IMC e desenvolve um conjunto de regras de sintonia para o PID série em função da função de transferência do processo. Ele considera um PID série, onde o termo derivativo só atua na variável de processo, evitando uma perturbação quando se altera o *setpoint* em degrau (chamado *derivative kick*):

$$U(s) = K_P \left(1 + \frac{1}{sT_I} \right) \times \left(SP(s) - \frac{T_D s + 1}{\tau_F s + 1} Y(s) \right)$$

onde τ_F é um filtro normalmente igual a $0.01 \times T_D$, mas em processos ruidosos este valor pode ser aumentado, por exemplo: $0.2 \times T_D$. Skogestad propõe que a resposta em malha fechada ideal para o IMC seja uma primeira ordem ajustável (parâmetro λ) em série com o tempo morto do processo, já que este atraso é inevitável. Isto é, o tempo morto é uma característica do processo e o controle não consegue eliminá-lo, mas ao contrário este tempo morto impõe uma restrição ao desempenho do controle:

$$\frac{Y(s)}{SP(s)} = \frac{1}{\lambda s + 1} e^{-\theta s}$$

Em função do modelo do processo (tempo morto puro, integrador, primeira ordem com tempo morto etc.) e do parâmetro "λ", Skogestad propõe uma sintonia para o PID, conforme a Tabela 3.15. Ele sugere que o parâmetro "λ" seja escolhido igual ao tempo morto do processo, de forma a se ter um bom compromisso entre a robustez e o desempenho (rejeição de perturbações).

Tabela 3.15 Sintonia do PID segundo [Skogestad, 2004].

Modelo do Processo	K_P	T_I	T_D
$\dfrac{K}{\tau s + 1} e^{-\theta s}$	$\dfrac{\tau}{K \times (\lambda + \theta)}$	$\min\{\tau, 4 \times (\lambda + \theta)\}$	—
$\dfrac{K}{(\tau_1 s + 1)(\tau_2 s + 1)} e^{-\theta s}$	$\dfrac{\tau}{K \times (\lambda + \theta)}$	$\min\{\tau_1, 4 \times (\lambda + \theta)\}$	τ_2
$K \times e^{-\theta s}$	$\dfrac{1}{K}$	$\lambda + \theta$	—
$\dfrac{K}{s} e^{-\theta s}$	$\dfrac{1}{K \times (\lambda + \theta)}$	$4 \times (\lambda + \theta)$	—
$\dfrac{K}{s(\tau_2 s + 1)} e^{-\theta s}$	$\dfrac{1}{K \times (\lambda + \theta)}$	$4 \times (\lambda + \theta)$	τ_2

Pela Tabela 3.15 observa-se que o controlador PI é o ideal para a maioria das dinâmicas dos processos. O termo derivativo (PID) só é indicado para processos onde existe uma segunda dinâmica (τ_2) dominante, isto é, $\theta < \tau_2 < \tau_1$. O termo derivativo é selecionado para cancelar esta segunda constante de tempo do processo. Obviamente, estes modelos dinâmicos mais complexos não podem ser obtidos visualmente a partir da resposta a um degrau, como uma primeira ordem com tempo morto, e devem ser obtidos através de um algoritmo matemático de identificação.

Para processos com constante de tempo dominante ($\theta \ll \tau_1$), escolher o termo integral igual à constante de tempo dominante (como no método IMC) pode levar a um controle robusto, mas com um tempo elevado para eliminar ou rejeitar uma perturbação. Em função disto, Skogestad propõe escolher o tempo integral como o menor entre os seguintes valores: $\{\tau, 4 \times (\lambda + \theta)\}$.

A Tabela 3.15 mostra também que o PI pode ser o controlador ideal, mesmo para processos com tempo morto dominante ($K \times e^{-\theta s}$). Na indústria, talvez pelo fato de os outros métodos de sintonia não analisarem especificamente este tipo de processo, existe um preconceito de que controladores PID não são adequados para este tipo de processo com tempos mortos elevados.

A vantagem destes métodos de sintonia, baseados no IMC, é que se o desempenho não estiver adequado, basta aumentar o parâmetro "λ" para obter uma nova sintonia mais robusta (menor ganho proporcional e maior tempo integral). Para processos ruidosos, deve-se primeiramente aumentar o filtro "τ_F" do controlador PID até valores iguais à metade do tempo morto ($\tau_F = 0.5 \times \theta$) [Skogestad, 2004]. Se o desempenho continuar ruim, pode-se eliminar o termo derivativo, e só então aumentar o parâmetro "λ".

3.9 Comparação entre os métodos de sintonia do PID

A seguir, serão comparadas as sintonias do PID (para o algoritmo paralelo clássico – com filtro no termo derivativo de 0.1τ) dos diferentes métodos apresentados neste capítulo. Serão analisados cinco processos com dinâmicas diferentes, com ganho 0.5 ou 5, constante de tempo 5 ou 30, e tempo morto 1 ou 10.

O primeiro processo a ser analisado é: $G_P(s) = \dfrac{0.5 \times e^{-1s}}{5s + 1}$

As sintonias propostas estão na Tabela 3.16.

A Tabela 3.16 mostra que para este processo, as sintonias propostas por Ziegler e Nichols (Z&N), e por Cohen e Coon (CC) são as mais agressivas e menos robustas (ganhos proporcionais altos e tempos integrais baixos). Isto é de se esperar, pois o critério de desempenho é a razão de declínio igual a um quarto. Em seguida, os métodos

Sintonia de controladores PID

Tabela 3.16 Sintonias propostas para o PID por vários métodos para 1° processo.

Método	K_P	T_I	T_D
Z&N	12.0	2.0	0.5
CHR (sem sobrevalor, servo)	6.0	5.0	0.5
CC	14.0	2.32	0.36
ITAE (servo)	7.58	6.52	0.35
IMC (onde: $\lambda = 2(\tau + \theta)/3$)	2.44	5.5	0.45

do CHR e o ITAE (servo) apresentam os ganhos intermediários. E a sintonia do IMC (Tabela 3.12) é a mais robusta, pois se deseja que a resposta em malha fechada tenha uma dinâmica de apenas 2/3 da constante de tempo mais o tempo morto.

A Figura 3.16 mostra o desempenho destas sintonias para um degrau no *setpoint*. Observa-se que a resposta do ITAE é aquela mais rápida com o menor sobrevalor, seguida pela do método "CHR". A sintonia do IMC para o "lambda" escolhido possui o desempenho mais lento, mas é a mais robusta, o que na prática pode ser uma vantagem.

Figura 3.16 Desempenho das diversas sintonias para o 1° processo.

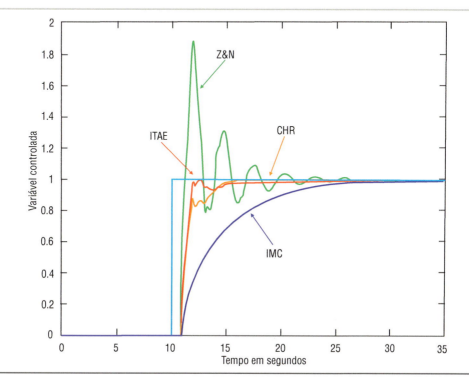

Para este processo analisado, o ganho último é aproximadamente igual a 18.5 e o período de oscilação é de 4.1 segundos, e a sintonia proposta por Ziegler e Nichols é: $K_P=12$, $T_I=2.0$ e $T_D=0.5$. A Figura 3.16 mostra o desempenho desta sintonia. Observa-se que o desempenho desejado (razão de declínio ¼) produz uma resposta bastante oscilatória.

O segundo processo a ser analisado é: $G_P(s) = \dfrac{5 \times e^{-1s}}{5s + 1}$. As sintonias propostas estão na Tabela 3.17 para este processo, cujo ganho é 10 vezes maior que o anterior. O desempenho destas sintonias é o mesmo da Figura 3.16, e as conclusões também são as mesmas. A dinâmica do processo permaneceu inalterada, e o produto do ganho da planta pelo do controlador também permaneceu inalterado.

Tabela 3.17 Sintonias propostas para o PID por vários métodos para 2° processo.

Método	K_P	T_I	T_D
Z&N	1.2	2.0	0.5
CHR (sem sobrevalor, servo)	0.6	5.0	0.5
CC	1.4	2.32	0.36
ITAE (servo)	0.758	6.52	0.35
IMC (onde: $\lambda = 2(\tau + \theta)/3$)	0.244	5.5	0.45

O terceiro processo a ser analisado é: $G_P(s) = \dfrac{0.5 \times e^{-1s}}{30s + 1}$. Neste caso, a constante de tempo do processo é muito maior que o tempo morto. As sintonias propostas estão na Tabela 3.18.

Tabela 3.18 Sintonias propostas para o PID por vários métodos para 3° processo.

Método	K_P	T_I	T_D
Z&N	72	2.0	0.5
CHR (sem sobrevalor, servo)	36	30.0	0.5
CC	81.5	24.69	0.368
ITAE (servo)	34.7	37.9	0.39
IMC (onde: $\lambda = 2(\tau + \theta)/3$)	2.88	30.5	0.49

O desempenho destas sintonias é mostrado na Figura 3.17. A sintonia do IMC da Tabela 3.12 supunha um tempo morto maior e neste caso estas fórmulas se mostram bem conservativas, principalmente para o "lambda" escolhido.

Figura 3.17 Desempenho das diversas sintonias para o 3° processo.

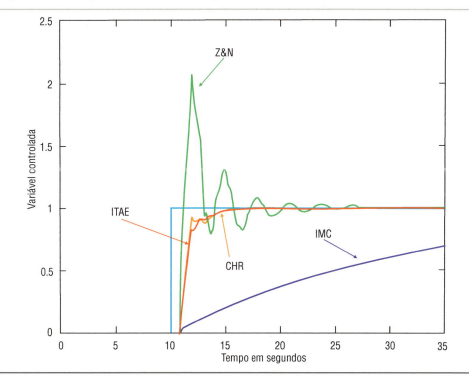

O quarto processo a ser analisado é: $G_P(s) = \dfrac{0.5 \times e^{-10s}}{5s + 1}$. Neste caso, a constante de tempo do processo é três vezes maior que o tempo morto. As sintonias propostas estão na Tabela 3.19.

Tabela 3.19 Sintonias propostas para o PID por vários métodos para 4° processo.

Método	K_P	T_I	T_D
Z&N	7.2	20.0	5
CHR (sem sobrevalor, servo)	3.6	30.0	5
CC	8.6	22.2	3.5
ITAE (servo)	4.91	40.1	3.3
IMC (onde: $\lambda = 2(\tau + \theta)/3$)	2.21	35	4.3

O desempenho destas sintonias é mostrado na Figura 3.18. A sintonia do IMC da Tabela 3.11 apresenta um desempenho melhor que o processo anterior, já que o tempo morto do 4° processo é maior. A sintonia proposta pelo ITAE continua sendo a de melhor compromisso entre o desempenho e a robustez.

Figura 3.18 Desempenho das diversas sintonias para o 4° processo.

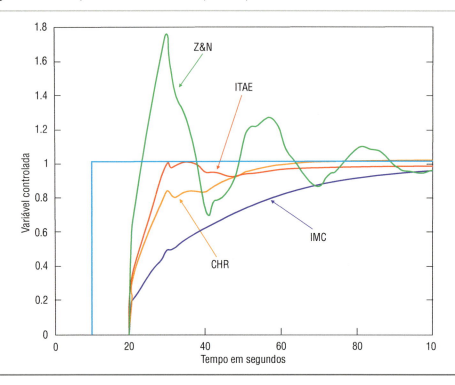

O quinto processo a ser analisado é: $G_P(s) = \dfrac{0.5 \times e^{-10S}}{5s + 1}$. Neste caso, o tempo morto é duas vezes maior que a constante de tempo do processo, fazendo com que o processo seja difícil de ser controlado. As sintonias propostas estão na Tabela 3.20. Neste caso, a sintonia de Cohen e Coon é mais adequada que a de Ziegler e Nichols, já que a mesma foi desenvolvida para processos com tempos mortos mais elevados.

Tabela 3.20 Sintonias propostas para o PID por vários métodos para 5° processo.

Método	K_P	T_I	T_D
Z&N	1.2	20	5
CHR (sem sobrevalor, servo)	0.6	5	5
CC	1.85	15.4	2.7
ITAE (servo)	1.07	9.96	2.9
IMC (onde: $\lambda = 2(\tau + \theta)/3$)	1.33	10.0	2.5

O desempenho destas sintonias é mostrado na Figura 3.19. A sintonia do IMC apresenta um bom desempenho, mas a proposta pelo ITAE continua sendo a de melhor compromisso entre o desempenho e a robustez.

Figura 3.19 Desempenho das diversas sintonias para o 5° processo.

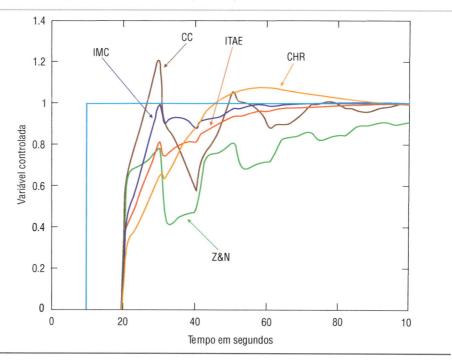

3.10 Conclusões

Este capítulo levantou uma série de métodos de sintonia de controladores PID que são utilizados na indústria. Este conjunto de métodos não pretendeu ser completo, mesmo porque este assunto ainda continua sendo bastante pesquisado nas Universidades, e a cada ano surgem novas contribuições.

A sintonia de controladores PID também não se resume à simples aplicação destes métodos, pois na prática existem muitos problemas associados às não linearidades do processo, às características multivariáveis das plantas (interação entre controladores), entre outros, que dificultam bastante esta atividade. Estes problemas e as soluções serão discutidos ao longo deste livro.

3.11 Referências bibliográficas

[Arruda, 2003], "Sistemas de Realimentação por Relé: Análise e Aplicações", Tese de Doutorado em Eng. Elétrica, DEE/UFCG Universidade Federal de Campina Grande.

[Aström e Hägglund, 1984], "Automatic tuning of simple regulators with specifications on phase and amplitude margins", Automatica 20(5), pp. 645-651.

[Aström e Hägglund, 1995], "PID Controllers: Theory, Design and Tuning", Ed. ISA.

[Bazanella e Silva, 2005], "Sistemas de Controle – Princípios e Métodos de Projeto", UFRGS Editora.

[Bolton, 1995], "Engenharia de Controle", Ed. Makron Books do Brasil.

[Campestrini, 2006], "Sintonia de controladores PID descentralizados baseada no método do ponto crítico", Dissertação de Mestrado em Engenharia Elétrica da Universidade Federal do Rio Grande do Sul.

[Campos e Saito, 2004], Campos, M.C.M.M., e Saito, K., "Sistemas Inteligentes para Controle e Automação de Processos", Ed. Ciência Moderna.

[Chidambaram et al., 2004], "A simple method of tuning PID controllers for stable and unstable FOPTD sytems", Comp. Chemical Engineering, Vol. 28, pp. 2201-2218.

[Chien et al., 1952], Chien, Hrones, e Reswick, "On the Automatic Control of Generalized Passive Systems", Trans. ASME, V. 74, pp. 175-185.

[Cohen e Coon, 1953], «Theoretical Consideration of Retarded Control», Trans. ASME, 75, 827-834.

[Corripio, 1990], «Tuning of Industrial Control Systems», Editora ISA – Instrument Society of America.

[Dahlin, 1968], "Designing and Tuning Digital Controllers", Instruments&Control Systems, vol. 41, pp. 77-83.

[Faccin, 2004], "Abordagem Inovadora no Projeto de Controladores PID", Dissertação de Mestrado, DEQ/UFRGS Universidade Federal do Rio Grande do Sul.

[Friman e Waller, 1994], "Autotuning of Multiloop Control Systems", Ind. Eng. Chem. Res., 33, pp. 1708-1717.

[Huang et al., 1996], Huang, Chen, Lai, e Wang, "Autotuning for Model-Based PID Controllers", AIChE Journal, V. 42, N. 9, pp. 2687-2691.

[Li, Eskinat, e Luyben, 1991], "An improved autotune identification method", Ind. Engineering Chemistry Research, 30, pp. 1530-1541.

[Lopez et al., 1967], Lopez, Murrill e Smith, « Tuning Controllers with Error-Integral Criteria», Instrumentation Technology, V. 14, pp. 57-62.

[Luyben, 1987], "Derivation of Transfer Functions for Highly Nonlinear Distillation Columns", Ind.Eng.Chem.Res., V. 26, pp. 2490.

[Luyben, 2001], "Effect of Derivative Algorithm and Tuning Selection on the PID Control of Dead-Time Process", Ind. Eng. Chem. Res., 40, pp. 3605-3611.

[Ogata, 1982], "Engenharia de Controle Moderno", Ed. Prentice Hall do Brasil.

[Palmor *et al.*, 1993], "Automatic tuning of decentralized PID controllers for TITO processes", IFAC World Congress, 12, Sydney, pp. 311-314.

[Rivera *et al.*, 1986], Rivera, Morari e Skogestad, « Internal Model Control, 4. PID Controller Design », Industrial and Engineering Chemistry Process Design and Development, V. 25, pp-252-265.

[Rovira *et al.*, 1969], Rovira, Murrill, e Smith, "Tuning Controllers for Setpoint Changes", Instruments and Control Systems, V. 42, pp. 67-69.

[Seborg, Edgar, e Mellichamp, 1989], "Process Dynamics and Control", Ed. Wiley.

[Shen e Yu, 1994], "Use of Relay Feedback Test for Automatic Tuning of Multivariable Systems", AIChE Journal, V. 40, N. 4.

[Shinskey, 1989], "Process Control Systems", Ed. McGraw-Hill, 3°Ed.

[Siemens, 1997], Manual SIMATIC – Modular PID Control, Siemens AG.

[Skogestad, 2004], "Simple analytic rules for model reduction and PID controller tuning", Modeling, Identification and Control, Vol. 25, No. 2, pp. 85-120.

[Stephanopoulos, 1984], "Chemical Process Control", Ed. Prentice Hall.

[Tan *et al.*, 1996], Tan, Lee, e Wang, "Enhanced Automatic Tuning Procedure for Process Control of PI/PID Controllers", AIChE Journal, V. 42, N. 9, pp. 2555-2562.

[Tavakoli e Tavakoli, 2003], Tavakoli, S. e Tavakoli, M., "Optimal tuning of PID Controllers for first order plus time delay model using dimensional analysis", The Fourth Int. Conf. on Control and Automation, ICCA-03, 10-12 June, Montreal.

[Ziegler e Nichols, 1942], "Optimum Settings for Automatic Controllers", Transactions ASME, V. 64, pp. 759-768.

[Ziegler e Nichols, 1943], "Process Lags in Automatic Control Circuits", Transactions ASME, V. 65, pp. 433-444.

4

Controle de vazão

4 Controle de vazão

Na busca de estruturas de controle que permitam um projeto simples e efetivo de controladores, um dos pontos importantes é o fechamento automático do balanço de massa do processo. Este balanço de massa é fechado automaticamente pelos controladores de acúmulo de massa, tais como controladores de nível (acúmulo de massa de líquido) e pressão (acúmulo de massa de gás). Entretanto, muitas vezes é necessário controlar a vazão, que é normalmente a designação da quantidade de massa por unidade de tempo de uma determinada corrente do processo. Basicamente, em alguns pontos da planta a massa é controlada, como, por exemplo, a carga da unidade, o refluxo de uma coluna de destilação e a vazão de vapor para um trocador de calor. Logo, o controle de vazão destas correntes implica na regulagem das suas respectivas massas.

Neste capítulo, será abordado o estudo do controlador de vazão. O controle de vazão difere em dois aspectos da maioria dos outros problemas de controle de processo. Primeiro, o tempo morto do processo é normalmente desprezível e a constante de tempo é da ordem de segundos. Isto implica, que a resposta do sistema de controle de vazão depende principalmente do tempo de resposta do elemento primário (sensor de vazão), do tamanho da tubulação do processo, da transmissão de sinal, da amostragem do controlador, e do elemento final (atuador no processo – por exemplo, válvulas de controle).

Desta forma, podemos destacar que a definição de um sistema de controle de vazão compreende três fases: a seleção da entrada (definição do local da instalação e do tipo do sensor que mede a variável controlada), a seleção da saída (definição do local e tipo do atuador que manipula o processo) e finalmente o tipo do algoritmo de controle que será utilizado. A seleção de entradas e saídas encontra-se intimamente ligada ao projeto do processo, pois nesta etapa se decide a implementação física dos sensores e atuadores na planta.

Outra característica do controle de vazão é que o sinal de vazão é muito ruidoso, definido como flutuações com frequência de 1 Hz ou maior. Parte deste ruído representa variações reais na vazão, a qual é muito rápida para ser corrigida pelo sistema de controle. Estes ruídos podem ser originados no sistema de bombas, compressores ou irregularidade no sistema de tubulação, válvulas e medição.

4.1 Controle de vazão – elementos primários de controle

Provavelmente, o mais popular sensor de vazão é a placa de orifício. O princípio básico de funcionamento consiste de uma placa de aço inox com um orifício usinado no centro (Figura 4.1) que é inserida numa linha de processo perpendicular ao movimento do fluido, com a intenção de produzir uma queda de pressão, ΔP. Esta perda de pressão no orifício é proporcional ao quadrado da vazão volumétrica através do orifício, e pode ser simplificada na Equação 4.1.

$$Q = F_{MEDIÇÃO} \times \sqrt{\frac{\Delta P}{\rho}} \qquad (4.1)$$

onde:
Q = Vazão volumétrica em m³/h;
ΔP = Perda de pressão provocada pelo orifício em kgf/cm²;
$F_{MEDIÇÃO}$ = Fator de medição;
ρ = Massa específica do fluido.

Figura 4.1 Placa de orifício e exemplos de instalação nas tubulações.

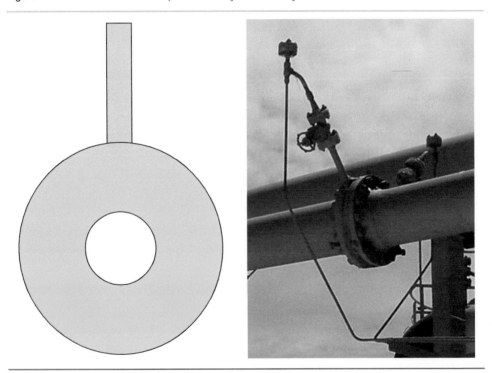

Alguns pontos devem ser destacados sobre o uso de placa de orifícios para medição de vazão. Primeiro, a medição da vazão é obtida de forma indireta, pois de fato é medido o diferencial de pressão (ΔP) no orifício e não a vazão. Nota-se pela Equação 4.1, que não existe uma relação linear entre o diferencial de pressão e a vazão, o diferencial de pressão é relacionado com o quadrado da vazão. Consequentemente, é necessário extrair a raiz quadrada do diferencial de pressão para se obter a vazão volumétrica. O segundo ponto a se destacar é que o uso de placa de orifícios implica na perda de pressão no sistema, o que significa perda de energia. O diferencial de pressão (ΔP) medido não reflete a energia perdida, porque este ΔP é medido nas tomadas instaladas no flange da placa de orifício, e parte deste ΔP é recuperado pelo fluido na tubulação após o orifício, conforme mostra a Figura 4.2. Finalmente, deve-se destacar que as placas de orifício apresentam uma rangeabilidade, que significa a razão entre a máxima vazão mensurável e a mínima vazão mensurável, de aproximadamente 3:1. A rangeabilidade indica a resolução esperada da medição, em outras palavras, quanto menor a vazão medida maior será a incerteza da medição, ou seja, maior o erro.

Figura 4.2 Recuperação da pressão após a placa de orifício.

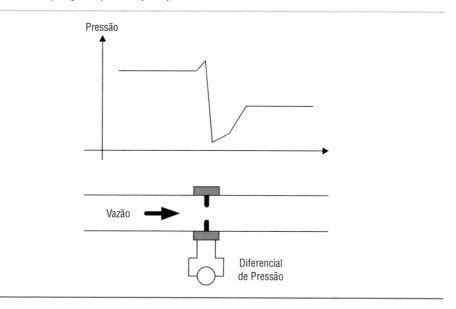

Existem diversos sensores de vazão no mercado que podem ser usados como alternativa ao uso da placa de orifício. Entre eles podemos destacar: bocais de vazão, tubos venturi, tubos pitot, annubars, rotâmetros, medidores do tipo votex, tipo Coriolis, turbinas, medidores magnéticos, ultrassônicos e outros. O objetivo desta seção não permite uma discussão detalhada destes medidores, entretanto recomenda-se consultar as referências [Liptak, 1993], [Martins, 1998] para maiores detalhes sobre medidores de vazão.

Os principais problemas, para o controle, que a medição de vazão (elemento primário da malha) pode causar são:

☐ Instalação inadequada, gerando erros de medição e falta de repetibilidade, por exemplo, a formação de condensado nas tomadas que interligam o transmissor de pressão diferencial com a placa para a medição de um gás pode vir a obrigar que o controle de vazão fique em manual.

- Ruídos na medição, que podem dificultar a sintonia. O uso de filtros na variável controlada pode minimizar os problemas.
- Rangeabilidade inadequada, isto é, o sensor de vazão não consegue medir em toda a faixa de operação do processo. Neste caso, pode-se recalibrar o transmissor ou utilizar dois transmissores, o que resolverá o problema de controle, mas os erros de medição serão maiores. Outra possibilidade é a utilização de um outro elemento primário que tenha maior rangeabilidade, por exemplo, trocar a placa por um coriolis, ou um vortex.
- Não linearidade devido a um erro. Por exemplo, esquecer de extrair a raiz quadrada do sinal no caso da placa.

4.2 Controle de vazão – elemento final de controle

O mais comum elemento final de controle na indústria de processo é a válvula de controle. A válvula de controle manipula a vazão de um fluido em escoamento variando a

Figura 4.3   Figura de uma válvula de controle instalada.

área de passagem deste escoamento. Tipicamente, uma válvula de controle consiste do corpo da válvula, das partes internas como o obturador e a sede, um atuador que fornece a força motora para operar a válvula, e uma variedade de acessórios, que incluem posicionadores, transdutores, reguladores de pressão de alimentação e chaves de posição, entre outros. A Figura 4.3 mostra um exemplo de válvula e acessórios.

O objetivo básico do controle de processo é a redução da variabilidade do processo, isto é, as variáveis controladas devem estar o mais possível próximas dos seus valores de referência e não oscilando muito em torno dos mesmos. Estudos abrangentes do desempenho das malhas de controle [Fisher, 1998] indicam que muitas dessas malhas não contribuem para a redução da variabilidade do processo, e que em muitos casos as válvulas de controle são as grandes responsáveis por este problema. Os principais fatores que levam ao baixo desempenho das válvulas de controle e que contribuem consideravelmente para o aumento da variabilidade do processo são:

- Dimensionamento e tipo de válvula.
- Característica estática e tempo de resposta da válvula.
- Banda morta.
- Projeto do conjunto atuador e posicionador.

4.2.1 Dimensionamento e tipo de válvula

As normas ANSI/ISA-75.01.01 e IEC 60534-2-1 estabelecem um procedimento para o dimensionamento de válvulas de controle com fluidos compressíveis e incompressíveis. A Equação 4.2 é usada para o dimensionamento do coeficiente de vazão (Cv) em uma determinada condição operacional e também pode ser usada para estimar a vazão através de uma válvula para determinado coeficiente de vazão e determinada abertura da válvula ("a"). Quando a válvula está toda aberta sua abertura ("a") é igual a 100%, e é assim que se projeta ou calcula o coeficiente de vazão (Cv).

$$W = \frac{a}{100} \times N \times F_p \times F_y \times FR \times Cv \times \sqrt{\Delta P \times \rho} \qquad (4.2)$$

onde:

W = Vazão do fluido em Kg/h.
a = Abertura da válvula (0 – 100%).
N = Constante numérica que depende das unidades de medida utilizadas.
F_p = Fator de geometria da tubulação adjacente, visto que na maioria das aplicações o diâmetro da válvula é menor que o diâmetro da tubulação.
F_y = Fator de correção devido ao fluxo crítico, este fator estabelece o efeito das várias geometrias do corpo da válvula e das propriedades do fluido sob condições de fluxo bloqueado. E é definido como sendo a relação

entre a pressão diferencial máxima e efetiva na produção de vazão para efeito de dimensionamento e a pressão diferencial real através da válvula, assumindo fluxo incompressível e não vaporizante.

FR = Fator de Número de Reynolds na válvula. Este é um fator de correção utilizado no caso de líquidos viscosos, devido à relação entre vazão e pressão diferencial do fluido.

Cv = Coeficiente de Vazão – está diretamente relacionado com a área de passagem ou capacidade da válvula, e é definido como a quantidade de água a 60°F em galões por minuto que passa pela válvula toda aberta quando o diferencial de pressão é igual a 1 psi (lbf/in^2).

ΔP = Perda de pressão sobre a válvula em kgf/cm^2.

ρ = Massa específica do fluido em kg/m^3.

A não-utilização da correção produzida pelo efeito da geometria da tubulação adjacente, nos casos de válvulas globo, não produz erros significativos nos cálculos de vazão. Entretanto, para válvulas de alta recuperação de pressão, como as borboletas e esferas, a não-utilização deste fator levará a erros substanciais.

De forma genérica, pode-se dizer que uma válvula de controle é um dispositivo cuja finalidade é provocar uma obstrução na tubulação com o objetivo de permitir maior ou menor passagem de fluido por esta. Esta obstrução pode ser parcial ou total, manual ou automática. Em outras palavras, a válvula de controle é todo dispositivo que através de uma parte móvel abra, obstrua ou regule uma passagem através de uma tubulação. Seu objetivo principal é a variação da vazão.

4.2.2 Características de vazão inerente e instalada, não-linearidade estática da válvula

A característica de vazão de uma válvula de controle mostra a relação entre o quanto de área efetiva existe na mesma (que é proporcional a um número entre 0 e 1 do coeficiente de vazão "Cv") para um certo curso ou abertura em percentual. A característica inerente de vazão refere-se à curva observada com o diferencial de pressão constante na válvula, enquanto a característica instalada é a caraterística de vazão em serviço, onde as pressões variam com a vazão e outros parâmetros do sistema, onde esta válvula está instalada. A Equação 4.2, usada para dimensionamento, pode ser reformulada para se calcular a vazão mássica passando através da válvula para cada abertura.

$$W = N \times f(a) \times Cv \times \sqrt{\Delta P \times \rho} \qquad (4.3)$$

Onde f(a) é a função que define a característica inerente da válvula em relação à abertura percentual da válvula, e o Cv é o coeficiente de vazão. A Figura 4.4 mostra as curvas características inerentes típicas fornecidas pelos fabricantes.

Figura 4.4 Características inerentes de válvulas lineares, igual percentagem, parabólica modificada e abertura rápida.

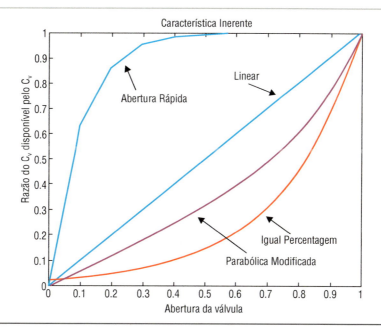

Para uma válvula com característica inerente linear tem-se: $f(a) = a$. Para uma válvula com característica igual percentagem (=%) tem-se: $f(a) = R^{a-1}$, onde R é a rangeabilidade da válvula (por exemplo, R = 40). Para uma válvula com característica inerente parabólica modificada tem-se: $f(a) = \dfrac{a}{\sqrt{3 - 2a^2}}$.

Para compreendermos o comportamento estático de vazão da válvula, considere o sistema da Figura 4.5 com escoamento de água entre dois vasos com pressão e nível controlados e constantes.

Balanço de pressão estático:

$\Delta P_{TOTAL} = \Delta P_{LINHA} + \Delta P_{VÁLVULA}$

Figura 4.5 Válvula de controle instalada em um sistema.

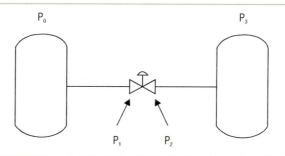

Rearranjando a equação 4.3, temos:

$$\Delta P_{LINHA} = \frac{W^2}{(N \times C_{LINHA})^2 \times \rho}$$ onde "C_{LINHA}" é um coeficiente de perda de carga equivalente na linha ou tubulação.

$$\Delta P_{VÁLVULA} = \frac{W^2}{(N \times f(a) \times C_V)^2 \times \rho}$$

Considerando que o ΔP_{TOTAL} é constante e substituindo, tem-se:

$$\Delta P_{TOTAL} = \frac{W^2}{N^2 \times C_{LINHA}^2 \times \rho} + \frac{W^2}{N^2 \times (f(a) \times C_v)^2 \times \rho} = \frac{W^2}{N^2 \times \rho} \left(\frac{1}{C_{LINHA}^2} + \frac{1}{(f(a) \times C_v)^2} \right)$$

Definindo a característica instalada como sendo a função (g(a) entre 0 e 1) que relaciona a vazão pelo sistema, incluindo a válvula, com a abertura da válvula "a":

$$W = W_{MÁX} \times g(a)$$

Logo, a equação anterior será:

$$\Delta P_{TOTAL} = \frac{W_{MÁX}^2 \times (g(a))^2}{N^2 \times \rho} \left(\frac{1}{C_{LINHA}^2} + \frac{1}{(f(a) \times Cv)^2} \right)$$

Quando a válvula estiver toda aberta (a = 1 e g(a) = 1 e f(a) = 1) a equação fica:

$$\Delta P_{TOTAL} = \frac{W_{MÁX}^2}{N^2 \times \rho} \left(\frac{1}{C_{LINHA}^2} + \frac{1}{Cv^2} \right)$$

Igualando as equações anteriores:

$$\left(\frac{1}{C_{LINHA}^2} + \frac{1}{Cv^2} \right) = (g(a))^2 \left(\frac{1}{C_{LINHA}^2} + \frac{1}{(f(a) \times Cv)^2} \right)$$

$$\left(\frac{Cv^2}{C_{LINHA}^2} + 1 \right) = (g(a))^2 \left(\frac{Cv^2}{C_{LINHA}^2} + \frac{1}{(f(a))^2} \right)$$

Considerando a razão do "Cv" da válvula pela resistência da linha (C_{LINHA}) como um parâmetro "C" tem-se:

$$C = \frac{Cv}{C_{LINHA}}$$

A equação para obter a característica instalada a partir da característica inerente da válvula é:

$$g(a) = \sqrt{\frac{C^2 + 1}{C^2 + (f(a))^{-2}}}$$

A equação final mostra que a característica instalada da válvula depende da característica inerente, e da razão entre o coeficiente de vazão da válvula (Cv) e o coeficiente de vazão da linha (C_{LINHA}).

Quando a perda de carga na linha é muito pequena em relação à perda de carga da válvula, o coeficiente de vazão da linha (C_{LINHA}) é grande comparado ao coeficiente de vazão da válvula ($C \simeq 0$) e faz com que a característica instalada se aproxime da característica inerente; porém, à medida que a perda de carga da linha vai aumentando em relação à da válvula, o coeficiente de vazão da linha vai diminuindo, passando a influenciar a característica instalada, diferenciando-se assim da característica inerente da válvula.

Pela definição:

$$W = W_{MÁX} \times g(a) = W_{MÁX} \times \sqrt{\frac{C^2 + 1}{C^2 + (f(a))^{-2}}}$$

Pode-se observar pela equação anterior que existe uma relação não linear entre a vazão pelo sistema (incluindo a válvula) e a abertura da válvula, que depende da característica inerente escolhida para a válvula (f(a)), e da razão entre o coeficiente de vazão da válvula (Cv) e o coeficiente de vazão da linha (C_{LINHA}). Deve-se destacar que esta relação não linear no estado estacionário afeta os parâmetros de sintonia de um controlador de vazão, levando-os a serem dependentes da abertura da válvula, como será discutido no Item 4.4 deste capítulo. A seguir, será descrita uma maneira de calcular o parâmetro "C".

Durante a fase de projeto se conhece o diferencial de pressão no sistema e aquele alocado para a válvula de controle. Para isto se estima um Cv requerido para a válvula na posição desejada de operação ($\bar{a}$).

$$|\Delta P_{VÁLVULA}|_{PROJETO} = \frac{W^2}{(N \times f(\bar{a}) \times |C_V|_{REQUERIDO})^2 \times \rho}$$

$$|\Delta P_{LINHA}|_{PROJETO} = \frac{W^2}{(N \times C_{LINHA})^2 \times \rho}$$

Dividindo as duas equações anteriores:

$$\frac{|\Delta P_{LINHA}|_{PROJETO}}{|\Delta P_{VÁLVULA}|_{PROJETO}} = \frac{(f(\bar{a}) \times |Cv|_{REQUERIDO})^2}{C^2_{LINHA}}$$

Portanto:

$$\frac{|Cv|_{REQUERIDO}}{C_{LINHA}} = \frac{1}{f(\bar{a})} \times \sqrt{\frac{|\Delta p_{LINHA}|_{PROJETO}}{|\Delta p_{VÁLVULA}|_{PROJETO}}}$$

Logo o parâmetro "C" pode ser calculado a partir dos dados de projeto do sistema:

$$C = \frac{Cv}{C_{LINHA}} = \frac{Cv}{|Cv|_{REQUERIDO}} \times \frac{|Cv|_{REQUERIDO}}{C_{LINHA}} = \frac{Cv}{|Cv|_{REQUERIDO}} \times \frac{1}{f(\bar{a})} \times \sqrt{\frac{|\Delta p_{LINHA}|_{PROJETO}}{|\Delta p_{VÁLVULA}|_{PROJETO}}}$$

Portanto, o parâmetro "C" será maior quanto mais superdimensionada estiver a válvula (Cv especificado for maior que o requerido) e quanto maior for a razão entre o diferencial de pressão na linha e o diferencial de pressão disponível para a válvula no projeto.

Se, em um certo caso, a válvula for 30% maior que a requerida, e no projeto a abertura da válvula linear for 75% ($f(\bar{a}) = 0.75$) e o diferencial de pressão disponível para a válvula for 30% daquele do sistema, então:

$$C = 1.3 \times \frac{1}{0.75} \times \sqrt{\frac{0.7}{0.3}} = 2.65$$

Substituindo o valor do parâmetro "C" anterior e considerando uma válvula com característica inerente linear:

$$g(a) = \sqrt{\frac{2.65^2 + 1}{2.65^2 + (a)^{-2}}}$$

Figura 4.6 Característica instalada de uma válvula linear – análise do superdimensionamento.

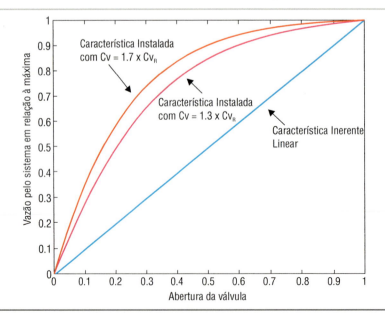

A Figura 4.6 mostra como a característica inerente linear da válvula se transforma em uma característica instalada, tendendo para abertura rápida. A característica instalada tende a ser cada vez mais de abertura rápida quanto maior o parâmetro "C" (mais superdimensionada for a válvula (Figura 4.6) e menor for o diferencial de pressão disponível para a válvula no projeto (Figura 4.7)).

Figura 4.7 Característica instalada de uma válvula linear.

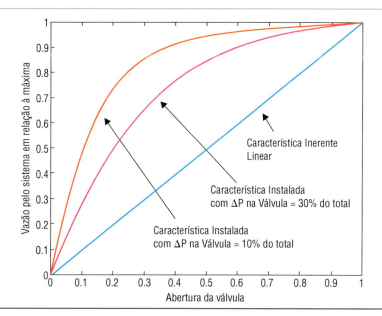

Figura 4.8 Característica instalada de uma válvula igual percentagem.

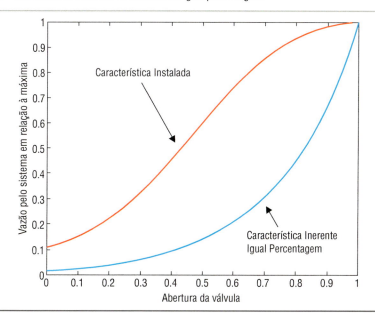

A Figura 4.8 mostra como a característica inerente igual percentagem se transforma em uma característica instalada tendendo para a linear, considerando o parâmetro "C" anterior de 2.65.

4.2.3 Características dinâmica da vazão na válvula

Shinskey [1988] destaca que, apesar de a Equação 4.3 mostrar que uma variação na abertura da válvula leva a uma variação na vazão, a resposta da vazão não é instantânea. Por exemplo, se o fluido é gasoso, ele está sujeito a uma expansão ou compressão quando a pressão diminui ou aumenta em função da sua passagem pela válvula. Logo, quando se abre uma válvula e consequentemente a sua área de passagem aumenta, a pressão na tubulação de descarga aumenta comprimindo o gás, o que pode acarretar durante o transiente uma diminuição da vazão para o processo, e não um aumento. Obviamente, no regime permanente a vazão irá aumentar com o aumento da abertura da mesma.

Numa corrente líquida, a inércia também pode ser significantiva, isto é, o volume contido numa tubulação não pode ser deslocado ou parado sem aceleração ou desaceleração, o que necessita de um certo tempo. Para demonstrar a característica dinâmica da inércia, Shinskey equacionou a constante de tempo de uma coluna de líquido numa tubulação quando a pressão varia.

A velocidade de um líquido (v) numa tubulação é dada por:

$$v \ (m/s) = \frac{W(kg/s)}{\rho(kg/m^3) \times A(m^2)}$$

onde A é a seção reta ou área transversal da tubulação. No estado estacionário, a vazão mássica do líquido numa tubulação varia com a perda de carga desta linha:

$$\Delta P_{LINHA} = \frac{W^2}{(N \times C_{LINHA})^2 \times \rho}$$

A força motora do escoamento do fluido é função do diferencial de pressão disponível ou aplicada neste trecho da tubulação, dada por:

$$F_{LINHA} = \Delta P_{APLICADO} \times A$$

Se a força aplicada ao líquido exceder a força de resistência, devido à perda de carga do trecho de tubulação, que também poderia ser a perda de carga associada a uma válvula de controle, o líquido será acelerado, isto é, ocorrerá um aumento na vazão. O balanço dinâmico de força pode ser escrito da seguinte forma:

$$\Delta P_{APLICADO} \times A - \frac{W^2}{(N \times C_{LINHA})^2 \times \rho} \times A = M \times \frac{dv}{dt} = \frac{M}{A \times \rho} \times \frac{dW}{dt}$$

Controle de vazão 95

onde M é massa de líquido dentro da tubulação que pode ser calculada como:

M(kg) = L(m) × A(m^2) × ρ(kg/m^3)

sendo L o comprimento da tubulação.

Rearranjando,

$$\frac{L \times A \times \rho}{A \times \rho} \times \frac{dW}{dt} + \frac{W^2}{(N \times C_{LINHA})^2 \times \rho} \times A = \Delta P_{APLICADO} \times A$$

A equação acima é não linear e pode-se obter sua linearização (usando a aproximação de Taylor para o segundo termo da mesma) considerando que o sistema encontra-se operando em torno de um regime permanente e ocorrem pequenas variações no diferencial de pressão aplicado ao trecho da tubulação.

$$L \times \frac{d(\Delta W)}{dt} + \frac{2 \times W_0}{(N \times C_{LINHA})^2 \times \rho} \times A \times (\Delta W) = (\Delta \Delta P_{APLICADO}) \times A$$

Reorganizando:

$$\frac{L \times (N \times C_{LINHA})^2 \times \rho}{2 \times W_0 \times A} \times \frac{d(\Delta W)}{dt} + (\Delta W) = (\Delta \Delta P_{APLICADO}) \times \frac{(N \times C_{LINHA})^2 \times \rho}{2 \times W_0}$$

Aplicando a transformada de Laplace:

$$\left[\left(\frac{L \times (N \times C_{LINHA})^2 \times \rho}{2 \times W_0 \times A}\right) \times s + 1\right] \Delta W(s) = \left(\frac{(N \times C_{LINHA})^2 \times \rho}{2 \times W_0}\right) \times \Delta \Delta P_{APLICADO}(s)$$

$$\Delta W(s) = \frac{\left(\dfrac{(N \times C_{LINHA})^2 \times \rho}{2 \times W_0}\right)}{\left[\left(\dfrac{L \times (N \times C_{LINHA})^2 \times \rho}{2 \times W_0 \times A}\right) \times s + 1\right]} \times \Delta \Delta P_{APLICADO}(s) = \frac{K}{\tau s + 1} \Delta \Delta P_{APLICADO}(s)$$

Desta forma, a dinâmica ou a função de transferência da variação de vazão na tubulação pode ser aproximada por uma primeira ordem, em relação a uma variação no diferencial de pressão aplicado nesta tubulação. Este resultado também pode ser extrapolado para uma válvula de controle, no que se refere à dinâmica da vazão da válvula quando ocorre uma perturbação nas pressões do sistema.

Outra dinâmica importante da válvula de controle é a resposta da sua vazão a uma variação no seu sinal de comando. Normalmente, o controlador PID de vazão está configurado no PLC ou no SDCD e envia um sinal elétrico (normalmente no padrão

Figura 4.9 Figura de uma válvula de controle com atuador pneumático do tipo mola-diafragma.

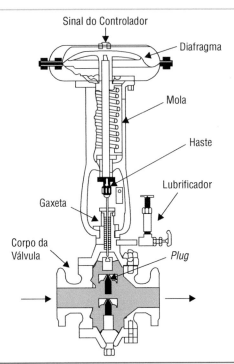

4–20 mA, que corresponde a 0 – 100% de abertura desejada) para a válvula. Perto desta última, existe um conversor elétrico-pneumático que converte o sinal de 4 – 20 mA para um sinal de pressão de ar (normalmente 3 – 15 psi), no caso de a válvula ter um atuador eletropneumático do tipo mola-diafragma. Este ar pressurizado, que é a fonte de energia do sistema, atua no diafragma do atuador da válvula fazendo com que a mesma vá para a posição desejada. A Figura 4.9 mostra um exemplo de uma válvula com atuador pneumático do tipo mola-diafragma. A mola destes atuadores garante que a válvula vá para uma posição segura, que pode ser aberta ou fechada, dependendo do processo, quando ocorrer uma emergência que acarrete uma falta de ar.

A modelagem da válvula pode ser simplificada, considerando que existe uma parte dinâmica, associada com a determinação da abertura da mesma, e uma parte estática, que calcula a vazão dada uma abertura (ou posição da haste) e um diferencial de pressão, conforme a equação a seguir:

$$W = N \times f(a) \times Cv \times \sqrt{\Delta P \times \rho}$$

Considerando o atuador pneumático do tipo mola-diafragma da Figura 4.9, será desenvolvido um modelo dinâmico para o mesmo. O balanço de força na haste da vál-

Figura 4.10 Modelo da válvula (parte dinâmica e outra estática).

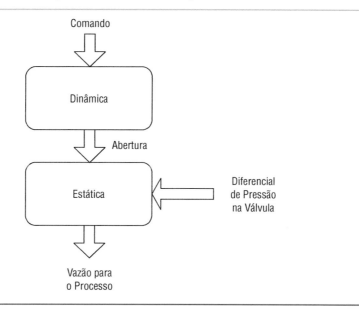

vula determina a aceleração da sua posição, conforme a segunda lei de Newton (força = massa x aceleração) e pode ser equacionado desta forma:

$$\Delta P_{ATUADOR} \times A_{DIAFRAGMA} - \Delta P_v \times A_v - F_{ATRITO} - K_{MOLA} \times a = M_{HASTE} \times \frac{d^2 a}{dt^2}$$

onde:

$\Delta P_{ATUADOR}$ = Diferencial de pressão aplicada ao diafragma do atuador;

$A_{DIAFRAGMA}$ = Área do diafragma do atuador;

ΔPv = Diferencial de pressão aplicada sobre o obturador ou *plug* da válvula pelo fluido que passa pela mesma nas suas condições de escoamento;

Av = Área do obturador ou *plug* da válvula;

F_{ATRITO} = Força de atrito na haste da válvula provocado pelo contato com o engaxetamento, que pode ser aproximada por: $F_{atrito} = C \times \frac{da}{dt}$, onde C é o coeficiente de atrito entre a haste e o engaxetamento;

K_{MOLA} = Coeficiente de Hook da mola;

a = Deslocamento da haste da válvula, isto é, o curso ou abertura da válvula;

M_{HASTE} = Massa do conjunto haste, diafragma e obturador (*plug*) da válvula;

A equação acima pode ser simplificada, desconsiderando a força que o fluido faz no obturador ou *plug* da válvula:

$$\Delta P_{ATUADOR} \times A_{DIAFRAGMA} - C \times \frac{da}{dt} - K_{MOLA} \times a = M_{HASTE} \times \frac{d^2a}{dt^2}$$

Aplicando a transformada de Laplace; obtém-se uma função de transferência de segunda ordem:

$$\frac{a(s)}{\Delta P_{ATUADOR}(s)} = \frac{\dfrac{A_{DIAFRAGMA}}{K_{MOLA}}}{\left(\dfrac{M_{HASTE}}{K_{MOLA}} s^2 + \dfrac{C}{K_{MOLA}} s + 1\right)}$$

Na prática, coloca-se um controlador do tipo proporcional (P) ou proporcional-integral (PI) que retroalimenta a posição da haste e controla a pressão que vai atuar no diafragma do atuador ($\Delta P_{ATUADOR}$). Este controlador é conhecido como posicionador e é um acessório da válvula que garante que a posição da haste será realmente aquela desejada, independentemente dos atritos, desgastes etc. A Figura 4.11 mostra este equipamento.

Figura 4.11 Posicionador da válvula.

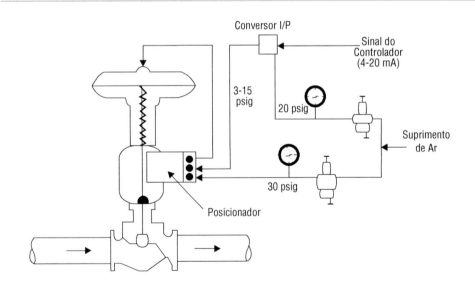

Este posicionador aumenta a ordem do processo, entretanto, na prática, costuma-se aproximar a dinâmica entre o sinal de saída do controlador PID de vazão [U(s)] e a posição da válvula [a(s)] por uma função de transferência no domínio da frequência de primeira ordem com tempo morto.

$$a(s) = \frac{k_a \times e^{-Td.s}}{T_{63}.s + 1} \times U(s)$$

Para uma válvula com característica instalada linear, a sua vazão é linearmente proporcional à sua abertura (ganho K_v), logo a dinâmica da vazão será:

$$W(s) = K_V \times a(s) = \frac{K_V \times k_a \times e^{-Td.s}}{T_{63}.s + 1} \times U(s)$$

Onde: Td é o tempo morto e T_{63} é a constante de tempo, isto é, o tempo para que a posição atinja 63% do seu valor final após uma variação em degrau do sinal de comando.

A Tabela 4.1 abaixo mostra o desempenho dinâmico esperado pelo projeto das válvulas em função do seu tamanho. Obviamente, quanto maior for o diâmetro da válvula, mais lenta tenderá a ser a sua dinâmica, para um mesmo atuador. O T_{98} é o tempo necessário para atingir 98% do valor final após uma entrada em degrau.

Tabela 4.1 Desempenho esperado das válvulas no projeto.

Tamanho (cm)	Td(s)	$T_{63}(s)$	$T_{98}(s)$
0 – 5	0,1	0,3	0,7
5 – 15	0,2	0,6	1,4
15 – 30	0,4	1,2	2,8
30 – 50	0,6	1,8	4,2
> 50	0,8	2,4	5,6

A Tabela 4.2 mostra o desempenho dinâmico real de uma válvula de 4" da Fisher [Fisher, 1998].

Tabela 4.2 Desempenho real de uma válvula de 4" da Fischer [1998].

Ação	Degrau (%)	Td (s)	$T_{63}(s)$	$T_{98}(s)$
Abrindo	2%	0,25	0,34	1,33
Fechando	–2%	0,5	0,74	1,8
Abrindo	5%	0,16	0,26	0,49
Fechando	–5%	0,22	0,42	1,02
Abrindo	10%	0,19	0,33	0,87
Fechando	–10%	0,23	0,46	0,96

As equações desenvolvidas neste capítulo mostram que a dinâmica do curso de uma válvula é fortemente dependente das características de projeto desta válvula de controle e de seus acessórios, podendo variar dramaticamente de acordo com o fabricante.

Alguns acessórios, tais como o atuador, o posicionador e a gaxeta da válvula, têm papel importante no desempenho final da válvula. O conjunto atuador-posicionador tem um grande impacto no desempenho tanto estático como dinâmico da válvula. Desta forma, a modelagem da válvula deve levar em conta seus efeitos. Outros tipos de atuadores não serão estudados neste livro.

4.2.4 Problemas para o controle associados com as válvulas
Banda morta de uma válvula de controle

Banda morta é definida como a faixa onde um sinal de entrada pode ser variado, considerando uma reversão do sinal, sem produzir ou iniciar uma variação observável no sinal de saída do processo. No caso da válvula de controle, o sinal de entrada é o sinal de 4 a 20 mA enviado para o posicionador pelo sistema de controle e o sinal de saída é a vazão de escoamento. Em outras palavras, em qualquer momento em que o sinal enviado para válvula de controle inverte a direção, este sinal passa por uma banda morta sem que qualquer variação na vazão ocorra. A Figura 4.12 ilustra este problema da válvula e mostra que ele ocorre em toda a faixa de abertura da mesma, entre 0 e 100%.

Uma auditoria elaborada por um grande fabricante de válvulas [Fischer, 1998] mostrou que 30% das válvulas apresentavam uma banda morta da ordem de 4% ou

Figura 4.12 Banda morta e resolução da válvula.

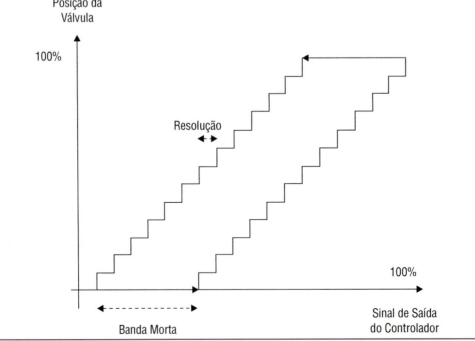

maior, e aproximadamente 65% das válvulas tinham uma banda morta maior que 2%. A maioria das ações de controle regulatório consiste de pequenas variações, da ordem de 1% ou menos, nestes casos podemos afirmar que a maioria das malhas de controle não teria uma ação efetiva no processo para responder a estas pequenas variações. Para um bom desempenho de uma malha de controle, a recomendação de banda morta de uma válvula de controle é da ordem de 1% ou menos. Este problema fica agravado quando a válvula for superdimensionada, pois o processo irá necessitar de pequenas variações de abertura que correspondem a variações significativas de vazão. Se a válvula fosse menor, o controle iria necessitar de variações de abertura maiores para uma mesma variação da vazão, minimizando o problema da banda morta.

A Figura 4.13 mostra os dados de pressão do processo (variável de processo "PV"), que é a variável controlada, *versus* a abertura da sua válvula de controle na prática. Esta válvula tem característica inerente linear. Estes dados mostram a histerese ou banda morta desta válvula.

A banda morta de uma válvula pode ter diversas causas. O atrito é a maior causa da banda morta em uma válvula. As válvulas rotativas são as mais suscetíveis ao atrito, devido ao alto torque exigido para obter estanqueidade de alguns selos. Devido ao alto atrito causado pela selagem, o eixo torciona e não transmite o movimento para o elemento final de controle, e como resultado a válvula rotativa pode apresentar uma banda morta significativa.

Em válvula rotativa, também existe um desgaste rápido tanto da lubrificação do sistema de selagem como do próprio selo ao longo da operação normal da válvula.

Figura 4.13 Curva da pressão *versus* a abertura de uma válvula linear com banda morta.

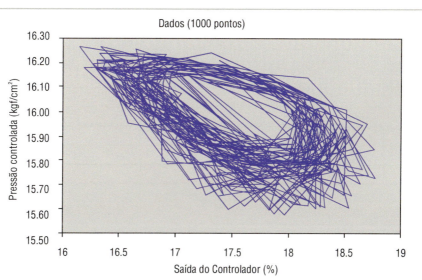

Estes desgastes aumentam o atrito, comprometendo ainda mais o desempenho da válvula ao longo da sua operação, e exigindo uma manutenção periódica da válvula.

O atrito entre a haste e a engaxetamento da válvula é também uma fonte primária da banda morta em válvulas tipo obturador (*plug*), como as do tipo globo. Portanto, o tipo de válvula e de engaxetamento influencia significantemente o atrito e a banda morta da válvula.

O tipo do atuador da válvula também tem um impacto profundo no atrito da mesma. Geralmente, os atuadores tipo mola-diafragma têm um atrito menor do que os do tipo pistão. Outra vantagem dos atuadores tipo mola-diafragma é que o atrito é mais uniforme com o tempo de operação. No caso dos atuadores tipo pistão, o atrito depende das condições das guias do pistão, dos anéis de selagem tipo *O-rings*, das condições de lubrificação e da degradação dos elastômeros.

As folgas mecânicas (*backlash* ou *slacks*) resultam em descontinuidade de movimento quando há inversão da direção de atuação da válvula de controle. Estas folgas mecânicas ocorrem nas engrenagens de transmissão de movimento e na conexão entre a haste do obturador da válvula e o seu atuador. A eliminação destas folgas mecânicas exige manutenção contínua, e é fundamental para o desempenho da malha de controle.

Outras causas também podem ser citadas como responsáveis pela banda morta de uma válvula, tais como as zonas mortas de relés e o posicionador (mecanismo de medição da posição da haste). A Figura 4.14 mostra uma queda no desempenho do controle (oscilações na vazão) em função da banda morta da válvula.

Figura 4.14 Queda no desempenho do controle devida à banda morta da válvula.
Sinal para a válvula (curva preta), *setpoint* (vermelha) e vazão (azul).

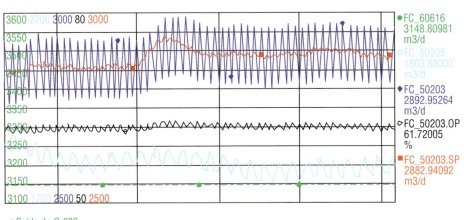

As folgas mecânicas e a histerese causadas pelo agarramento da haste da válvula afetam consideravelmente o desempenho em malha fechada, limitando a velocidade de resposta e causando oscilações nas vazões controladas [Singhal e Salsbury, 2004] [Shah et al., 2006]. As Figuras 4.14 e 4.15 mostram oscilações causadas pelo agarramento das válvulas [Horch, 1999] [Hägglund, 2002] [Kayihan e Doyle, 2000]. Uma característica importante observada nestas figuras é o comportamento da saída do controlador que apresenta um formato de dente de serra.

Recomenda-se dessintonizar as malhas cujas válvulas apresentam agarramento para garantir a robustez operacional da malha em qualquer ponto operacional. Para isto, deve-se diminuir o ganho do controlador e aumentar o tempo integral. Estas ações levam a malha a oscilar com um período maior e com uma variação menor na vazão, diminuindo seus impactos no processo controlado.

A Figura 4.15 mostra os resultados da simulação de uma válvula linear com agarramento. A curva vermelha mostra a saída do controlador se movimentando, mas a válvula continua parada, em um certo ponto ela se desloca, mas muito mais do que deveria, e a vazão (curva azul) passa do *setpoint* (curva verde), e o controlador passa a atuar no sentido contrário, gerando uma oscilação.

Figura 4.15 Saída do controlador (vermelha), vazão (azul) e *setpoint* (verde) ao longo do tempo para uma válvula linear com agarramento.

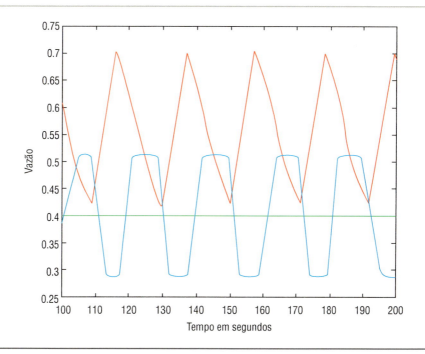

Superdimensionamento de uma válvula de controle

A escolha durante o projeto de uma válvula superdimensionada, ou seja, muito grande para a função desejada, isto é, com um coeficiente de vazão (Cv) muito maior do que o necessário, irá gerar vários problemas de operação. Como foi mencionado no item anterior, este superdimensionamento irá agravar os efeitos da banda morta da válvula. Ele também poderá obrigar o controle a trabalhar com a válvula muito fechada, em uma região que pode não ser boa para o posicionador.

Este superdimensionamento fará com que pequenas variações no sinal de controle gerem grandes variações de vazão para o processo. Logo, o ganho da função de transferência do processo associado ao controlador de vazão será muito alto, o que implicará que este controlador deverá ter um ganho muito baixo, prejudicando o seu desempenho.

A Figura 4.16 mostra a vazão desejada (100) e a vazão fornecida em função da abertura para diferentes válvulas de diferentes CVs. Observa-se que, quanto maior a válvula, mais fechada ela estará na condição de projeto (a figura mostra a característica instalada da válvula).

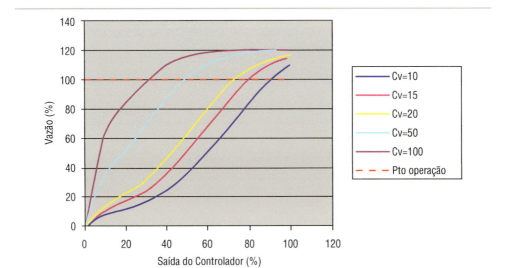

Figura 4.16 Para um mesmo sistema, a curva vazão da válvula pela abertura para diferentes Cvs.

A Figura 4.17 mostra o ganho de cada uma destas válvulas em função da abertura. Observa-se que, quanto maior for a válvula, maiores serão os ganhos que os controladores associados às mesmas verão. E ainda quanto mais superdimensionada for uma válvula, ela tenderá a apresentar uma característica de abertura rápida, e terá maiores variações de ganhos entre as posições da haste mais fechadas e mais abertas.

Esta variação de ganho irá dificultar o ajuste do controlador PID, como será visto no Item 4.4 deste capítulo.

Figura 4.17 Ganho da válvula em função da sua abertura.

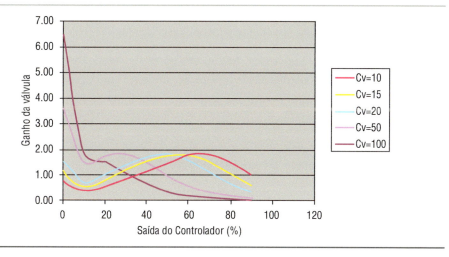

4.3 ESTRATÉGIA DE CONTROLE DE RAZÃO

Uma estratégia de controle bastante associada ao controle de vazão é a de razão. Neste tipo de estratégia se deseja controlar a razão entre duas vazões manipulando-se uma delas. Por exemplo, na Figura 4.18 se deseja manter sempre uma razão constante entre a carga da unidade e vazão de vapor injetada. Para isto, implementa-se um PID para

Figura 4.18 Estratégia de controle de razão.

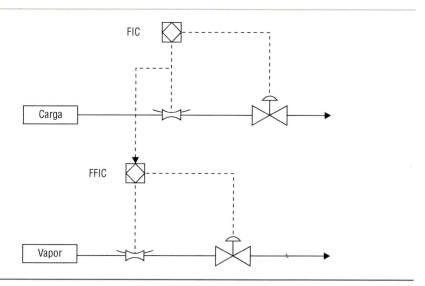

controlar a vazão de carga, e um PID de razão para ajustar a vazão de vapor, de forma a manter a razão desejada.

A melhor forma de implementar este controle é usar um PID especial (estação de razão), conforme a Figura 4.19. Desta forma, o controlador que controla a válvula de vapor pode trabalhar nos seguintes modos:

- Manual – O operador define a abertura da válvula.

- Automático – O operador define o *setpoint* de vazão de vapor. Apesar de o objetivo ser controlar sempre a razão, pode-se em determinadas situações operacionais querer controlar a vazão, e esta implementação é flexível para permitir esta operação.

- Cascata – Neste caso, o *setpoint* de vazão de vapor é calculado multiplicando-se a vazão de carga pelo *setpoint* de razão desejado.

Um cuidado de implementação deste controle é prever um rastreamento (*tracking*) da razão desejada ("SP de razão") pela razão atual calculada quando o controlador de vazão estiver fora de cascata.

Figura 4.19 Implementação da estratégia de controle de razão.

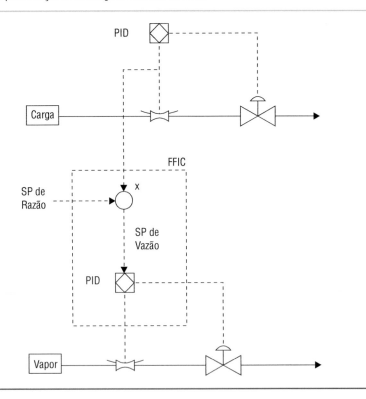

A outra possibilidade seria executar um cálculo de razão (dividir uma vazão pela outra), que é a variável controlada (PV) de um PID (FFIC), cuja saída atua na válvula. Esta implementação não é tão flexível quanto a anterior, que apresenta três modos de operação. Pode apresentar problemas de ruído devido à divisão inerente ao cálculo da razão, e pode também dificultar a sintonia em função da não linearidade induzida pelo cálculo da razão. Esta não linearidade é decorrente do ponto de operação da vazão principal (que é a carga), e quanto menor for esta vazão (F_1) maior será o ganho do controlador:

$$K = \frac{\Delta Y}{\Delta U} = \frac{\Delta\left(U/F_1\right)}{\Delta U} \cong \frac{1}{F_1}$$

4.4 Não linearidades induzidas pela característica da válvula

Como foi mostrado neste capítulo, a característica instalada da válvula muda em relação à inerente. Se em certo caso a válvula for 30% maior que a requerida, e no projeto a abertura da válvula linear for 75% ($f(\overline{a}) = 0.75$) e o diferencial de pressão disponível para a válvula for apenas 30% daquele do sistema, então o parâmetro "C" (definido no Item 4.2.2 deste capítulo) será:

$$C = 1.3 \times \frac{1}{0.75} \times \sqrt{\frac{0.7}{0.3}} = 2.65$$

Substituindo o valor do parâmetro "C" anterior e considerando uma válvula com característica inerente linear, a característica instalada será:

$$g(a) = \sqrt{\frac{2.65^2 + 1}{2.65^2 + (a)^{-2}}}$$

A Figura 4.6 mostrou esta característica instalada. A sintonia de um controlador PID de vazão neste sistema é um problema, pois a escolha desta válvula linear gerou uma não linearidade para este controlador. Por exemplo, com a válvula operando em torno de 10% de abertura, o ganho do processo é de 2.53. Quando a válvula passa a operar em torno de 80% de abertura, o ganho é de apenas 0.22. Portanto, o ganho do processo em carga baixa (10% de abertura) é quase 12 vezes maior do que aquele em carga alta.

Seja uma válvula de constante de tempo de 3 segundos e tempo morto de 1 segundo. De forma que o sistema seja estável em toda a faixa de operação, a sintonia deve ser realizada para carga baixa, onde o ganho do processo é maior, e, consequentemente, o ganho do controlador é o menor. Portanto, neste exemplo, a dinâmica do processo é:

K = 2.53
τ = 3
θ = 1

A sintonia do PID pelo método de CHR (servo sem sobrevalor) é:

$$K_P = \frac{0.35 \times \tau}{K \times \theta} = 0.415 \quad \text{e} \quad T_I = 1.16 \times \tau = 3.48$$

Esta sintonia do PI foi feita para carga baixa (10% de abertura). A Figura 4.20 mostra o desempenho do controlador nesta condição operacional comparado com a degradação do seu desempenho quando o sistema passa a operar em carga alta (80% de abertura). O sistema apresenta um pequeno sobrevalor em função do tipo de PID utilizado na simulação. Observa-se que em carga alta o sistema ficou muito lento.

Figura 4.20 Mudança de desempenho devido à não linearidade da válvula.

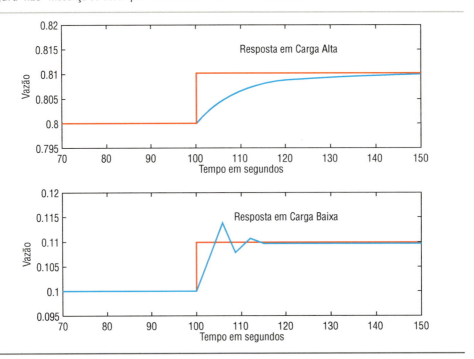

Se a sintonia tivesse sido feita para carga alta, cujo ganho do processo é 12 vezes menor, o ganho do controlador seria 4.15. Mas neste caso o sistema de controle seria instável em carga baixa, em função deste alto ganho do PI.

Uma forma de se ter o mesmo desempenho do controlador PID em toda a faixa de operação, quando o processo controlado tem um ganho não linear em função do ponto de operação, é elaborar uma estratégia de ganho variável. Nesta estratégia infere-se o ponto de operação pela própria saída do controlador ("u"). Esta saída é enviada a um bloco de cálculo não linear, configurado no sistema digital de controle, cuja saída é o ganho proporcional do controlador PID adequado para o ponto atual de operação. A Figura 4.21 mostra esta estratégia de ganho variável.

Figura 4.21 Estratégia de ganho variável.

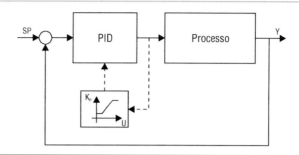

Para o sistema discutido anteriormente, onde ocorreu uma escolha errada da característica inerente da válvula, e que gerou uma não linearidade para o controle, pode-se utilizar a estratégia de ganho variável, onde para carga baixa o ganho do controlador seria igual a 0.415, e para cargas altas este ganho passaria a ser 1.245 (três vezes maior). A Figura 4.22 mostra o ganho do controlador em função da sua saída.

Figura 4.22 Estratégia de ganho variável para o caso analisado.

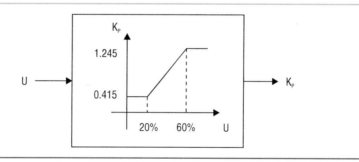

A Figura 4.23 mostra o desempenho do controlador PID para carga alta e baixa, quando se usa esta estratégia de ganho variável. Comparando-se com a Figura 4.20, observa-se que agora o controlador PID tem um desempenho equivalente em toda a sua faixa de operação.

Uma outra forma de se resolver este problema é escolher uma característica inerente de vazão correta para esta válvula, que seria a de igual percentagem, neste caso. A Figura 4.8 mostra que esta característica faz com que o controlador veja um processo cujo ganho estático não muda muito em relação ao ponto de operação.

Neste caso, o ganho do processo em carga baixa (10% de abertura) seria de 0.062, e em carga alta (80% de abertura) seria de 0.052. Uma variação de 1.16 vezes, enquanto no caso anterior (característica inerente linear) a variação foi de 11.5 vezes.

Figura 4.23 Desempenho do PID com a estratégia de ganho variável.

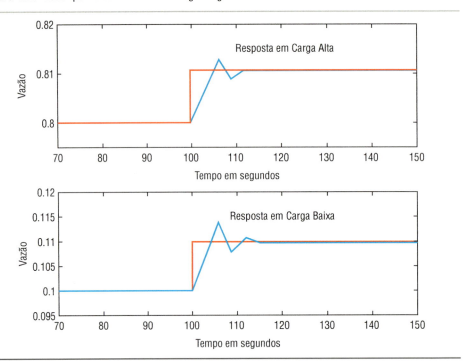

4.5 Referências bibliográficas

[Fisher, 1998] – "Control valve handbook", Fisher-Rosemount System, Inc. Third edition. USA.

[Hägglund, 2002], "A friction compensator for pneumatic controle valves", Journal of Process Control, V. 12, pp. 897-904.

[Holland, 1973] – "Fluid Flow for Chemical Engineers", First edition.

[Horch, 1999], "A simple method for detection of stiction in control valves", Control Engineering Practice, V. 7, pp. 1221-1231.

[Husu et al., 1997], "Flow Control Manual", Published by Neles-Jamesbury, Finland.

[Kayihan e Doyle, 2000], "Friction compensator for a process control valve", Control Engineering Practice, V. 8, pp. 799-812.

[Liptak, 1993], "Flow Measurement", Chilton Book Company.

[Martins, 1998], "Manual de Medição de Vazão", Ed. Interciência.

[Ribeiro, 1999] – "Válvulas de Controle e Segurança", 5ª edição, Ed. Tek.

[Shah *et al.*, 2006], "Quantification of Valve Stiction", ADCHEM 2006, International Symposium on Advanced Control of Chemical Processes, IFAC, Abril 2-5, Gramado, Brasil, pp. 1157-1162.

[Shinskey, 1988] – "Process Control Systems – Applications, Design, and Tuning", Third edition. McGraw-Hill.

[Singhal e Salsbury, 2004] – "A simple method for detecting valve stiction in oscillating control loops", Journal of Process Control, Article in Press.

5

Controle de nível

5 CONTROLE DE NÍVEL

Um dos controles mais importantes nas unidades industriais é o dos níveis. Estes controles são responsáveis pelos "*balanços de massa*" das Plantas. Isto é, para manter um nível de um tanque ou vaso constante é necessário que a vazão mássica de entrada (M_e) seja igual à de saída (M_s), conforme a Figura 5.1. Desta forma, quando ocorre um aumento na vazão de entrada de 10 kg/h, o controle de nível (LIC) deve aumentar a vazão de saída também de 10 kg/h, para manter a estabilidade do sistema. Entretanto, este aumento não precisa ser no mesmo instante. Ao contrário, deve-se procurar sintonizar a malha de nível de forma a usar o volume do tanque para amortecer as variações da vazão de saída (M_s). Isto é, ao haver um aumento da vazão de entrada (M_e), o controle pode, e deve em alguns casos, permitir um aumento temporário do nível, para que o aumento da vazão de saída ocorra mais lentamente. Isto permite "isolar" duas áreas da planta, ou melhor, o vaso é utilizado como uma capacitância ou pulmão, de maneira a atenuar a interferência de uma parte da planta em outra que lhe seja subsequente. Desta maneira, uma perturbação em uma seção da planta não é transmitida rapidamente às outras seções.

Muitos problemas de controle e operação de unidades industriais decorrem de variações ou falhas na estratégia de ajuste das malhas de nível. Em muitos casos, estes controles não são capazes de amortecer as perturbações por diversas razões:

- Vasos ou tanques pequenos (baixa capacitância) que dão origem a um baixo tempo de residência, por erro de projeto, ou porque a unidade foi sendo ampliada (*Revamp*) e a sua carga processada aumentou ao longo do tempo.
- Má sintonia dos controles de nível.
- Uma interação muito grande com outras malhas de controle da Unidade.

Figura 5.1   Controle de nível.

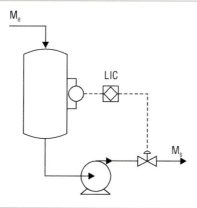

Considera-se que o inventário de um tanque é a massa de produto armazenada no mesmo. Por isso, os controles de nível também são conhecidos como os controles de inventário dos sistemas.

O tempo de residência é calculado dividindo-se o volume disponível ou capacidade do tanque pela vazão volumétrica que escoa pelo mesmo. Por exemplo, se existe um volume de 20 m^3 para a fase líquida de um tanque, e a vazão é de 100 m^3/h, o tempo de residência é de 0,2 hora (12 minutos).

Quanto maior for o tempo de residência, melhor para o controle, pois pode-se amortecer as perturbações mais facilmente e trabalhar isoladamente as diversas áreas da unidade. Entretanto, será necessário investir mais na construção de um vaso de dimensões maiores, e em caso de produto inflamável as consequências durante um incêndio seriam mais sérias, pois teríamos um estoque maior.

A geometria do vaso também é importante para o controle. Na prática, pode-se encontrar esferas, cilindros horizontais e verticais. Controles em vasos cilíndricos verticais (Figura 5.1) são mais simples de operar, pois independentemente de onde esteja o ponto de controle (*setpoint*), a resposta dinâmica do processo ou o aumento do nível será o mesmo para uma mesma variação de vazão de entrada. Entretanto, no caso de uma esfera, ao se controlar o nível no meio da mesma teremos uma resposta muito mais lenta do que no caso de se controlar o nível próximo às extremidades da esfera. Esta não linearidade acarreta uma dificuldade para o ajuste dos parâmetros de sintonia do controlador PID.

5.1 Exemplos de controle de nível

A seguir será desenvolvido um modelo simplificado de um controle de nível. Este modelo dinâmico será utilizado também para a análise dos diversos ajustes ou sintonias possíveis do controlador PID da malha.

Na prática, existem controles de nível, como os dos tubulões de algumas caldeiras, e o de alguns vasos separadores, com dinâmicas ou tempo de residência de várias dezenas de minutos ou até de horas, o que dificulta a sintonia e a análise do desempenho destes controles. Nestes casos, uma boa solução seria o uso de um simulador como o mostrado a seguir, para se efetuar uma pré-sintonia, antes do ajuste final no campo. A Figura 5.2 mostra o sistema.

Um modelo simplificado para este tanque ou vaso seria a equação do *balanço de massa*, onde o primeiro termo representa a acumulação (variação de massa no tempo – a massa pode ser obtida pelo produto da área (A) pelo nível (L) pela massa específica(ρ)):

Figura 5.2 Sintonia de controladores de nível.

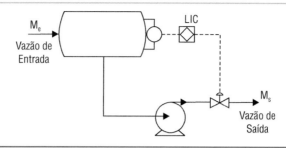

$$\rho \times A \times \frac{dL}{dt} = M_e - M_s$$

Onde: M_e, M_s – Vazões mássicas $\left(\frac{kg}{h}\right)$

A – Área simplificada: $A \cong 2\sqrt{R^2 - (R-L)^2} \times \text{comprimento}$

R – Raio do vaso (cilindro horizontal).

Na equação acima, apesar de a área depender do nível atual (L), para este caso do vaso horizontal, simplificou-se o modelo ao se retirar a área da derivada (pequenas variações em torno do ponto de operação). Elaborou-se no Matlab/Simulink um simulador de um sistema com as seguintes características: ρ – 760 kg/m³, comprimento – 4188 mm, raio – 500 mm, vazão de saída quando a válvula está toda aberta – 0.416 kg/s, range do medidor de nível – (80 mm (0%) a 426 mm(100%)). O *setpoint* desejado para o controlador é de 50%. O tempo de residência (TR) deste sistema é da ordem de 69 minutos (Volume ocupado pelo líquido (V_{VASO}) dividido pela Vazão de operação).

$$TR = \frac{1}{2} \times V_{VASO} \times \rho \times \frac{1}{M_S} \cong 69 \text{ min}$$

A vazão de alimentação de líquido no vaso (M_e) é uma variável de perturbação definida como um degrau durante a simulação. Como a dinâmica de variação do nível é bem mais lenta do que a da válvula, pode-se considerar que a vazão de saída do vaso (M_S) é proporcional à saída (u) do controlador PID:

$$M_s = \frac{u(\%)}{100} \times 0.416 \frac{kg}{s}$$

Como este sistema é integrador, quando se coloca o controlador (LIC) em manual e se diminui a saída de 5%, o nível irá subir sem limite, conforme a Figura 5.3. O ganho do integrador pode ser calculado a partir da Figura 5.3 da seguinte forma:

$$K_{VASO} = \frac{\Delta y}{\Delta u} \times \frac{1}{\Delta t} = \frac{44\%}{-5\%} \times \frac{1}{2000} = -0{,}0044 s^{-1}$$

Figura 5.3 Nível do vaso após uma redução de 5% na saída do PID.

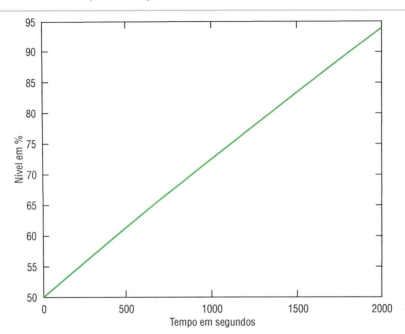

Portanto a função de transferência deste processo será:

$$\frac{Y(s)}{U(s)} = \frac{K_{VASO}}{s}$$

Para obter a sintonia do controlador de nível (LIC), pode-se utilizar o método do IMC (Capítulo 3 – Item 3.5) que sugere controlar este processo integrador com um controlador Proporcional (P), com o seguinte ajuste:

$$K_P = \frac{1}{K_{VASO} \times \lambda}$$

Considerando o parâmetro "λ" (constante de tempo desejada para a resposta em malha fechada) igual a um terço do tempo de residência (69 minutos = 4140 segundos):

$$K_P = \frac{1}{-0,0044 \times (4140 \div 3)} = -0,165$$

Já o método proposto por Skogestad (Capítulo 3 – Item 3.8 – Tabela 3.15) sugere a utilização de um controlador PI, com o mesmo ganho proporcional e com o seguinte tempo integral (considerando o tempo morto igual a zero):

$$T_I = 4 \times (\lambda + \theta) = 4 \times ((4140 \div 3) + 0) = 5520 \text{ segundos}$$

A Figura 5.4 mostra o desempenho desta sintonia. Observa-se que para uma variação na vazão de alimentação de 16,66%, o controle permitiu o nível variar em aproximadamente 35%, voltando ao *setpoint* (50%) após 5,5 horas. A vantagem desta sintonia lenta foi que a vazão de saída do vaso subiu lentamente em torno de 3 horas. Em muitos processos, pode ser interessante permitir que o nível no vaso oscile, amortecendo as perturbações na vazão de saída que afeta os equipamentos após o vaso.

A vantagem deste simulador dinâmico simplificado é poder estudar outras sintonias possíveis para o controle de nível do vaso, até obter uma adequada para o processo em questão.

Figura 5.4   Desempenho da sintonia proposta para um degrau na vazão de entrada.

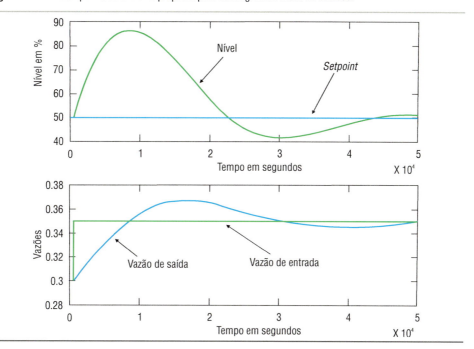

5.2 Controle em cascata

A Figura 5.5 mostra o esquema de um controle em cascata, que é muito utilizado para sistema de controle de nível. Neste caso deseja-se controlar a temperatura de saída de um forno (TIC) manipulando-se a vazão de gás combustível. A variável de processo ("PV") do controlador principal ou mestre (TIC) é comparada com o seu valor desejado e manipula o *setpoint* da malha secundária ou escrava (FIC), de forma a manter a planta no ponto de operação desejado. As vantagens desta estratégia de controle em cascata são as seguintes:

- Qualquer perturbação que afete a variável de processo da malha escrava é rapidamente detectada e corrigida antes de alterar e perturbar a malha mestra.
- A malha de controle escrava acelera a resposta do processo visto pela malha mestra, isto é, como existe um PID escravo, a constante de tempo em malha fechada costuma ser menor do que a de malha aberta.

- As não linearidades do processo, vistas pela malha mestra, podem ser compensadas pelo controlador escravo. Isto é, quando o mestre define, por exemplo, um *setpoint* de vazão, esta será realmente a vazão do processo (existe um PID para garantir esta vazão). Se o mestre atuasse na válvula, poderia existir uma não linearidade entre a abertura da válvula (definida pela saída do PID mestre) e a vazão do processo em função da característica instalada da mesma.

Figura 5.5 Estratégia de controle em cascata.

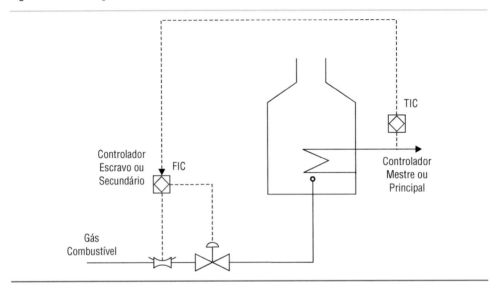

As desvantagens do controle em cascata são basicamente os custos relativos aos instrumentos da malha escrava, e que só podem ser justificados se a malha escrava for mais rápida e puder eliminar rapidamente os efeitos das perturbações. Desta forma, o sensor da malha escrava deve ser rápido e confiável (boa repetibilidade). Se o sensor da malha escrava não for confiável e não conseguir medir a variável, então o controle em cascata não poderá operar, e seria melhor não implementar esta estratégia. Outra justificativa possível para o controle em cascata pode ser o aumento da flexibilidade do controle, porque se pode operar só com o escravo em automático em algumas situações operacionais.

Algumas sugestões para a sintonia de malhas cascatas são as seguintes:
- O controlador escravo deve ter um ganho proporcional atuando no erro, para transmitir para a sua saída rapidamente qualquer mudança no seu *setpoint*, e o seu ganho deve ser alto. A ação integral deve ser lenta, para não forçar uma redução significativa do ganho proporcional. Mas se a malha escrava estiver sujeita a grandes perturbações, pode ser interessante aumentar a

ação integral e eliminar rapidamente os erros ou desvios, não perturbando a malha mestra.

- Se a malha escrava for rápida (sensores rápidos e sem grandes tempos mortos), pode não ser interessante colocar a ação derivativa nesta malha.
- Se a malha escrava for um controlador de vazão (FIC), deve-se usar preferencialmente um PI, com tempo integral da ordem de grandeza da constante de tempo da válvula e com o maior ganho possível. Se a malha escrava for um controlador de temperatura (TIC), deve-se usar preferencialmente um PID, com o tempo derivativo da ordem de grandeza da constante de tempo da medição, e com ação derivativa atuando na variável de processo (PV) e não no erro.

As regras para a sintonia de controles em cascata são as seguintes:

- Sintonizar a malha escrava primeiro, e só depois, com ela em automático, sintonizar a malha mestra.
- Sintonizar as malhas escravas com parâmetros que as tornem rápidas, mas sempre procurando o menor sobrevalor (*overshoot*) possível.

Os principais cuidados durante a configuração e implementação de controles em cascata nos sistemas digitais são os seguintes:

- Evitar "balançar" ou perturbar o processo durante a transferência de modo do controlador: "manual" ⇒ "automático" ⇒ "cascata". Logo, deve-se, por exemplo, fazer com que a saída do controlador mestre siga o *setpoint* do controlador escravo enquanto este último estiver em manual ou em automático (*Output tracking*), de forma que quando o escravo for colocado em cascata, a transferência seja suave. Durante este rastreamento, se o controlador escravo for colocado em manual, então o seu *setpoint* deve seguir a sua variável de processo (*PV-tracking*). Assim, quando o controlador for colocado em automático também não ocorrerá perturbação no processo.
- O controlador mestre pode possuir ou não o *PV-tracking*. Se este controlador estiver associado a uma variável de restrição, cujo valor não deve mudar, como uma pressão para tocha (*flare*), então não se deve configurar o *PV-tracking*. Caso contrário, é sempre interessante configurar esta função, pois evita balançar a malha quando o controlador mestre for transferido de manual para automático.
- Evitar a oscilação (*wind-up*), que ocorre quando o controlador escravo atinge um batente na sua saída, e o controlador mestre continua integrando o erro, e acaba também ficando saturado. Desta forma, o algoritmo de controle

do mestre deve ser informado (rastreamento) de que o escravo está saturado (válvula toda aberta ou toda fechada) de maneira a parar temporariamente a execução do termo integral. Normalmente, os sistemas digitais (SDCD) passam automaticamente estas informações de saturação e inibem o termo integral associado ao controlador mestre. Cuidados extras são necessários quando existem cálculos entre a saída do controlador mestre e o *setpoint* do controlador escravo, pois neste caso o SDCD pode não inibir automaticamente o termo integral do controlador mestre.

A Figura 5.6 mostra uma estratégia de controle em cascata, com o processo interno que é controlado pelo PID escravo, e com o processo externo que é controlado pelo PID mestre. A vantagem da cascata ocorre quando o processo interno é relativamente rápido, de forma que o PID escravo elimina rapidamente os efeitos de uma perturbação no processo interno, de maneira que a variável controlada do PID mestre não seja muito afetada.

A Figura 5.7 compara o desempenho da estratégia cascata para um sistema onde o processo interno tem dinâmica rápida (15 seg) em relação ao processo externo (50 seg), com um outro sistema, cujo processo interno é mais lento (50 seg).

Figura 5.6 Estratégia de controle em cascata com os processos envolvidos.

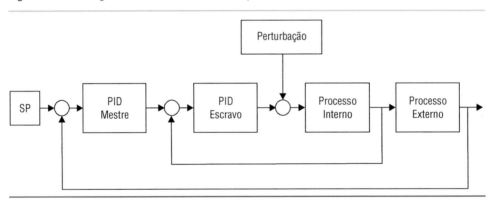

Nesta simulação, ocorre uma mudança do *setpoint* no tempo igual a 50 segundos, e uma perturbação degrau no tempo igual a 300 segundos. Pode-se observar que, quando a dinâmica do processo interno é mais lenta, a variável controlada sofre mais os efeitos de uma perturbação. Obviamente, as sintonias dos controladores PIDs são diferentes quando se muda a dinâmica, mas se tentou ajustar os PIDs para o mesmo desempenho nos dois casos (mesmo sobrevalor para um degrau no *setpoint*).

A vantagem do controle cascata é tanto maior quanto mais rápido for o processo interno. A Figura 5.8 mostra a diferença de desempenho com e sem o controle em cascata para o sistema, cuja malha interna tem dinâmica rápida de 15 segundos.

Controle de nível

Figura 5.7 Desempenho da estratégia de cascata para diferentes processos.

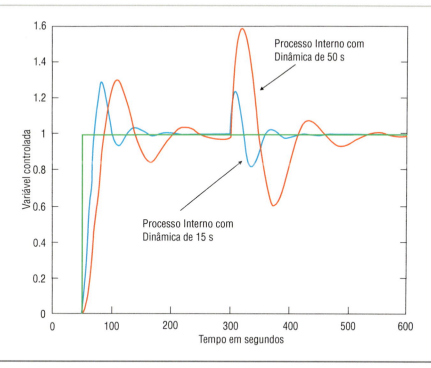

Figura 5.8 Desempenho com e sem a estratégia de cascata.

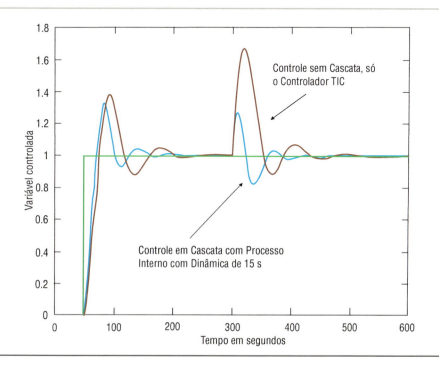

5.3 Controle em *override* ou com restrições

Suponha que o leitor seja o engenheiro responsável pela elaboração do controle de uma nova unidade e o projetista coloca o seguinte problema:

- ☐ Deve-se controlar a vazão de vapor para o refervedor (trocador de calor para aquecimento) de fundo de uma coluna de destilação, atuando na única válvula do sistema.

- ☐ Entretanto, o nível deste refervedor não pode ser menor do que um valor para não perder o selo de líquido.

Este tipo de problema é muito frequente em plantas industriais. Existe apenas um grau de liberdade, ou apenas uma variável a ser manipulada, mas existem várias variáveis a serem controladas. A solução é utilizar o controle em *override* ou com restrições.

Neste tipo de controle em *override* escolhe-se a variável principal que estará na maior parte do tempo atuando na variável manipulada. Esta variável estará associada a um controlador PID que atua preferencialmente na válvula. As outras variáveis serão apenas de restrição. Por exemplo, um nível alto (ou baixo), uma temperatura alta etc. Coloca-se um controlador PID para monitorar cada uma das restrições, e caso o seu valor medido alcance o limite estabelecido (*setpoint*) em um certo momento, então a saída deste controlador de restrição irá tomar o controle da válvula através de um bloco de seleção de maior ou de menor sinal.

Este seletor é colocado comparando as saídas dos controladores PID, e é projetado de tal forma que a variável principal sempre esteja controlando a válvula, quando a restrição está satisfeita. A Figura 5.9 mostra a solução do problema discutido anteriormente através do uso do controle em *override*. Neste caso supõe-se que se o sinal para a válvula diminuir, a válvula fecha. Portanto, se o nível estiver acima do desejado, a saída do controlador (LIC) deverá tender a aumentar (ação direta), de forma que o "menor" sinal será o do controlador principal de vazão (FIC). Caso o nível caia abaixo do *setpoint*, a saída do LIC tenderá a diminuir, até ser selecionada, e assumir o controle da válvula, fechando a mesma para restabelecer o nível.

As vantagens desta estratégia de controle em *override* são as seguintes:

- ☐ Quando não existem graus de liberdade suficientes no processo, pode-se controlar preferencialmente uma variável até que uma outra atinja o seu limite operacional. A partir deste ponto, esta restrição estará ativa e a outra variável deixará de ser controlada.

- ☐ Forma simples de se respeitar as restrições do processo e evitar que o sistema de segurança (intertravamento) atue parando a planta (*shutdown*). Desta forma, este controle de *override* mantém o processo em operação, mas sob uma condição de segurança.

Figura 5.9 Controle em *override*.

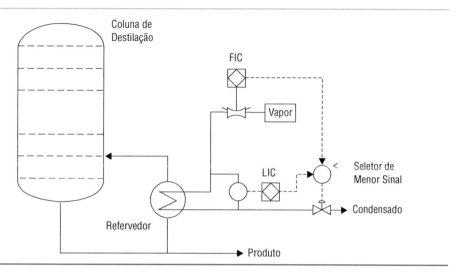

A Figura 5.10 mostra um outro exemplo de controle em *override*. Neste caso deseja-se controlar a razão entre a carga (gasóleo) para a unidade e a quantidade de resíduo (RAT). A vantagem de se adicionar RAT é que esta corrente tem um valor de mercado muito baixo, e se uma fração dela reagir gerando produtos nobres, como a gasolina, o potencial de ganho é grande. O problema é que este resíduo pode provocar um aumento exagerado na temperatura do reator. Desta forma, coloca-se um controlador de temperatura alta (TIC) em *override* com o de razão (FFIC). Esta razão é controlada, desde que a temperatura do reator não atinja o seu limite. Se a

Figura 5.10 Controle de temperatura em *override* com uma razão.

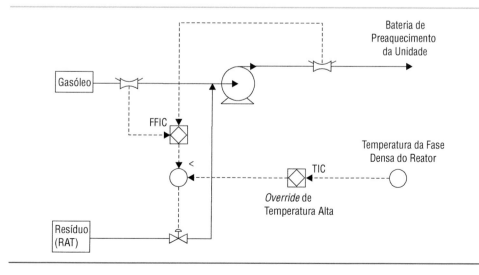

temperatura subir acima do *setpoint*, então a saída do TIC irá diminuir e assumir o controle da válvula, fechando-a para cortar o RAT e trazer a temperatura para o seu valor normal.

Os principais cuidados durante a configuração e implementação de controle por *override* nos sistemas digitais são os seguintes:

- Prever proteção contra saturação do sinal de saída do(s) controlador(es) que não estiver(em) sendo selecionado(s) para atuar no elemento final de controle. Isto ocorre porque os controladores PID de restrição operam normalmente com desvio em relação ao seu *setpoint*. Esta saturação ocorre para todos os controladores configurados com termo integral. Por exemplo: os controladores de restrição podem ter suas saídas saturadas em 100% quando implementadas junto com um seletor de menor sinal. A válvula estaria sendo controlada pela malha primária com uma abertura de por exemplo 43%. Caso a variável de restrição vá para uma região de operação não desejada, a saída do controlador deverá diminuir sua saída de 100% até 43%, para que ele assuma o controle. Esta saturação irá, portanto, causar um atraso no controle da restrição, o que não é desejado;

- Deve-se implementar no sistema digital uma estratégia de rastreamento dinâmico também conhecida como *Output Tracking*. Esta estratégia permite "forçar" a saída do controlador que não está controlando a válvula a seguir a posição atual da válvula (que é a saída do seletor). Assim, quando o controlador da restrição precisar assumir a válvula, ele não estará saturado e levará apenas um ciclo de controle para manipular a válvula.

A Figura 5.11 mostra o desempenho de uma estratégia de controle em *override* com dois controladores (um de vazão e outro de pressão) atuando em uma válvula através de um seletor de menor. O controlador de vazão tem como saída a variável "U1", e o controlador de pressão tem como saída a variável "U2". No início da simulação o controlador de vazão mantém a variável no seu *setpoint* (igual a zero). Como a pressão está abaixo do seu valor máximo, a saída do seu controlador satura no valor máximo de 1 (equivalente a 100%). No tempo igual a 40 segundos ocorre uma mudança no *setpoint* de vazão, que faz com que a pressão atinja o seu valor máximo. A saída do controlador de pressão diminui até assumir o controle da válvula. A partir deste ponto, o controlador de vazão deixa de atuar, fazendo com que a sua vazão fique abaixo do seu *setpoint* desejado e a sua saída aumente até um valor máximo de saturação. Em uma implementação real, deve-se configurar o sistema digital, de maneira a evitar esta saturação.

Figura 5.11 Desempenho da estratégia de *override*.

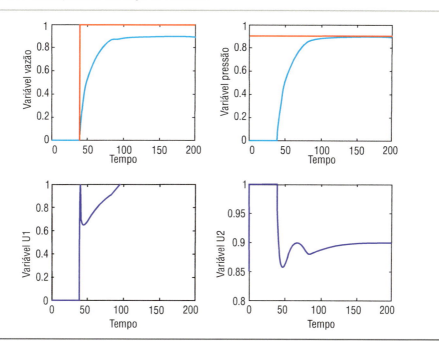

5.4 Método heurístico de sintonia de controladores de nível

Um outro método heurístico para sintonia de controladores de nível foi apresentado por Friedman (1994). O ponto básico da sua abordagem é o fato de que se deveria usar a capacitância dos vasos para se diminuir a propagação de uma perturbação de vazão.

Isto é, ao sintonizar uma malha de nível, deveríamos permitir que o nível variasse dentro de uma faixa, de forma que a variável manipulada do controlador (LIC), que é normalmente uma vazão de carga de uma torre, permanecesse o mais estável e constante possível. Ele propõe usar sempre o controlador PI para níveis, e o algoritmo proposto é o seguinte:

- Sintonia inicial do ganho proporcional (Kp):
  - ✓ Definir uma perturbação esperada máxima para a vazão de alimentação do vaso: ΔF_D (valor típico é de 20% da vazão de projeto).
  - ✓ Definir o limite máximo desejado para variação do nível: $L_{MÁX}$
  - ✓ O ganho proporcional proposto: $K_P = \Delta F_D / (L_{MÁX} - SP)$
  - ✓ Considerar os ranges da medição do nível e da vazão para obter o ganho do controlador normalizado: $K_P(\%) = \dfrac{\Delta F_D}{Range_{VAZÃO}} \times \dfrac{Range_{NÍVEL}}{(L_{MÁX} - SP)}$

☐ Sintonia inicial do tempo integral (T_I):
  ✓ Estimar o tempo de residência no vaso para a perturbação considerando o volume de líquido entre o *setpoint* e $L_{MÁX}$:

  $$TR = \frac{VOLUME}{\Delta F_D}$$

  ✓ O tempo integral será considerado igual a: $T_I = 4 \times TR$ (normalmente na prática esta ação de *reset* fica da ordem de grandeza de horas).
☐ Testar a sintonia proposta:
  ✓ Para sistemas com grandes tempos mortos ou com muita interação com outras malhas, a sintonia pode resultar em respostas oscilatórias.
  ✓ Se a resposta for oscilatória, verificar:
    ✓ Se não é devida a uma perturbação oscilatória no sistema, e não devida a uma má sintonia.
    ✓ Em seguida, analisar o processo como um todo para ver se a estratégia de controle adotada é realmente a mais indicada.
    ✓ Se a estratégia for mantida, considerar primeiro um ajuste no tempo integral que deve ser ajustado para um valor igual ao dobro do período de oscilação (P_O): $T_I = 2 \times P_O$.
    ✓ Se o sistema continuar oscilando, então aumentar o ganho proporcional e o tempo integral até obter uma resposta satisfatória. Apesar de parecer contraditória, esta ação de aumentar o ganho será analisada no Item 5.6 deste capítulo.

Outras conclusões do trabalho de Friedman (1994) são que a geometria do vaso (cilíndrico ou esférico) não compromete normalmente na prática a metodologia proposta, e que o uso de bandas mortas, que serão analisadas no próximo item deste capítulo, em geral não traz grandes benefícios. Só em vasos grandes esta estratégia pode ajudar a minimizar as variações de vazões do processo.

Para o exemplo discutido no Item 5.1 deste capítulo, o range do nível é de 100% e o range de vazão é de 0,5 kg/s. Considerando que se deseja que o nível atinja no máximo 70% (desvio de 20% = 70% − 50%) para uma perturbação de 20% na vazão de operação de 0,3 kg/s (0,06 kg/s que equivale a 12% do range de 0,5 kg/s). Desta forma, a sintonia proposta será:

$$K_P(\%) = \frac{\Delta F_D(\%)}{(L_{MÁX} - SP)} = \frac{12\%}{20\%} = 0.6$$

O tempo de residência desta perturbação (0,06 kg/s) é de 11 horas, e o tempo integral do PI será:

$T_I = 4 \times TR = 44h$

A Figura 5.12 mostra o desempenho desta sintonia. Observa-se que para a perturbação desejada o nível alcançou um pouco mais do que o valor desejado de 70%, e a

Figura 5.12 Exemplo do desempenho da sintonia proposta por Friedman (1994).

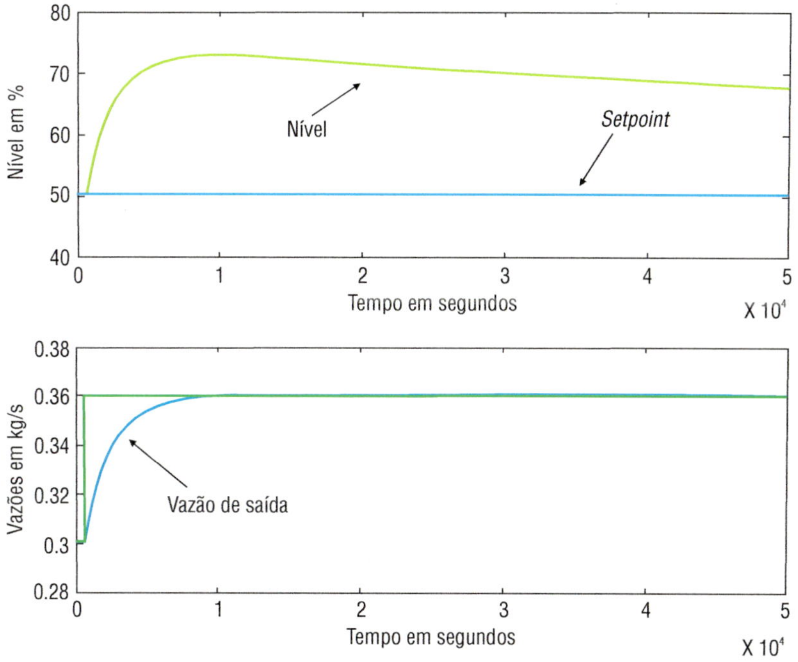

vazão de saída subiu lentamente até atingir o novo patamar de equilíbrio. Dependendo da frequência das perturbações, pode ser interessante diminuir um pouco o tempo integral.

5.5 Controle de nível com PID de ganho variável

O controlador PID realiza as funções de controle a partir do desvio entre variável de processo (PV) e o seu *setpoint* (SP). Quanto maior o desvio, maior a ação de controle. Em alguns processos, pode ser interessante criar uma não linearidade. Isto é, se o desvio for pequeno, o controlador pode ter uma ação lenta (ganho pequeno), mas se o desvio for grande, o controlador deve atuar de forma a trazer o processo rapidamente para o equilíbrio (ganho alto). A forma de implementar esta função é utilizar um controlador, cujo ganho é variável em função do erro (*gain-scheduling* ou escalonamento de ganho). Este sistema se aplica, por exemplo, para o controle do nível de vasos onde se deseja amortecer as variações nas vazões manipuladas. Este controlador também tem o seu ganho variável como aquele PID estudado no capítulo de vazão para sistemas não lineares.

A relação não linear entre o desvio e a mudança na variável manipulada é produzida pela função "ganho não linear", que varia o ganho proporcional do controlador de acordo com o tamanho do desvio. Se os desvios permanecem dentro de uma faixa (banda ou *gap*) predeterminada, então o ganho do controlador é reduzido. A Figura 5.13 mostra um exemplo de ganho não linear, onde em torno de 10% do valor do *setpoint*, o ganho é igual a 1.0, e fora desta faixa o ganho é cinco vezes maior.

Figura 5.13 Exemplo do PID-GAP.

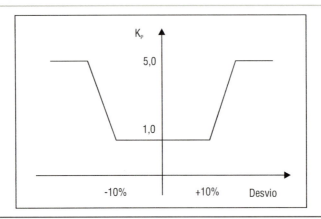

Pode-se fazer os seguintes comentários sobre esta estratégia de ganho variável do PID:

- A ação proporcional do controlador PID dentro da faixa ou banda (*gap*) deve ser mais suave do que fora, e podem existir várias faixas em função do problema a ser resolvido.
- A transição da ação da banda proporcional do PID de dentro para fora da faixa e vice-versa deve ser feita sem variações abruptas.
- A largura da faixa e a relação entre os ganhos são parâmetros ajustáveis que dependem do problema em questão.
- No caso particular de o ganho do controlador ser igual a zero dentro da faixa, costuma-se dizer que o controlador PID tem uma "banda morta". Em geral esta banda morta não é desejada, pois o controlador ficará sem ação durante muito tempo e quando sair da faixa a sua ação de controle será abrupta.

Esta estratégia não linear também pode ser utilizada para variar o tempo integral do controlador PID em função do erro atual do controlador. Outras referências sobre esta estratégia são [Campos *et al.*, 2006] e [Shunta *et al.*, 1976].

5.6 Análise do desempenho dos controles de nível

O processo associado ao controle de nível costuma ter a constante de tempo dominante (τ) muito maior que o tempo morto; logo, ele pode ser aproximado por um integrador puro.

$$G_P(s) = \frac{K}{\tau s + 1} e^{-\theta s} \cong \frac{K}{\tau s} \cong \frac{K''}{\tau s}$$

Supondo um controlador PI:

$$C(s) = K_P \times \left(1 + \frac{1}{T_I s}\right)$$

Então, a função de transferência em malha fechada será:

$$\frac{Y(s)}{SP(s)} = \frac{G_P(s)C(s)}{(1 + G_P(s)C(s))} = \frac{K'' K_P (T_I s + 1)}{T_I s^2 + K'' K_P T_I s + K'' K_P}$$

Portanto, a equação característica desta função de transferência, que determina os polos, é uma equação do segundo grau em "s" do tipo:

$$\tau_0^2 s^2 + 2\tau_0 \xi s + 1 = 0$$

onde: $\tau_0 = \sqrt{\dfrac{T_I}{K'' K_P}}$ e $\xi = \dfrac{1}{2}\sqrt{K'' K_P T_I}$

Este sistema provocará oscilações sempre que o fator de amortecimento for menor do que um: $\xi < 1$

Portanto, para eliminar oscilações em sistemas de controle de nível deve-se ter uma sintonia do controlador PI tal que:

$$\xi = \frac{1}{2}\sqrt{K'' K_P T_I} > 1 \Rightarrow K_P T_I > \frac{4}{K''}$$

Este resultado é contra o senso comum para a maioria dos processos. Isto é, se o desempenho de um sistema de controle PID está apresentando oscilações, então se costuma diminuir o ganho proporcional do controlador para tentar eliminá-las. Entretanto, neste caso de controle de nível, é exatamente o oposto que se deve fazer para eliminar as oscilações, conforme a equação anterior: deve-se aumentar o ganho e o tempo integral do controlador PI.

Skogestad (2004) propõe a seguinte regra para eliminar as oscilações de período (P_0) em um sistema integrador: aumentar o produto do ganho proporcional pelo tempo integral do controlador PI ($K_P T_I$) de um fator igual a: Fator = $0,1 \times (P_0)^2$. Outra opção é identificar o processo (K") e utilizar a fórmula anterior para obter $K_P T_I$.

Por exemplo, a Figura 5.14 mostra o desempenho oscilatório, para o processo do Item 5.1 deste capítulo, das seguintes sintonias: $K_P = 0.1$ e $T_I = 1800$ segundos, e $K_P = 0.2$ e $T_I = 1800$ segundos. Observa-se que a diminuição do ganho proporcional só piorou o desempenho do sistema.

Figura 5.14 Piora do desempenho do controle de nível com a diminuição do ganho proporcional do PID.

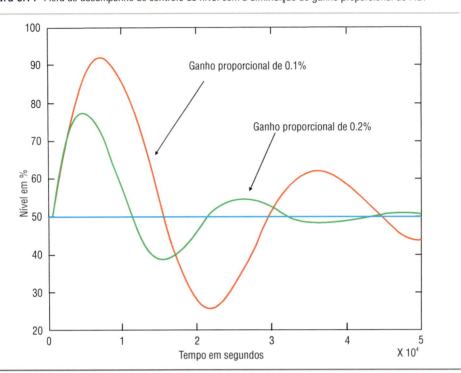

5.7 REFERÊNCIAS BIBLIOGRÁFICAS

[Campos et al., 2006] – "Novas estratégias de controle para a plataforma de petróleo P-55", Rio Oil & Expo and Conference 2006, Instituto Brasileiro de Petróleo e Gás.

[Friedman, 1994] – "Tuning on averaging level controller", Hydrocarbon Processing Journal, December.

[Mandal, 2004], "New level control techniques", Hydrocarbon Processing, October 2004, pp. 71-74.

[Shinskey, 1988] – "Process Control Systems – Applications, Design, and Tuning". Third edition. McGraw-Hill.

[Shunta et al., 1976], "Nonlinear Control of Liquid Level", Instrumentation Technology, pp. 43-48.

[Skogestad, 2004], "Simple analytic rules for model reduction and PID controller tuning", Modeling, Identification and Control, Vol. 25, No. 2, pp. 85-120.

6

Controle de pressão

Contents

6 Controle de pressão

O fechamento automático do balanço de material de uma unidade de processo é fundamental para a operação das plantas industriais e implica que os inventários de líquido e gás devem ser controlados. No capítulo anterior foi visto que controlar o nível significa controlar o acúmulo de líquido e, consequentemente, o fechamento automático do inventário de líquido em um equipamento. Analogamente ao nível, a pressão é a variável de processo que indica o acúmulo de gás em um equipamento. Estes controles também são responsáveis pelos chamados "*balanços de massa*" das Unidades Industriais. Isto é, manter a pressão de um tanque ou vaso constante resulta em igualar a vazão mássica de gás na entrada à vazão de gás na saída.

A pressão também tem uma influência direta na capacidade de separação dos produtos em vários processos, como os de destilação, porque a composição, temperatura e pressão de uma mistura de hidrocarbonetos são termodinamicamente relacionadas. Assim, o controle de pressão também afeta o desempenho do processo. Se a pressão não for bem controlada em uma coluna de destilação, a operação será mais difícil e requererá um trabalho adicional para manter a qualidade dos produtos. Isto pode levar a um consumo mais alto de utilidades e matérias-primas devido às perturbações que esta variação de pressão provocará no processo.

Então, é importante garantir que a pressão de um processo seja o mais constante possível, através de um bom projeto do sistema de controle associado a uma boa operação e ajuste do mesmo.

6.1 Controle de pressão de um vaso

Um modelo simplificado para o vaso da Figura 6.1 será desenvolvido e utilizado a seguir para a análise do controle pressão. Basicamente, este modelo parte da equação do

Figura 6.1   Esquemático do controle de pressão de um vaso.

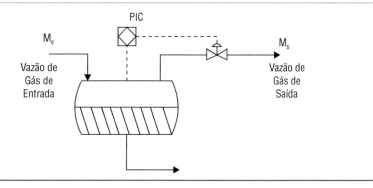

"*balanço de massa*" (Equação 6.1), onde o primeiro termo representa o acúmulo de gás, representado pela variação da pressão, e o segundo termo é a diferença entre a massa de entrada e de saída (variação de massa no tempo) em um volume fixo.

Balanço de massa no espaço ocupado pelo gás:

$$\frac{dM_{VASO}}{dt} = (M_e - M_s)$$

e a equação dos gases: $p_1 \times V = z \times \frac{M_{VASO}}{MW} \times \bar{R} \times T$

Eliminando "M_{VASO}" das equações anteriores (considerando o volume, a temperatura e a natureza do gás constantes):

$$\frac{V \times MW}{z \times \bar{R} \times T} \times \frac{dp_1}{dt} = (M_e - M_s) \tag{6.1}$$

Supondo uma válvula de controle com característica "linear" na saída (ver o Capítulo 4 – Item 4.2) e "p_2" a pressão a jusante da mesma:

$$M_s = N \times g(a) \times Cv \times \sqrt{(p_1 - p_2) \times \rho} \tag{6.2}$$

onde: $g(a) = a$ (abertura da válvula)

Linearizando a Equação 6.2, em relação à pressão do vaso (p_1) e considerando a pressão após a válvula (jusante) constante (p_2) tem-se:

$$\Delta M_s = N \times Cv \times \sqrt{(\bar{p}_1 - p_2) \times \rho} \times \Delta a + \frac{N \times \bar{a} \times Cv \times \rho}{2\sqrt{(\bar{p}_1 - p_2) \times \rho}} \times \Delta p_1 \tag{6.3}$$

onde: $\bar{p}_1$ – Pressão de equilíbrio ou de regime permanente.
Δ – Desvio em relação ao estado estacionário.

Considerando a vazão de saída de regime permanente ($\bar{M}_s$), a equação acima fica:

$$\Delta M_s = \frac{\bar{M}_s}{\bar{a}} \times \Delta a + \frac{\bar{M}_s}{2 \times (\bar{p}_1 - p_2)} \times \Delta p_1$$

Substituindo a Equação 6.3 na Equação 6.1 modificada para variações em torno do regime permanente, e aplicando a transformada de Laplace, obtém-se:

$$P_1(s) = \frac{k_E}{\tau s + 1} M_E(s) - \frac{k_A}{\tau s + 1} A(s) \tag{6.4}$$

onde:

$$K_A = \frac{2\,(\bar{p}_1 - \bar{p}_2)}{\bar{a}} \tag{6.5}$$

$$K_E = \frac{2 \times (\overline{p_1} - \overline{p_2})}{\overline{M}_s} \quad (6.6)$$

$$\tau = \frac{V \times MW}{z \times \overline{R} \times T} \times \frac{2 \times (\overline{p_1} - p_2)}{\overline{M}_s} \quad (6.7)$$

A Equação 6.4 mostra que a dinâmica deste processo (controle de pressão de um equipamento) pode ser representada por uma função de primeira ordem entre a pressão e a vazão de entrada e entre a pressão e a abertura da válvula de saída. Este modelo leva a uma sintonia do controlador de pressão mostrada nas equações 6.8 e 6.9, considerando um algoritmo PI na malha, e usando o método do IMC com parâmetro "λ" (Item 3.5 do Capítulo 3).

$$K_P = \frac{\tau}{K_A \times \lambda} = \frac{V \times MW}{z \times \overline{R} \times T} \times \frac{\overline{a}}{\overline{M}_s} \times \frac{1}{\lambda} \quad (6.8)$$

$$T_I = \tau = \frac{V \times MW}{z \times \overline{R} \times T} \times \frac{2 \times (\overline{p_1} - p_2)}{\overline{M}_s} \quad (6.9)$$

Se a válvula não for linear, a Equação 6.8 se transforma em:

$$K_P = \frac{\tau}{K_A \times \lambda} = \frac{V \times MW}{z \times \overline{R} \times T} \times \frac{1}{\overline{M}_s} \times \frac{g(\overline{a})}{\dot{g}(\overline{a})} \times \frac{1}{\lambda} \quad (6.10)$$

Portanto, supondo a linearidade da válvula instalada, uma primeira pré-sintonia para o controlador PI é:

$$T_I(seg) = \frac{V(m^3) \times MW}{z \times 0.0848 \times T(K)} \times \frac{2 \times \Delta p_{VÁLVULA} \, (kgf/cm^2)}{M_s \, (kg/s)} \quad (6.11)$$

$$K_P = \frac{V(m^3) \times MW}{z \times 0.0848 \times T(K)} \times \frac{\overline{a} \, (\%)}{\overline{M}_s(kg/s)} \times \frac{Range_{PRESSÃO} \, (kgf/cm^2)}{100\% \times \lambda(s)} \quad (6.12)$$

Por exemplo, suponha que existe um vaso com volume de 1 m³, e passa um gás com as seguintes características: peso molecular (MW) de 25, fator de compressibilidade (z) de 0.99, na temperatura (T) de 50 °C ou 323°K. No ponto de projeto, a válvula estará 75% aberta, com um diferencial de pressão ($\Delta p_{VÁLVULA}$) de 2.0 kgf/cm², e com uma vazão de projeto (M_s) de 1 kg/s. A medição de pressão é realizada com um transmissor capaz de medir entre 0 ~ 10 kgf/cm², logo o "range" é de 10 kgf/cm². Substituindo-se estes dados nas equações anteriores, tem-se como pré-sintonia do controlador PI os seguintes valores para "λ" igual à metade da constante de tempo ($\lambda = \tau/2$ – malha fechada duas vezes mais rapidamente que em malha aberta):

$T_I = 3.68$ s

$K_P = 3.75$

A Figura 6.2 representa a resposta em malha fechada para uma variação de 1.0 kgf/cm² no *setpoint* no tempo de 1 segundo e para uma variação de 0.1 kg/s (equivalente a 10% da vazão de projeto) na vazão de entrada no tempo de 100 segundos, considerando a sintonia acima com $\lambda = \tau/2$.

Figura 6.2 Desempenho do controlador de pressão.

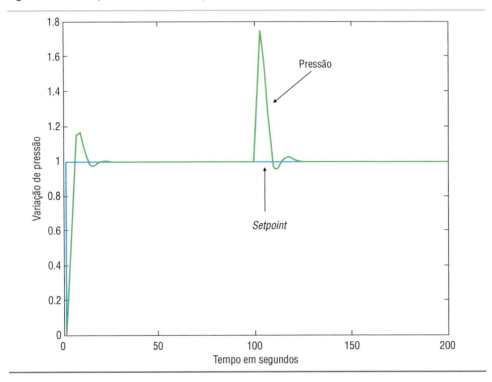

As equações anteriores não consideram a dinâmica da válvula que também pode ser aproximada por uma função de transferência com constante de tempo variando entre 0.5 a 30 segundos na prática, dependendo do tamanho e do projeto do atuador. Obviamente, valores de 30 segundos não são desejados e indicam um mau projeto do atuador. Mesmo válvulas grandes podem ter dinâmicas em torno de 1 a 2 segundos com um bom atuador. Válvulas lentas irão prejudicar muito o controle de pressão. Por exemplo, supondo a simulação anterior e considerando uma válvula com 15 segundos de constante de tempo, o novo desempenho é mostrado na Figura 6.3. Pode-se observar que o desempenho piorou para a mesma sintonia, e a pressão variou até 2,3 kgf/cm² após a perturbação, enquanto na Figura 6.2 ela só variou até 1,8 kgf/cm². O desempenho também ficou bastante oscilatório por não considerar a dinâmica da válvula na sintonia.

Figura 6.3 Desempenho do controlador de pressão com dinâmica de 15 segundos na válvula.

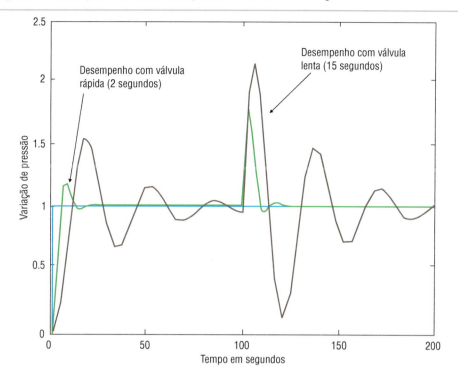

Para evitar que o sistema fique muito oscilatório, quando a válvula for muito lenta sugere-se corrigir a equação que estima o tempo integral do controlador PI:

$$T_I(\text{segundos}) = \frac{V(m^3) \times MW}{z \times 0.0848 \times T(K)} \times \frac{2 \times \Delta p_{\text{VÁLVULA}} (kgf/cm^2)}{\bar{M}_s (kg/s)} + \frac{\tau_{\text{VÁLVULA}}}{2} \quad (6.13)$$

Apesar de o modelo desenvolvido neste capítulo mostrar uma relação simples entre a pressão controlada e a vazão de entrada e a abertura da válvula de alívio, muitos problemas de controle e operação de unidades industriais decorrem de variações ou falhas na estratégia de ajuste destas malhas de pressão.

Em muitos casos estes controles não são capazes de manter a pressão constante por diversas razões, a primeira é a seguinte:

- Vasos ou tanques pequenos (baixa capacitância ou volume) que dão origem a um baixo tempo de residência, por erro de projeto, ou porque a unidade foi aumentando a carga processada ao longo do tempo. O tempo de residência em segundos pode ser calculado pela equação abaixo:

$$T_{\text{RESIDÊNCIA}}(\text{segundos}) = \frac{V(m^3) \times \bar{p}_{\text{VASO}}(kgf/cm^2) \times MW}{z \times 0.0848 \times T(K)} \times \frac{1}{\bar{M}_s (kg/s)} \quad (6.14)$$

A Figura 6.4 mostra que quanto menor o tempo de residência do processo, para uma dinâmica constante da válvula em 2 segundos, maior é o efeito da perturbação (que foi mantida constante em 10% da vazão) na pressão do vaso.

Figura 6.4 Desempenho do controlador de pressão para diferentes tempos de residência do gás no vaso.

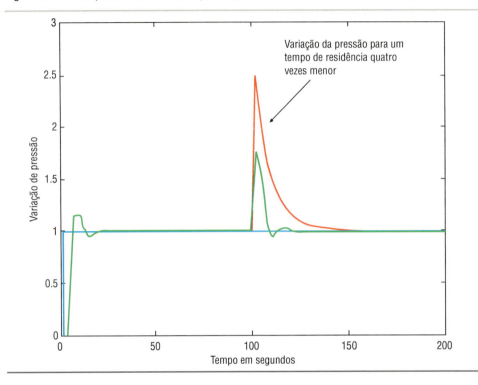

Portanto, quanto maior for o tempo de residência melhor para o controle, pois se pode amortecer as perturbações ajudando a "isolar" as diversas áreas da unidade de forma a diminuir as interações com outras malhas de controle. Entretanto, para se ter este maior tempo de residência será necessário investir mais na construção de um vaso de dimensões maiores, e no caso de produto inflamável as consequências em caso de incêndio seriam mais sérias, pois teríamos um estoque maior.

Outras razões para o mau desempenho dos controladores de pressão são os seguintes:
- Má sintonia dos controladores.
- Uma interação muito grande com outras malhas de controle da Unidade.

6.2 Controle de pressão de uma coluna de destilação

Normalmente, uma coluna de destilação tem como função a separação dos componentes de uma corrente de entrada em dois produtos diferentes no topo e no fundo da coluna, cada um com uma especificação de composição diferente (ver o Capítulo 11). Logo, o objetivo final é medir e controlar estas composições. As composições de produtos podem ser medidas através de cromatografia. Porém, estes cromatógrafos tendem a ser caros, e em algumas aplicações, a manutenção destes equipamentos pode ser difícil e onerosa. Por estas razões, os analisadores de composição não são frequentemente usados. Em seu lugar, utilizam-se frequentemente na prática medições de temperatura em diferentes pontos da coluna como uma inferência da composição. Entretanto, qual é o valor adequado de temperatura?

Como foi mencionado anteriormente neste capítulo, a pressão está termodinamicamente correlacionada com a composição e a temperatura. Logo, se a pressão e a composição da corrente de carga da coluna forem conhecidas, então existe um perfil de temperatura na torre que garante uma certa composição dos produtos de topo e fundo. Mas se a pressão da coluna não for bem controlada, não se pode garantir a especificação dos produtos através das temperaturas, além do fato de a pressão também ter uma influência direta na capacidade de separação da coluna (afeta o desempenho dos pratos e recheios, e altera a volatilidade relativa dos componentes).

Chin [1979] observou que a pressão de uma coluna de destilação é uma das variáveis mais difíceis de se controlar. Ele apresentou uma descrição de 21 métodos de controle de pressão diferentes, com suas vantagens e desvantagens, e também mostrou casos de aplicações.

6.2.1 Controle de pressão de coluna de destilação com condensação parcial

Chin [1979] destaca que para uma coluna de destilação com condensação parcial (onde só uma parte dos vapores no topo da coluna é condensada, e continua a existir uma corrente de gases no vaso de topo da coluna), a maneira tradicional é ter um controlador de pressão atuando na válvula de retirada do gás no topo da coluna. A Figura 6.5 mostra um esquema de uma coluna de destilação com condensação parcial.

Este tipo de coluna com condensação parcial leva a um controle de pressão que pode ser modelado conforme o desenvolvimento feito no Item 6.1 deste capítulo. Este tipo de torre costuma ter um controle de pressão bem estável, caso a válvula de alívio tenha sido bem projetada. Deve-se também destacar que o tempo de residência do gás é um parâmetro importante no comportamento da pressão da coluna, e quanto maior for este tempo mais estável será a pressão.

Outro ponto a ressaltar é que o volume do vaso de topo é dimensionado levando em conta o líquido acumulado no vaso e não o volume de gás. Assim, devemos estender o modelo desenvolvido no Item 6.1, incluindo o nível de líquido no vaso de topo e a carga térmica do condensador.

Figura 6.5 Esquema de uma coluna de destilação com condensação parcial.

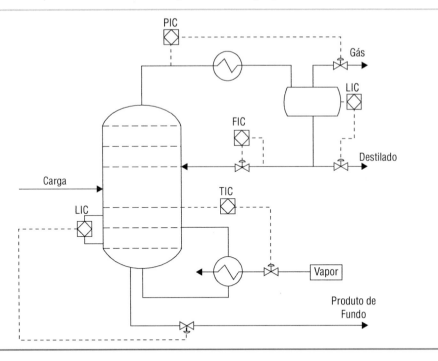

O balanço de massa de líquido em torno do vaso de topo de uma coluna de destilação com condensação parcial é:

$$\frac{dM_L}{dt} = M_C - M_R$$

Onde M_L é o líquido acumulado no vaso de topo, M_C é o líquido na saída do condensador e M_R é vazão de refluxo que retorna ao topo da torre mais a retirada de líquido no topo. A vazão de líquido na saída do condensador pode ser diretamente relacionada com o calor removido no condensador Q_C.

$$M_C = \frac{Q_C}{\lambda_C}$$

Combinando as equações:

$$\frac{dM_L}{dt} = \frac{Q_C}{\lambda_C} - M_R$$

onde λ_C é o calor latente de condensação (Joules/kg) do gás de topo da coluna.

O volume ocupado pelo líquido no vaso de topo pode ser calculado em função da área transversal do vaso (A) e do nível atual (L):

$$V_{LIQ} = A \times L$$

A massa de líquido (M_L) pode ser inferida como:

$$M_L = \rho \times A \times L$$

Substituindo na equação de balanço de líquido, pode-se obter uma equação para permitir calcular o transiente do nível:

$$\rho \times A \times \frac{dL}{dt} = \frac{Q_C}{\lambda_C} - M_R$$

Da mesma forma, o balanço de massa de vapor no vaso de topo para pequenas variações:

$$\frac{(V_{VASO} - V_{LIQ})}{RT} \frac{dP}{dt} = M_{VN} - \frac{Q_C}{\lambda_C} - M_D \quad \text{ou} \quad \frac{(V_{VASO} - A \times L)}{RT} \frac{dP}{dt} = M_{VN} - \frac{Q_C}{\lambda_C} - M_D$$

Onde V_{VASO} é o volume total do vaso de topo, T é a temperatura do gás no vaso de topo, R é igual a $\overline{R}/MW$, M_{VN} é vazão de gás no topo da coluna de destilação e M_D é a vazão do gás de retirada no topo (controlada pela válvula de alívio). Esta equação pode permitir o estudo da interação entre o controle de nível do vaso (L) com o da pressão (P).

6.2.2 Controle de pressão de coluna de destilação com condensação total

Entre os métodos de controle de pressão, o controle chamado de *hot-bypass* é um dos mais usados numa coluna de condensação total dos gases. O controle de *hot-bypass* tem sido projetado como controle de pressão de colunas de destilação, há mais de quarenta anos. Whistler descreveu que em 1954 o controle de *hot-bypass* era uma prática de projeto recente.

Um arranjo típico para o controle de *hot-bypass* em coluna de destilação é mostrado na Figura 6.6. Neste tipo de controle, o condensador está montado ao nível do chão abaixo do vaso de topo. Desta forma, o condensador opera submerso. O nível de inundação do casco do condensador com líquido controla a taxa de transferência de calor, o que faz com que este condensador necessite de mais área do que um condensador no topo da coluna de igual capacidade de condensação. Esta área adicional requerida faz com que o condensador de um sistema de *hot-bypass* seja mais caro que um condensador no topo.

Chin [1979] comentou que este método de controle de pressão tem sido controverso por várias razões. Primeiro, as vantagens de localizar o condensador no nível de chão comparado com sua localização no topo da torre são difíceis de quantificar, embora as atividades de manutenção, inspeção, retirada do feixe de tubos e limpeza do condensador são muito mais fáceis; há também economias atraentes em montagem, pois não são necessários guindastes e plataformas. Segundo, não é fácil entender como funciona o controle de *hot-bypass*, o que dificulta a compreensão do mesmo pelos engenheiros e operadores. Terceiro, o projeto deste sistema é empírico, o que pode

Figura 6.6   Arranjo típico para sistema de *hot-bypass* em coluna de destilação.

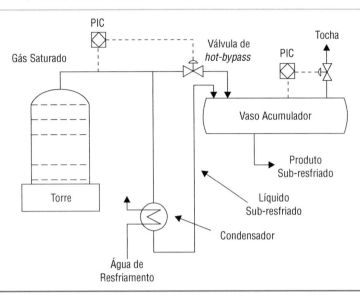

levar a erros, e pequenos detalhes podem comprometer o funcionamento do controle. E finalmente, algumas instalações do sistema de *hot-bypass* falharam, apesar de vários sistemas estarem operando adequadamente. Sloley [1998] e Lieberman [1997] analisaram alguns casos de instalações de *hot-bypass* que falharam.

O princípio básico de funcionamento do controle de pressão por *hot-bypass* é o seguinte: se a pressão na torre estiver subindo, o controlador PID de pressão (PIC) deve fechar a válvula de desvio para diminuir a pressão do espaço vapor no vaso de topo. Este desvio (*bypass*) de vapores quentes (*hot*) é que deu nome a este método de controle de pressão. Quando esta menor vazão de vapores quentes provocar uma queda na pressão do vaso de topo, então por vasos comunicantes o sistema fará com que o nível de líquido no condensador caia. Isto irá expor mais área ou feixes do condensador, aumentando a área de troca e fazendo com que a pressão da coluna de destilação também caia, voltando ao valor desejado. Da mesma forma, se a pressão da coluna cair, o controle abre a válvula de *hot-bypass* para aumentar a pressão do vaso e inundar mais o condensador, roubando área do mesmo, e fazendo a pressão da coluna voltar ao normal. Portanto, neste tipo de sistema a pressão da torre é controlada através da manipulação da válvula de controle do sistema de *hot-bypass* que atua indiretamente, ajustando o nível de líquido no condensador expondo mais ou menos área de troca térmica.

As dificuldades deste controle são: como dimensionar a válvula de *hot-bypass*? Qual a vazão? Qual o diferencial de pressão? Qual a diferença de altura entre o vaso e o condensador, de forma a permitir que o líquido escoe de forma estável?

Antigamente, a determinação da vazão de projeto de um sistema de *hot-bypass* seguia uma recomendação empírica. Adotava-se como vazão máxima para o sistema 20% da vazão total de gás proveniente da torre. Entretanto, existia uma grande incerteza se o sistema iria funcionar, pois se esta válvula fosse muito grande, o controle da torre ficaria "pulsante" com variações bruscas na pressão da torre. E se a válvula fosse pequena, principalmente se o condensador tivesse muita folga, mesmo com ela toda aberta, não se conseguiria elevar a pressão da torre.

Durand [1980] descreveu um método que determina o tamanho adequado da válvula de controle de *hot-bypass* estimando a quantidade de vapores que devem ser desviados do condensador para manter a pressão exigida na coluna.

Basicamente, Durand [1980] fez o balanço de energia no vaso de topo levando em conta que o líquido está sub-resfriado na saída do condensador. Ele fez as suposições de que a quantidade de vapor desviada (M_{BYPASS}) deve ser o bastante para aquecer o condensado sub-resfriado (M_{LCOND} com temperatura T_{LCOND}) até a temperatura de saturação dos vapores no vaso de topo (T_{DRUM}). A Equação 6.15 reproduz o balanço de energia considerando estas suposições, e onde λ_C é o calor latente de condensação (Joules/kg):

$$M_{BYPASS} = \frac{M_{LCOND} \times c_{PL} \times (T_{DRUM} - T_{LCOND})}{\lambda_C} \tag{6.15}$$

O balanço de pressão mostra que o diferencial de pressão na válvula de *hot-bypass* é principalmente a perda de carga estática entre o vaso de topo e o condensador, assumindo que o condensador está no nível do chão. Isto resulta na Equação 6.16, onde ΔP_{COND} é a perda de carga devida ao escoamento no condensador:

$$P_{COL} = P_{DRUM} + \rho_L \times g \times \Delta h + \Delta P_{COND} \tag{6.16}$$

Durand observou que a altura do vaso de topo (Δh) em relação ao condensador, normalmente é definida pelo NPSH requerido da bomba de destilado (ver Capítulo 7). Além disso, embora o sub-resfriamento dependa das condições de transferência de calor do condensador, ele considera que a temperatura de sub-resfriamento é igual a 5 °C acima da temperatura de saída da água do condensador. Estas suposições, que são as regras empíricas de projeto mencionadas por Chin [1979], levarão a um projeto conservativo do sistema de *hot-bypass*, superdimensionando o tamanho da válvula de *hot-bypass*. Como foi descrito no capítulo de controle de vazão, este superdimensionamento pode levar a um controle ruim, pois a válvula trabalhará em uma região muito fechada, onde o posicionador pode não ter resolução.

Uma das premissas de Durand é que os vapores de topo desviados são totalmente condensados no vaso de topo. Assim, os vapores desviados entram no vaso de topo e como a superfície líquida no vaso está mais fria que a temperatura de saturação do vapor ocorre a condensação. O método descrito por Durand não leva em conta os mecanismos físicos de transferência de calor e condensação que acontecem na interface vapor-líquido do vaso de topo.

A condensação acontece quando a temperatura de um vapor é reduzida abaixo do ponto de orvalho. O calor latente do vapor é liberado e esta energia é transferida à superfície líquida. Há várias características complexas associadas com esta condensação. O líquido condensado no topo da superfície líquida flui para baixo, devido à influência de gravidade. Uma camada fina de líquido condensado é formada na interface líquido-vapor, e a temperatura nesta interface é a temperatura de saturação (T_{SAT}). Porém, o líquido mantido abaixo desta camada está a uma temperatura abaixo da temperatura de saturação.

Apesar das dificuldades da condensação no vaso de topo, Tudidor [1996] mostrou que esta condensação guarda semelhanças com a condensação de filme turbulenta em uma superfície vertical descrito por Bayazitoglu [1988]. Tudidor notou que as semelhanças vêm do fato de que a condensação ocorre continuamente em cima de uma superfície vertical que é mantida resfriada, e que esta superfície fica coberta com uma fina camada de líquido que escorre pela força de gravidade. Esta situação é conhecida como condensação de *filmwise*. Incropera [1990] afirma que Nusselt foi o primeiro a analisar a condensação laminar de *filmwise* em cima de uma superfície vertical mantida a uma temperatura constante. Bayazitoglu [1998] também sublinhou que foi Kirkbride que propôs uma correlação empírica, válida para números de Reynolds maiores que 1800, para condensação de filme em uma superfície vertical depois do início de fluxo turbulento, detalhada na Equação 6.17:

$$h_m \times \left(\frac{\mu_L^2}{k_L^2 \times \rho_L^2 \times g} \right)^{1/3} = 0.0077 \times (Re)^{0.4} \tag{6.17}$$

Onde:

h_m = Coeficiente médio de troca térmica para condensação de filme turbulento (W/m²C)

μ_L = Viscosidade do líquido (kg/m.s)

Re = Número de Reynolds

κ_L = Condutividade térmica do líquido (W/m.C)

ρ_L = Massa específica do líquido (kg/m³)

g = Aceleração da gravidade (= 9,81 m/s²)

O número de Reynolds (Re) para a condensação pode ser definido como:

$$Re = \frac{4 \times M_{VAPOR}(kg/s)}{\mu_L(kg/m.s) \times D(m)} \tag{6.18}$$

Onde:

M_{VAPOR} = Vazão de vapor condensado (kg/s)
μ_L = Viscosidade do líquido (kg/ms)
D = Diâmetro do vaso onde ocorre a condensação (m)

Partindo da Equação 6.17, Tudidor mostrou que vazão mássica total condensando na interface de líquido-vapor pode ser obtida pelas seguintes equações:

$$Q = A_L \times h_m \times (T_{SAT} - T_{DRUM}) \tag{6.19}$$

$$Q = M_{VAPOR} \times \lambda_C \tag{6.20}$$

Onde λ_C é o calor latente de condensação (Joules/kg) e A_L é a área de troca (m²). As propriedades físicas do condensado deverão ser definidas na temperatura média entre o vapor e o condensado. Das Equações 6.17, 6.18, 6.19 e 6.20, Tudidor deduziu a Equação 6.21:

$$M_{VAPOR}^{0,6} = 0,0134 \times \left(\frac{k_L}{(\mu_L \times D)^{0,4}} \right) \times \left(\frac{g \times \rho_L^2}{\mu_L^2} \right)^{1/3} \times \frac{A_L \times (T_{SAT} - T_{DRUM})}{\lambda_C} \tag{6.21}$$

Onde a área de troca é o produto do comprimento do vaso (L) pelo diâmetro (D).

$$A_L = L \times D \tag{6.22}$$

A Equação 6.21 mostra que a vazão mássica de condensado na interface de líquido-vapor depende da área da interface (A_L), da temperatura do sub-resfriamento do líquido dentro do vaso de topo (T_{DRUM}) e das propriedades físicas do condensado. Uma das suposições adotadas por Durand era que a temperatura do líquido dentro do vaso de topo estaria à temperatura de saturação. Porém, pela Equação 6.21, esta hipótese resultaria em nenhuma vazão mássica condensando na interface de líquido-vapor, porque o ΔT seria igual a zero. Esta contradição mostra que a temperatura do líquido dentro do vaso de topo deve estar sub-resfriada. Quando a temperatura do vaso está à temperatura de saturação; a válvula de desvio deveria estar fechada para manter a pressão constante.

Em outras palavras, Tudidor mostrou que o vaso de topo tem um papel importante no projeto de um sistema de *hot-bypass*, porque o tamanho do mesmo e a temperatura do líquido dentro do vaso de topo determinam a quantidade de vapor que deve ser desviada pela válvula. Portanto, as Equações 6.16 e 6.21 permitem dimensionar a válvula de *hot-bypass*.

Como o sistema tem que manter sob controle a pressão da torre em todas as situações de operação (partida, operação com carga baixa, condensador limpo, condensador sujo etc.), deverão ser feitos vários cálculos para determinar a faixa de operação do sistema, de modo que o mesmo tenha um desempenho satisfatório.

Assim, a vazão do sistema de *hot-bypass* deverá ser estimada nas seguintes condições, além da normal de operação:

- ☐ Condensador limpo, capacidade normal.
- ☐ Condensador limpo, capacidade reduzida.

Esses cálculos só poderão ser feitos após o dimensionamento térmico do condensador. Com a área de troca definida, o engenheiro do projeto térmico poderá determinar a temperatura de saída do condensador nas situações acima listadas, considerando, ainda, as variações da temperatura da água de resfriamento. Para estimativas preliminares, poderá ser considerado um sub-resfriamento do condensado de 10 °C na saída do condensador.

6.2.3 Outros pontos importantes do controle com *hot-bypass*

Apesar de não ser mandatório, a entrada de líquido condensado no vaso acumulador de topo deverá ser feita por cima. Esse arranjo mantém constante a coluna de líquido na saída do condensador, além de minimizar a interação entre o controle de nível do vaso acumulador e o controle de pressão.

Nos arranjos com entrada do líquido condensado por baixo do vaso, utilizado em alguns projetos, a coluna de líquido varia com as flutuações no nível de líquido no vaso, alterando a área de troca térmica no condensador, que por sua vez irá alterar novamente o nível no vaso acumulador, gerando uma interação não desejada. A entrada por baixo também pode gerar uma instabilidade em função do perfil de temperatura do líquido no vaso. Isto é, como a saída de líquido também é por baixo, existe um gradiente de temperatura fazendo com que a interface líquido-vapor fique aquecida, e quando ocorre alguma perturbação e o líquido frio atinge esta interface, ocorre uma condensação brusca dos gases, fazendo com que a pressão do vaso caia rapidamente. Esta queda de pressão pode fazer com que todo o líquido da tubulação e do condensador vá rapidamente para o vaso, chegando muitas vezes a inundá-lo. Como o condensador ficou todo exposto, a pressão na coluna de destilação vai cair. Este ciclo de oscilações na pressão pode se repetir periodicamente.

O detalhe de como o líquido sub-resfriado do condensador será distribuído, ao voltar por cima, no vaso acumulador também é importante, devendo-se tentar uma distribuição mais homogênea. Desta forma, busca-se que o perfil de temperatura no vaso fique o mais constante possível, mesmo com as perturbações normais da coluna.

Outro detalhe importante para o funcionamento estável do *hot-bypass* é prever uma linha do costado do condensador (a localização depende do tipo de condensador, e costuma ficar próxima da saída de condensado) até o topo do vaso acumulador, para retirar possíveis incondensáveis (por exemplo um gás leve que não irá se condensar nesta pressão) do trocador de calor. A presença destes incondensáveis vai gerar uma operação instável do sistema de *hot-bypass*. À medida que vão se acumulando, estes gases vão "roubando" área de troca térmica, a pressão da coluna vai subindo, até um ponto que é capaz de expulsar todos os incondensáveis para o vaso, neste momento a pressão da coluna cai, e o ciclo se repete. Estes incondensáveis irão sair pelo alívio do vaso para a tocha por pressão alta. A importância desta linha é que, apesar de não existir no projeto previsão de incondensáveis, durante a operação da unidade (partida, emergências etc.) eles podem surgir; logo para uma operação estável da pressão da torre deve-se solicitar a inclusão desta linha.

Em termos de sintonia dos controladores PID envolvidos no controle de pressão da torre deve-se prioritariamente utilizar a seguinte estratégia:

- ☐ Controlador de nível do vaso acumulador – sintonia rápida, este nível deve ser o mais estável possível, para minimizar a interação com o controlador de pressão, e permitir que esta pressão fique mais estável.
- ☐ Controlador de pressão da torre – sintonia com ganho alto, mas com tempo integral também alto (que permita que o nível já tenha voltado ao equilíbrio, minimizando a interação).

6.2.4 Aspectos dinâmicos do controle com *hot-bypass*

As equações anteriores, que são utilizadas nos projetos de sistemas de *hot-bypass*, foram obtidas usando as fórmulas no estado estacionário. Mas sua resposta dinâmica às

Figura 6.7 Arranjo para análise dinâmica do sistema de *hot-bypass*.

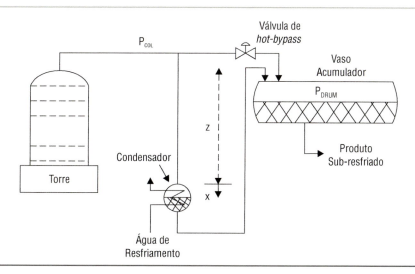

vezes é de interesse. Na realidade, o objetivo é determinar como as pressões da coluna e do vaso de topo variam com tempo.

Na configuração *hot-bypass*, a pressão de coluna (P_{COL}) e a pressão de vaso (P_{DRUM}) são definidas através de balanços de massa, onde o gás tem inércia e viscosidade que podem ser consideradas desprezíveis comparadas com as do líquido na tubulação e no condensador. Se as pressões variarem com tempo, então a vazão de líquido condensado e a perda de pressão devida à fricção na tubulação e no condensador irão também variar com tempo. Esta variação da vazão de líquido na tubulação e no condensador é causada pela ação de várias forças. A Equação 6.23 representa o equilíbrio das forças considerando o líquido na tubulação e no condensador como um corpo livre e levando em conta as seguintes forças:

1. A força de gravidade (peso) distribuída uniformemente em cima da coluna de líquido.
2. A força devida à parede relacionada ao atrito da movimentação do líquido.
3. As forças nos dois extremos da coluna de líquido devidas às pressões da coluna (P_{COL}) e do vaso (P_{DRUM}).
4. A massa efetiva do líquido em movimento.

$$(P_{COL} \times A_{COND} - P_{DRUM} \times A_{TUB} - \rho \times A_{TUB} \times (Z+x) \times g - F_{ATRITO}) = M_{TOTAL} \times \ddot{x} \quad (6.23)$$

$$(P_{COL} \times A_{COND} - P_{DRUM} \times A_{TUB}) \cong \Delta P \times A_{TUB}$$

onde: $\quad \Delta P = P_{COL} - P_{DRUM}$

$$F_{ATRITO} = (2\pi \times r) \times L_{TUB} \times \tau_0$$

onde: $\quad \tau_0 \cong \dfrac{0,0535 \times \rho_L^{0,75} \times \mu_L^{0,25} \times \overline{\dot{x}}^{1,75}}{d^{0,25}} \times \dot{x}$

$$M_{TOTAL} = \rho \times (Volume_{COND} + A_{TUB} \times L_{TUB}) \cong \rho \times A_{TUB} \times L_{TUB}$$

Em torno do ponto de equilíbrio, pode-se linearizar as equações acima:

$$\tau_0 \cong \dfrac{0,0535 \times \rho_L^{0,75} \times \mu_L^{0,25} \times \dot{x}^{1,75}}{d^{0,25}} + \dfrac{0,091 \times \rho_L^{0,75} \times \mu_L^{0,25} \times \dot{x}^{-0,75}}{d^{0,25}} \times \dot{x} \Rightarrow$$

$$\Rightarrow \Delta\tau_0 = \dfrac{0,091 \times \rho_L^{0,75} \times \mu_L^{0,25} \times \dot{x}^{-0,75}}{d^{0,25}} \times \dot{x}$$

$$\Delta\tau_0 = \dfrac{0,091 \times \rho_L^{0,75} \times \mu_L^{0,25} \times \overline{\dot{x}}^{-0,75}}{d^{0,25}} \times \dot{x} = f_\tau \times \dot{x}$$

$$\Delta P \times A_{TUB} - \rho \times A_{TUB} \times x \times g \times - (2\pi \times r) \times L_{TUB}) \times f_\tau \times \dot{x} = \rho \times A_{TUB} \times L_{TUB} \times \ddot{x}$$

$$\rho \times A_{TUB} \times L_{TUB} \times \ddot{x} + (2\pi \times r) \times L_{TUB} \times f_\tau \times \dot{x} + \rho \times g \times A_{TUB} \times x = A_{TUB} \times \Delta P$$

Aplicando a transformada de Laplace:

$$\frac{X(s)}{\Delta P(s)} = \frac{1/\rho \times g}{\left[\frac{L_{TUB}}{g} s^2 + \left(\frac{(2\pi \times r) L_{TUB} \times f_\tau}{\rho \times g \times A_{TUB}}\right) \times s + 1\right]}$$

Portanto, pode-se caracterizar a dinâmica do sistema de *hot-bypass* por uma função de transferência de segunda ordem relacionando a variação do nível no condensador para perturbações no diferencial de pressão entre a coluna e o vaso de topo.

$$\frac{X(s)}{\Delta P(s)} = \frac{K}{\left(1/w_n^2\right)s^2 + \left(2 \times \zeta/w_n\right) \times s + 1}$$

Igualando as duas equações anteriores, a frequência natural não amortecida (w_n) e a razão de amortecimento do sistema (ζ) serão:

$$w_n = \sqrt{\frac{g}{L_{TUB}}} \quad e \quad \zeta = \sqrt{\frac{g}{L_{TUB}}} \times \left(\frac{(2\pi \times r) \times L_{TUB} \times f_\tau}{\rho \times g \times A_{TUB}}\right) \tag{6.24}$$

Logo, o coeficiente de amortecimento é:

$$\zeta = \sqrt{\frac{g}{L_{TUB}}} \times \left(\frac{(2\pi \times r) \times L_{TUB}}{\rho \times g \times A_{TUB}} \times \frac{0,091 \times \rho_L^{0,75} \times \mu_L^{0,25} \times \bar{\dot{x}}^{0,75}}{d^{0,25}}\right)$$

A equação anterior mostra que o sistema de *hot-bypass* pode ser facilmente subamortecido ($\zeta < 1$). Para evitar oscilações, durante o projeto, pode-se mudar dois parâmetros da equação anterior que afetam diretamente a perda de carga: o comprimento da tubulação entre o condensador e o vaso de topo (L_{TUB}) e a velocidade média do líquido que escoa entre o condensador e o vaso ($\bar{x}$). O comprimento da tubulação é aproximadamente igual ao desnível entre o vaso e os condensadores, e como Durand (1980) enfatizou, a altura do vaso é definida basicamente em função da bomba de destilado e não para garantir o bom controle de pressão do sistema.

Em outras palavras, se a perda de carga na tubulação e no casco do condensador aumentar, o coeficiente de amortecimento aumenta, o que leva o sistema de *hot-bypass* a ter uma dinâmica menos oscilatória. Como resultado desta análise, a perda de carga (pressão) na tubulação e no casco do condensador tem um papel importante no comportamento e dimensionamento do sistema *hot-bypass*.

A condição de operação mais crítica para o controle de *hot-bypass* é a de baixa vazão ou carga da unidade. Nesta condição operacional a perda de carga, na tubulação e no casco do condensador, diminuirá em função de uma menor vazão ($\bar{x}$). Logo, o sistema de *hot-bypass* será mais subamortecido e oscilatório.

As temperaturas na saída do condensador e no vaso de topo também serão menores porque mais tubos estarão submersos. Portanto, a vazão de vapor desviada pela válvula será maior porque a temperatura do vaso será menor, o que implicará na maior abertura da válvula de desvio.

A Figura 6.8 mostra o desempenho de um sistema real de controle de pressão com a estratégia de *hot-bypass* de uma coluna desbutanizadora em uma refinaria. Observa-se que, mesmo com o controlador PID de pressão da coluna em manual (a saída do controlador é a curva vermelha), existem variações de pressão na coluna da ordem de 0.5 kgf/cm².

A explicação para estas instabilidades é que a vazão normal que passa pela válvula de *hot-bypass*, não é capaz de provocar um diferencial de pressão (na válvula escolhida), capaz de vencer a coluna líquida e a perda de carga no condensador ($P_{COL} = P_{DRUM} + \rho_L \times g \times \Delta h + \Delta P_{COND}$). Desta forma, o líquido não escoa e vai se acumulando no condensador, roubando área do mesmo. Logo, a pressão da coluna vai subindo até conseguir escoar o líquido sub-resfriado para o vaso, que provoca uma condensação do vapor existente no vaso, e portanto gera uma vazão pela válvula de *hot-bypass*. Neste ponto, a vazão e, consequentemente, o diferencial de pressão na válvula de *hot-bypass* aumentam, fazendo com que o líquido do condensador escoe ainda mais para o vaso de topo. Este aumento de líquido, aumenta a condensação no vaso, a vazão e o diferencial de pressão na válvula de *hot-bypass*, que realimenta e aumenta ainda mais a quantidade de líquido para o vaso. Este ciclo neste caso leva a uma instabilidade, onde todo o líquido acumulado

Figura 6.8   Instabilidade do *hot-bypass*, mesmo com o controle em manual.

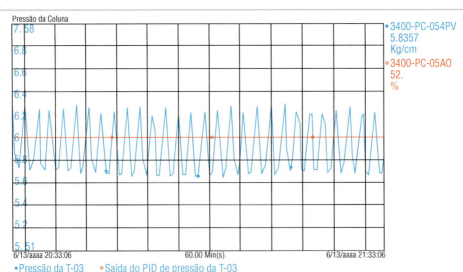

no trocador de calor e na tubulação escoa para o vaso. Desta forma, libera-se toda a área do trocador de calor, fazendo com que a pressão da coluna caia, e recomeçando um novo ciclo de instabilidade. O período destas oscilações é da ordem de 2 minutos.

A Figura 6.9 mostra, além da pressão da coluna e da saída do PID (em manual com 52%), o nível no vaso de topo. Observa-se que as consequências destas instabilidades são "golfadas" de vazão que fazem com que o nível no vaso de topo da coluna varie em quase 30% rapidamente. O Item 6.4 deste capítulo também descreve outro tipo de instabilidade de escoamento que ocorre em plataformas de petróleo.

Figura 6.9   Instabilidade do *hot-bypass* – Nível do vaso de topo.

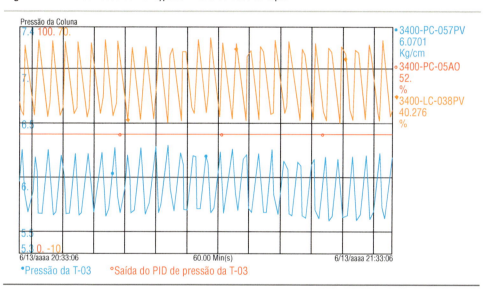

A Figura 6.10 mostra um resultado do simulador dinâmico do sistema de *hot-bypass*, onde se mostra que enquanto o diferencial de pressão não atinge 0,28 kg/cm², (desnível de 5 metros com produto de massa específica igual a 555 kg/m³, $\rho_L \times g \times \Delta h = 0{,}28$) não ocorre escoamento, e o nível no condensador sobe, inundando o mesmo. Quando este diferencial de pressão é atingido, ocorre um escoamento rápido de líquido para o vaso, que gera uma vazão pelo *hot-bypass* (devido à condensação) e um diferencial de pressão maior, que por sua vez provoca um escoamento ainda maior.

Neste caso, acredita-se que, devido à baixa perda de carga no condensador e na tubulação, a variação de vazão do líquido seja mais rápida (subamortecida). Esta realimentação provoca que todo o líquido do condensador vá para o vaso, e o nível de líquido (inundação) no condensador caia, expondo área. Este ciclo se repete, com uma frequência equivalente ao tempo de residência no condensador.

Figura 6.10 Simulação da inundação do condensador e do diferencial de pressão na válvula de *hot-bypass*.

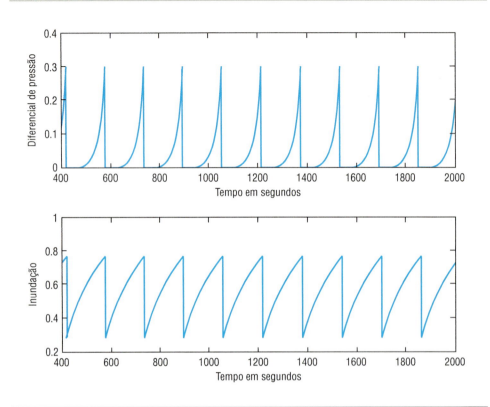

A Figura 6.11 mostra a pressão da coluna (curva vermelha), o seu *setpoint* (curva verde), a pressão do vaso (curva amarela) e o nível do vaso (curva azul). Observa-se que enquanto não ocorre escoamento o diferencial de pressão entre a torre e o vaso é muito pequeno, indicando que não existe vazão pela válvula de *hot-bypass*. Quando se inicia o escoamento de líquido para o vaso, o diferencial de pressão começa a aumentar (indicando vazão pelo *hot-bypass*), e o nível do vaso também. Só que o diferencial de pressão aumenta muito rapidamente (indicando uma grande vazão pelo *hot-bypass*, devido a uma grande condensação em razão do líquido sub-resfriado), causando o escoamento total do líquido, e o nível sobe rapidamente.

A solução deste problema está associada com um bom dimensionamento da válvula de *hot-bypass* de maneira que a mesma produza uma perda de carga para garantir o escoamento nas condições de projeto. O aumento da perda de carga no condensador e na tubulação também ajuda a aumentar a constante de tempo da resposta da vazão de líquido para o vaso quando ocorre uma variação de pressão. Esta ação também ajuda a minimizar estas oscilações.

Figura 6.11 Detalhe da instabilidade da pressão da torre (vermelha) e da pressão do vaso (amarela) e do nível do vaso (azul).

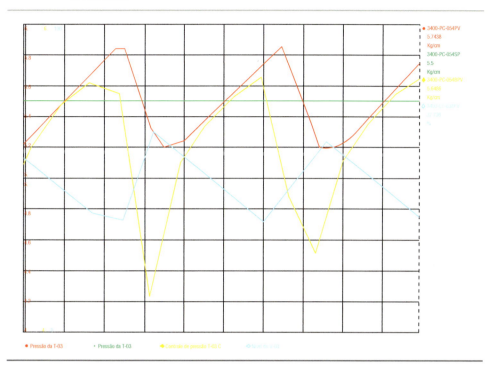

6.2.5 Conclusões sobre o controle com *hot-bypass*

Alguns pontos importantes podem ser destacados desta avaliação do controle de pressão com *hot-bypass*:

- O tamanho e o grau de sub-resfriamento do líquido no vaso de topo determinam a vazão mássica desviada do condensador pela válvula.

- Os líquidos dentro do vaso acumulador de topo e na saída do condensador não estão em equilíbrio com o vapor desviado, ao contrário eles estão sub-resfriados, e a temperatura na saída do condensador é menor que a temperatura no vaso de topo.

- A perda de carga na tubulação e no casco do condensador é um parâmetro importante no dimensionamento e no comportamento dinâmico do sistema. Ela deve ser a maior possível para evitar uma resposta oscilatória.

- É importante examinar o sistema de *hot-bypass* na condição de mínima vazão ou capacidade de operação, tanto quanto nas condições nominais, já que nesta condição de mínima capacidade o sistema torna-se mais subamortecido e oscilatório.

- O dimensionamento da válvula de *hot-bypass* é crítico para o bom desempenho deste controle.

6.3 Estratégia de controle utilizando *split-range*

Antigamente, os controladores PID eram equipamentos físicos (pneumáticos ou eletrônicos) e caros. Logo, utilizava-se a estratégia de *split-range* para que um controlador atuasse em duas válvulas diferentes ao mesmo tempo. Assim, dividia-se a faixa de variação do sinal (daí o nome *split-range*) de saída (0–100%), em duas, e de 0 a 50% atuava-se em uma válvula e de 50 a 100% na outra válvula.

Figura 6.12 Controle de pressão em *split-range*.

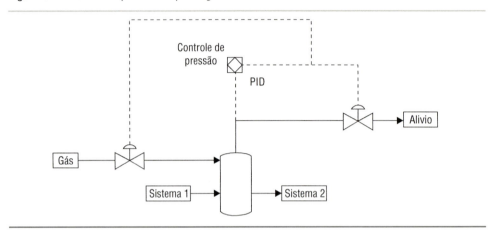

A Figura 6.12 mostra um controle de pressão em *split-range*. Se a pressão começar a subir, o controlador deve primeiro fechar toda a válvula que admite gás e em seguida abrir a válvula de alívio. Assim, supondo o controlador com ação direta, entre 0 e 50% na saída do PIC a válvula que admite gás vai da posição toda aberta para a posição toda fechada. E no *range* entre 50 e 100% na saída do PIC, a válvula que alivia gás vai da posição toda fechada para a posição toda aberta.

Atualmente, o controlador PID é um *software* configurado no sistema digital de controle; logo, a utilização de um ou mais PIDs na estratégia de controle não representa custos adicionais. Logo, o recomendável no exemplo anterior seria colocar dois PIDs, sendo um para cada válvula. Isto dá mais flexibilidade para a operação, e evita que, quando o sistema opera próximo de 50%, o controle fique abrindo o alívio ou admitindo gás sem precisar.

Com dois PIDs podem-se ajustar os *setpoints* de maneira que o controle só vai aliviar se a pressão estiver realmente alta, e só vai admitir gás se a pressão estiver muito baixa. Por exemplo, um *setpoint* poderia ser 3.0 kgf/cm^2 e o outro 3.5 kgf/cm^2.

Um caso em que ainda se usa atualmente o *split-range* é quando se colocam duas válvulas em paralelo para a mesma função. Este arranjo é necessário quando o equipamento tem duas condições de operação muito diferentes. Por exemplo, a vazão de gás combustível para um forno em operação normal pode ser de 1000, e esta vazão de gás pode cair para 20 quando o forno opera em uma condição de partida ou de descoqueamento. Logo, devido a esta alta "rangeabilidade", deve-se utilizar duas válvulas de controle em paralelo para se ter uma controlabilidade adequada. A utilização de apenas uma válvula vai obrigar à operação em manual (provavelmente estrangulando a válvula manual de bloqueio no campo), e não permitirá uma precisão na vazão baixa.

Neste caso, utiliza-se um PID enviando sinal para as duas válvulas, e de forma a se ter uma sintonia razoável no controlador deve-se dividir o range proporcionalmente aos Cvs escolhidos para as válvulas, conforme a tabela a seguir.

Saída do PID	Válvula Pequena	Válvula Grande
0%	0%	0%
$\dfrac{Cv_{PEQUENA}}{(Cv_{PEQUENA} + Cv_{GRANDE})} \times 100\%$	100%	0%
100%	100%	100%

Por exemplo, se uma válvula tivesse Cv de 100 e a outra de 20, então entre 0% e 16.6%, na saída do PID estaria abrindo a válvula pequena totalmente [0 – 100%], e a partir de 16.6% começaria a abrir a válvula grande.

Este tipo de estratégia foi implementa com sucesso em um forno de pirólise [Silva et al., 2003]. Este equipamento possui diferentes pontos de operação: com carga e só com vapor (HSS). A vazão de gás combustível necessária para manter a temperatura do forno nestes dois casos é muito diferente, por isso no projeto do forno foram colocadas duas válvulas de controle. A estratégia de controle atuava ora em uma válvula, ora na outra. O chaveamento entre uma válvula e outra era definido pelo operador. O problema era que durante este chaveamento ocorria frequentemente falta de gás combustível para o forno levando ao *trip* ou a parada de emergência do mesmo. Este tipo de *trip* era extremamente prejudicial ao forno, acarretando um coqueamento dos tubos (formação de coque – parecido com o carvão) e uma diminuição da campanha ou do tempo de operação do mesmo.

Durante a avaliação do controle regulatório para implementação do controle avançado, decidiu-se eliminar este chaveamento, e foi implementada uma estratégia de *split-range*, onde para o sistema é como se existisse apenas uma válvula. A saída do controlador começa abrindo a válvula pequena e a partir de um certo ponto abre a válvula grande, mantendo a pequena toda aberta. Esta modificação do controle regulatório permitiu que não existisse mais nenhum evento de *trip* dos fornos de pirólise, devido a um chaveamento inadequado. Esta mudança também aliviou bastante o *stress* do operador em relação aos procedimentos de transientes dos fornos e em relação à atuação do controle avançado.

Os principais cuidados durante a configuração e implementação de controle por *split-range* nos sistemas digitais são os seguintes:

- Um módulo de *split-range* distribui a saída de um controlador para dois ou mais destinos com escalas diferentes. Existirão blocos de cálculo para converter a escala do sinal de saída do controlador para a escala de cada destino (válvula ou *setpoint* de outro controlador). Quando os destinos são elementos finais de controle, o *split-range* (isto é, os blocos conversores) deve ser implementado internamente pelo sistema digital (PLCs ou SDCDs), e não no elemento final de controle (posicionador) das válvulas.

- Implementar estes blocos conversores como estações manuais, de forma que, no modo manual, cada válvula possa ser manipulada de forma independente pelos operadores.

6.4 Controles do sistema de óleo de uma plataforma de petróleo

O sistema de óleo de uma plataforma de petróleo pode ser decomposto de forma simplificada em uma série de vasos, com o objetivo de separar o óleo da água e do gás. O gás é comprimido e enviado para terra por um gasoduto, a água é tratada e descartada ou reinjetada no reservatório, e o óleo bombeado para um navio ou para um oleoduto, através das bombas de exportação.

O sistema de controle é composto de uma série de controladores de níveis nos separadores, conforme a Figura 6.13. As duas grandes perturbações para este sistema de óleo são:

- Uma queda de uma bomba de exportação.
- Uma variação brusca da vazão de produção.

Uma queda de uma bomba de exportação fará com que o sistema perca uma certa capacidade de escoar o óleo produzido, e no sistema mostrado na Figura 6.13, o operador deve diminuir rapidamente a vazão de produção (fechando algumas válvulas dos poços) para evitar que os níveis nos separadores subam muito e levem a uma parada geral da produção por nível alto nestes vasos. Uma outra solução é controlar o nível alto com um outro controlador PID atuando nas válvulas *choke* que cortará automaticamente a produção, caso o nível suba e atinja o seu *setpoint*. Desta forma, este controlador fará com que a produção seja compatível com a capacidade das bombas de exportação durante esta emergência. A Figura 6.14 mostra este novo controle.

Figura 6.13 Sistema de óleo de uma plataforma de petróleo.

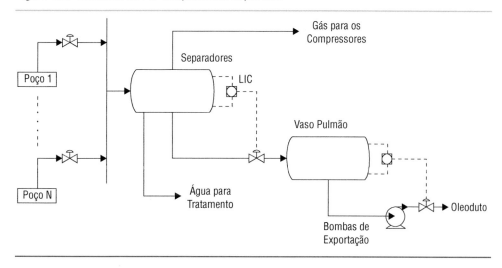

Figura 6.14 Novo controle para o sistema de óleo de uma plataforma de petróleo.

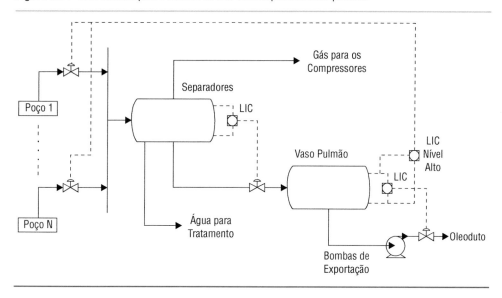

Este novo sistema de controle necessita apenas que as válvulas *choke* de controle da produção de óleo de cada poço sejam automatizadas. Este investimento se paga ao evitar inúmeras paradas gerais da plataforma, aumentando a confiabilidade do sistema de produção de óleo. Outros tipos de controladores, além do PID, podem ser utilizados, como um controlador multivariável *fuzzy*, conforme descrito em Campos e Saito (2004).

A outra grande perturbação é uma variação brusca de produção de óleo que afeta a qualidade da separação entre a água e o óleo e que também pode levar a uma parada de emergência da plataforma por nível muito alto nos separadores. Neste caso, os controladores PIDs podem não ser capazes de corrigir a tempo esta variação na produção.

Este evento, também conhecido como "golfada", pode ser provocado pelo escoamento multifásico (óleo, água e gás) nas tubulações que ligam os poços à plataforma. Existem condições que levam a um fluxo intermitente com "golfadas" de líquido, seguidas de "ondas" de produção de gás. Este regime de escoamento multifásico depende das vazões, das propriedades dos fluidos e da geometria das tubulações. As causas que geram este escoamento instável podem ser de natureza hidrodinâmica (diferença entre as velocidades das fases) [Storkaas *et al.*, 2003] ou devido à geometria do terreno. Neste último caso, a força da gravidade é capaz de gerar este tipo de escoamento nos *risers*, que são as tubulações ascendentes do fundo do mar até a plataforma.

As consequências deste escoamento com golfadas são variações nas pressões e nas vazões dos líquidos e gases. Como foi falado, estas oscilações causam severos problemas para a operação da plataforma: dificuldade de separação da água e do óleo, e possível parada de emergência por nível alto.

Figura 6.15 Ciclos de formação das "golfadas".

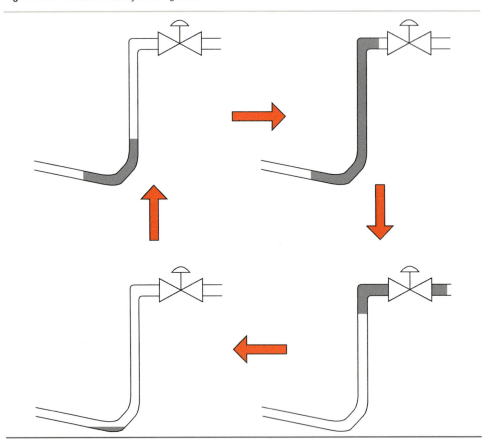

A formação deste escoamento com "golfadas" é mostrado na Figura 6.15. O líquido se acumula na base do *riser* e chega a bloquear o gás. Isto faz com que a pressão na base (P1) suba, e o líquido vá se acumulando no *riser* (ver Figura 6.16). Quando a pressão na base do *riser* (P1) for grande o suficiente para deslocar o líquido acumulado, todo este volume é abruptamente enviado para a plataforma. A partir deste momento a pressão P1 cai, e o ciclo se repete.

Existem várias soluções para evitar este escoamento em "golfadas", como, por exemplo, estrangular a válvula *choke* do *riser* até uma posição que elimine este efeito, mas o custo desta solução é uma grande diminuição na produção. Outra opção é o uso de equipamentos especiais [Sarica e Tengesdal, 2000], ou de sistemas de controle [Godhavn *et al.*, 2005ab].

Para estudar um sistema de controle que elimine as "golfadas" é necessário um modelo do mesmo. Existem modelos rigorosos para o estudo do escoamento multifásico, entretanto, para o controle o ideal é utilizar um modelo simples que contemple os principais fenômenos que se deseja estudar. Storkaas *et al.* (2003) propuseram um modelo simples para o estudo do controle, que contempla o efeito da válvula *choke*, e a transição para a instabilidade. A Figura 6.16 mostra que se dividiu a tubulação em três partes: na primeira só existe gás, na segunda o acúmulo de líquido e na terceira novamente só gás.

Figura 6.16 Modelo do escoamento com "golfadas".

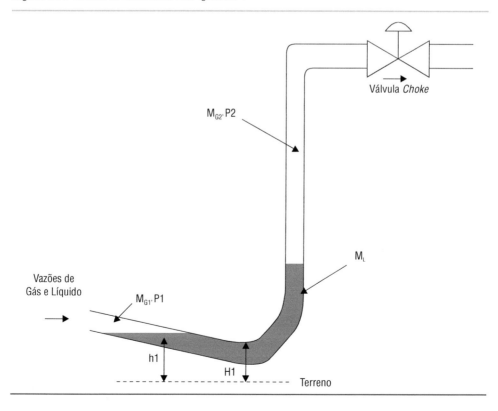

Para cada uma destas partes, existirá um balanço de massa:

$$\frac{dM_{G1}}{dt} = \dot{M}_G^{IN} - \dot{M}_G^{INTERNA} \qquad \frac{dM_L}{dt} = \dot{M}_L^{IN} - \dot{M}_L^{OUT} \qquad \frac{dM_{G2}}{dt} = \dot{M}_G^{INTERNA} - \dot{M}_G^{OUT}$$

Onde $\dot{M}_G^{IN}$ e $\dot{M}_L^{IN}$ são as vazões mássicas de produção. A $\dot{M}_G^{INTERNA}$ é a vazão mássica de gás que atravessa a barreira de líquido. Esta vazão depende da altura de líquido na tubulação (h_1) em relação ao ponto mais baixo (H_1).

$\dot{M}_G^{INTERNA} = k \times f(h_1) \times \sqrt{P1 - P2}$ onde $f(h_1) = {H_1 - h_1}/{H_1}$ se $h_1 \leq H_1$ e zero caso contrário. As vazões de líquido ($\dot{M}_L^{OUT}$) e de gás ($\dot{M}_G^{OUT}$) na saída são função da equação na válvula *choke* e da razão entre estas duas vazões.

$$\dot{M}_L^{OUT} + \dot{M}_G^{OUT} = K_{CHOKE} \times \sqrt{\Delta P}$$

$$\alpha_L = \frac{\dot{M}_L^{OUT}}{\dot{M}_G^{OUT}} = g(\dot{M}_G^{INTERNA}, \dot{M}_G^{IN}, \dot{M}_L^{IN})$$

Outros detalhes da função "g" e desta modelagem podem ser obtidos no trabalho de Storkaas *et al.* (2003). Neste trabalho, mostra-se que para um certo sistema,

Figura 6.17 Controle para eliminar o escoamento com "golfadas".

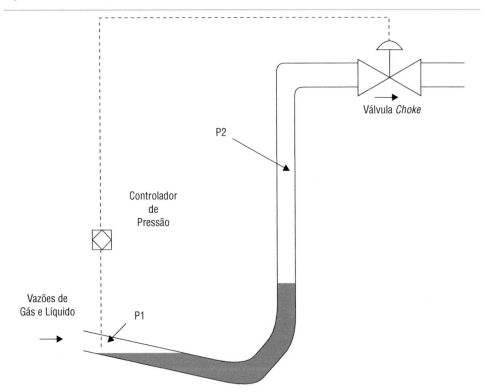

aberturas da válvula *choke* maiores que 13% levam a um sistema instável, onde existem duas pressões de equilíbrio possíveis, e o sistema oscila entre as duas.

Uma solução para evitar o escoamento em "golfadas" é colocar um controlador para manter constante a pressão na base do *riser* (P1), manipulando a abertura da válvula *choke* (ver Figura 6.17). Storkaas e Skogestad, (2005) mostraram que esta é a melhor estratégia de controle para este sistema instável com zeros positivos.

A Figura 6.18 mostra que o controle é capaz de eliminar as "golfadas", e estabilizar a pressão "P1". Até o tempo de 3000 segundos o sistema de controle está em manual, e as pressões do sistema oscilam em função de o escoamento ser em "golfadas". Neste tempo (3000 s), coloca-se o controle em automático com *setpoint* em 70.0 kgf/cm^2. Observa-se que com a manipulação da *choke* consegue-se eliminar este escoamento pulsante. No tempo de 5000 segundos, muda-se o *setpoint* para 69.0 kgf/cm^2 e o sistema responde satisfatoriamente. Para eliminar o escoamento em "golfadas" o controle manipula constantemente a *choke*, mas com um valor muito pequeno. No tempo de 7000 segundos, o controlador é colocado em manual, e o sistema volta a oscilar com o escoamento em "golfadas".

Figura 6.18 Controle elimina as instabilidades quando em automático.

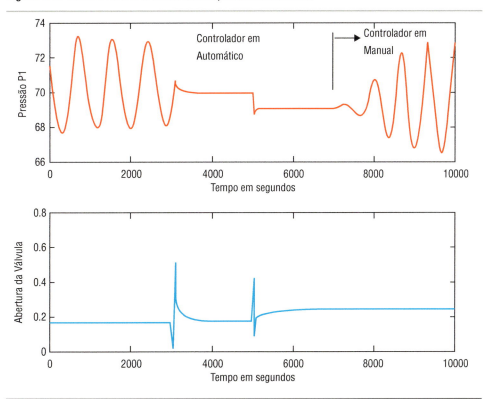

A estratégia mostrada anteriormente tem a desvantagem de necessitar de uma medição de pressão no fundo do mar, que é cara e de difícil manutenção. Outras estratégias de controle mais complexas (cascatas e cálculos), mas que utilizam apenas medições na plataforma próximas da *choke*, também existem para evitar este fenômeno [Godhavn *et al.*, 2005a]. Entretanto, a variável manipulada continua sendo a abertura da válvula *choke*. Portanto, a automação destas válvulas é fundamental para otimizar a produção de óleo da plataforma. Pois estes escoamentos em "golfadas", além de dificultar a separação e levar a possíveis paradas indesejadas, também diminuem a vazão média produzida. A Figura 6.19 mostra a foto de uma plataforma de petróleo.

Figura 6.19 Foto de uma plataforma de produção de petróleo.

6.5 Otimização de um controle de pressão

A Figura 6.20 mostra um sistema de controle de pressão (PIC), onde se deseja otimizar a sua operação. Neste sistema, a pressão da coluna é fixa através de um outro controlador não mostrado na figura. Em um sistema tradicional, o *setpoint* do PIC do vaso também seria fixo. Logo, quando a vazão de carga diminuísse, a válvula de controle operaria muito fechada. Isto poderia implicar em um custo energético maior do que o necessário para o sistema a montante. Por exemplo, um compressor ou bomba necessitaria comprimir o gás ou bombear o líquido até uma pressão mais elevada e, em seguida, parte desta energia seria perdida na válvula.

Figura 6.20 Otimização do processo através do controle de posição da válvula (ZIC).

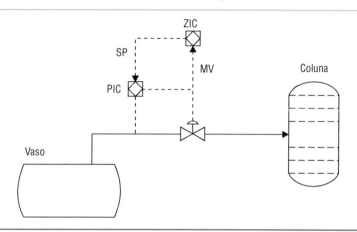

Outra estratégia de controle que otimiza este processo é mostrada na Figura 6.20. Coloca-se um outro controlador (ZIC) que lê a posição da válvula (MV) e se ela estiver muito fechada, ele diminui o *setpoint* do controle de pressão (PIC), para que a válvula opere em uma região ótima. Na outra direção, se a válvula estiver muito aberta, o ZIC aumenta o *setpoint* de pressão. Alguns cuidados devem ser tomados com este ZIC: como é uma cascata cujo objetivo é otimizar a operação, a sua sintonia deve ser mais lenta que a do PIC, deve-se colocar uma banda morta em torno do *setpoint* do ZIC e deve-se limitar a saída do ZIC entre uma pressão mínima e máxima para a operação segura da planta. O objetivo da banda morta é fazer com que, nesta faixa de abertura da válvula, a pressão fique estável, minimizando os efeitos dos ruídos. Isto é, se a região ótima de operação da válvula for 70%, coloca-se uma banda morta de 5%; logo, entre 65% e 75% de abertura da válvula, o ZIC tem o seu ganho zerado, e a sua saída fica constante no último *setpoint* válido de pressão. Fora da faixa, o ZIC opera normalmente como descrito anteriormente.

6.6 REFERÊNCIAS BIBLIOGRÁFICAS

[Bayazitoglu e Özisik, 1988], "Elements of heat transfer", International edition. McGraw-Hill, Inc. New York, Cap.10. pp. 303-326.

[Campos e Saito, 2004], "Sistemas Inteligentes em Controle e Automação de Processos", Ed. Ciência Moderna.

[Chin, 1979], "Guide to distillation pressure control methods.", Hydrocarbon Processing, October, pp. 145-153.

[Durand, 1980], "Sizing hot-vapors bypass valve", Chemical Engineering, August 25, pp. 111-112.

[Godhavn et al., 2005a], "New slug control strategies, tuning rules and experimental results", Journal of Process Control, V. 15, pp. 547-557.

[Godhavn et al., 2005b], "Increased Oil Production by Advanced Control of Receiving Facilities", 16th IFAC World Congress, Praga.

[Holland, 1980], "Fluid flow for chemical engineers", 2 ed. Edward Arnold Publishers Ltd. London.

[Incropera e DeWitt, 1990], "Fundamental of heat and mass transfer", 3 ed. John Wiley & Son, Inc. Singapore, Cap. 10. pp. 587-637.

[Lieberman, N. e Lieberman, E., 1997], "A working guides to process equipment: How process equipment works", 1 ed. McGraw-Hill, Inc: New York, Cap. 13. pp. 147-161.

[Luyben, 2004], "Alternative Control Structures for Distillation column with partial Condensers", Ind. Eng. Chem. Res., 43, pp. 6416-6429.

[Sarica e Tengesdal, 2000], "A new technique to eliminating severe slugging in pipeline/riser systems", SPE Annual Technical Conference and Exibition, Dallas, Texas, USA.

[Silva et al., 2003], "Implementação de Controle Preditivo Multivariável na Unidade de Olefinas II da Braskem", 6° Seminário de Produtores de Olefinas e Aromáticos, São Paulo.

[Sloley, 1998], "Troubleshooting with exchanger liquid levels", AIChE Spring Meeting: Symposium on Industrial Applications in Process Heat Transfer, New Orleans – Louisiana – pp. 8-12 March.

[Sloley, 2001], "Effectively Control Column Pressure", Chemical Eng. Progress, pp. 38-48, Jan.

[Storkaas et al., 2003], "A low-dimensional dynamic model of severe slugging for control design and analysis", Proc. Of MultiPhase 2003, San Remo, Italia, 11-13 Junho.

[Storkaas e Skogestad, 2005], "Controllability analysis of an unstable, non-minimum phase process", 16th IFAC World Congress, Praga.

[Tudidor, 1996], "Modelo para cálculo do *hot-bypass*". Relatório não publicado. Revisão 0. Petrobras/CENPES. 07/02/1996.

[Whistler, 1954], "Locate condenser at ground level", Petroleum Refiner, V. 33, N. 3, March, pp. 173-174.

7

Controle
de bombas
industriais

controle de bombas industriais

7 Controle de bombas industriais

Neste capítulo será feita uma introdução às bombas industriais e aos seus principais controles. Serão estudadas principalmente as bombas centrífugas, que são as mais utilizadas na indústria.

7.1 Introdução às bombas industriais

O princípio de funcionamento de uma bomba centrífuga é o seguinte: o impelidor da mesma fornece energia ao fluido, acelerando o mesmo, que em função de uma força centrífuga escoa para a periferia do impelidor. Desta forma, o líquido adquire velocidade radial e cria uma zona de baixa pressão na sucção da bomba, que força o escoamento do fluido da tubulação de sucção para preencher este vazio.

Na periferia do impelidor existe um difusor, onde o aumento da área faz com que a velocidade diminua e a pressão do fluido aumente. Existem bombas onde são necessários vários estágios com impelidores e difusores para se alcançar a pressão desejada na descarga da máquina. A Figura 7.1 mostra um corte de uma bomba centrífuga, com o impelidor em amarelo acoplado ao eixo, a admissão do fluido na horizontal, e o difusor na vertical.

Figura 7.1   Corte de uma bomba centrífuga [Sulzer, 2005].

O teorema de Bernoulli, que representa um caso particular da conservação de energia aplicada ao escoamento de um fluido, afirma que:

$$Z_1 + \frac{P_1}{\rho \times g} + \frac{V_1^2}{2g} = Z_2 + \frac{P_2}{\rho \times g} + \frac{V_2^2}{2g}$$

Onde:
Z_i – Altura relativa no ponto "i" do escoamento
P_i – Pressão no ponto "i" do escoamento
V_i – Velocidade do fluido no ponto "i" do escoamento
ρ – Massa específica do fluido
g – Aceleração da gravidade

Esta equação mostra que a energia potencial gravitacional, proporcional à altura relativa do ponto, mais a energia associada à pressão do fluido, mais a energia cinética do mesmo é constante ao longo do escoamento. Na prática, existe sempre uma perda de energia associada ao atrito, conhecida como a perda de carga do sistema (h_f) entre os pontos do escoamento. Logo, a equação anterior se transforma em:

$$Z_1 + \frac{P_1}{\rho \times g} + \frac{V_1^2}{2g} = Z_2 + \frac{P_2}{\rho \times g} + \frac{V_2^2}{2g} + h_f$$

A expressão para a perda de carga do sistema pode em alguns casos ser calculada pela seguinte equação:

$$h_f = \text{fator} \times \frac{L}{D} \times \frac{V^2}{2g}$$

Onde:
L – Comprimento ou distância entre os pontos 1 e 2
D – Diâmetro da tubulação
V – Velocidade média do fluido no trecho
fator – Fator que depende da geometria do trecho

Portanto, a perda de carga em um trecho do escoamento será tanto maior quanto maior for o comprimento deste trecho, quanto menor for o diâmetro da tubulação e quanto maior for a velocidade do fluido. A geometria do trecho também é importante, quanto maior for o número de curvas maior será esta perda de carga.

Ao se introduzir uma bomba centrífuga em um ponto da tubulação, este equipamento é capaz de fornecer energia ao fluido, e a equação de conservação de energia entre a sucção (índice "S") e a descarga (índice "D") da mesma será:

$$H = (Z_D - Z_S) + \left(\frac{P_D}{\rho \times g} - \frac{P_S}{\rho \times g} \right) + \left(\frac{V_D^2}{2g} - \frac{V_S^2}{2g} \right)$$

Esta energia fornecida é especificada normalmente na prática pelo *head* ("H" da equação anterior), que representa a energia por unidade de peso fornecida ao fluido. Os fabricantes das bombas costumam fornecer as curvas de desempenho das suas bombas, que são gráficos do *head*, da eficiência e da potência necessária em função da vazão volumétrica bombeada. Estas curvas consideram normalmente a água como sendo o fluido a ser bombeado. A curva *head* x vazão ($H \times Q$) pode sofrer alterações se o fluido real for muito diferente da água (massa específica e viscosidade). Mas a potência necessária (*Pot*) ao bombeamento é que sofre uma influência mais direta da massa específica (ρ) e da eficiência da bomba (η).

$$Pot = \frac{H \times Q \times \rho}{\eta}$$

A Figura 7.2 mostra as curvas de desempenho de uma bomba centrífuga. Observa-se que quanto maior a vazão volumétrica a ser bombeada menor será o *head* que a bomba é capaz de fornecer ao líquido, e maior será a potência requerida do acionador. A eficiência da bomba também tem um valor máximo próximo ao ponto de projeto da mesma, e cai tanto para vazões baixas, quanto para vazões altas. Assim, em vazões baixas, como a eficiência também será baixa, a maior parte da energia fornecida pelo acionador não irá para escoar o líquido ($H \times Q \times \rho$ da equação anterior), mas sim, será perdida aquecendo este líquido. Portanto, operar a bomba em vazões baixas não é recomendável, pois o líquido e a carcaça da máquina serão aquecidos, e existe um limite de temperatura máxima de operação da bomba.

O ponto de operação da bomba depende do sistema onde a mesma está instalada. Este sistema, composto de tubulações, válvulas etc., impõe que a bomba forneça ao fluido uma energia capaz de vencer as perdas de carga associadas a estes obstáculos e também as alturas e distâncias entre os pontos iniciais e finais de escoamento.

Sendo os pontos "1" e "2", respectivamente os pontos inicial e final para o escoamento, e que possuem pressões controladas, então o *head* necessário será:

$$H = (Z_2 - Z_1) + \left(\frac{P_2}{\rho \times g} - \frac{P_1}{\rho \times g}\right) + \left(\frac{V_2^2}{2g} - \frac{V_1^2}{2g}\right) + h_{fS} + h_{fD} \cong \left[(Z_2 - Z_1) + \left(\frac{P_2}{\rho \times g} - \frac{P_1}{\rho \times g}\right)\right] + h_{fT}$$

Portanto, o *head* necessário pode ser dividido em uma parte estática (H_{EST}), que só depende da instalação (termo entre colchetes na equação anterior) e uma parte dinâmica que são as perdas de cargas nas tubulações ($H_{DINÂMICO} = h_{fT}$), que dependem da vazão: $H = H_{EST} + h_{fT}$.

Traçar o *head* necessário em função da vazão volumétrica da bomba dá origem a uma curva conhecida como a "curva do sistema". O ponto onde a curva do sistema encontra a curva da bomba é o ponto operacional ou de funcionamento do processo. A Figura 7.3 mostra um exemplo.

Figura 7.2 Curvas de desempenho de uma bomba centrífuga.

Pump type and plant:	Petrobras P-50 GSG 151- 360 - d-3s + 4s/24	SULZER PUMPS

				Design Point		
Pump Medium:	Sea Water	Shaft speed:	3580 rpm	flow Q	=	407 m3/h
Density:	1033.0 kg/m3	Stage Number:	1	head H	=	1´940m
Temperature:	25-36 °C	nq:	24	power P	=	3´487kW
kinem. Viscosity:	0.75 mm2/s	Basis:	D21999_d_s	efficiency	=	77.1%
				npah-3%	=	7.9m
				npah-av	=	21.55m

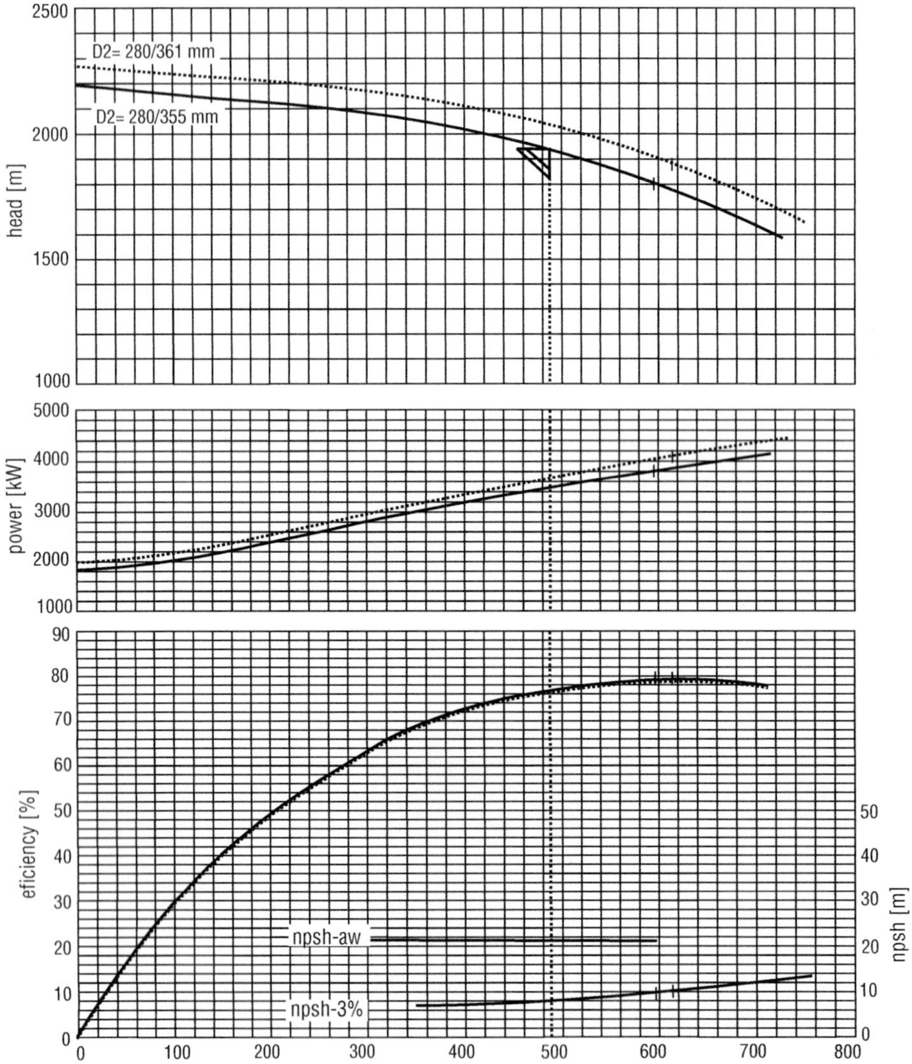

Revision	0	1	2	Drwg nº: 4-104.192.882
	28.06.01/BW	S.Looser July 18 th, 2003		

Figura 7.3 Curva do sistema e da bomba centrífuga.

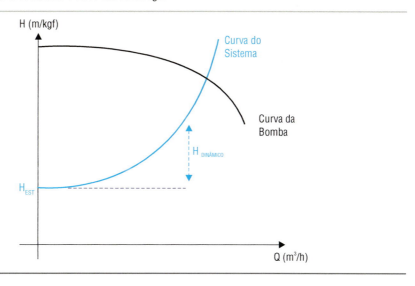

O *head*, a vazão e a potência de uma bomba centrífuga variam com a rotação (N) da mesma [Mattos e DeFalco, 1989]. As equações abaixo mostram estas grandezas quando a rotação passa de um valor "1" para um valor "2":

$$\frac{Q_1}{Q_2} = \left(\frac{N_1}{N_2}\right) \qquad \frac{H_1}{H_2} = \left(\frac{N_1}{N_2}\right)^2 \qquad \frac{Pot_1}{Pot_2} = \left(\frac{N_1}{N_2}\right)^3$$

Observa-se que a vazão é proporcional à rotação, o *head* é proporcional ao quadrado da vazão, e a potência é proporcional ao cubo da vazão.

7.2 Exemplos de controles associados às bombas industriais

Uma bomba é colocada em um sistema para permitir que um líquido escoe entre pontos do mesmo. Na prática, deseja-se também controlar este escoamento. Por isso coloca-se um controlador de vazão neste sistema. O controle deve ser capaz de variar o ponto de operação da bomba, e isto pode ser feito principalmente de três maneiras:

- ☐ Atuando na curva do sistema, através de uma válvula.
- ☐ Atuando na curva da bomba, através de um variador de rotação.
- ☐ Recirculando parte da vazão de volta para a sucção.

7.2.1 Controle de vazão da bomba com válvula

A primeira opção é a mais utilizada na prática. A Figura 7.4 mostra esta opção.

Figura 7.4 Controle de vazão com válvula na descarga da bomba.

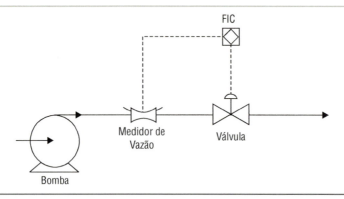

Neste caso, instala-se um medidor de vazão após a bomba (não se deve instalar a medição após a válvula em função da turbulência e do risco de fluido bifásico), e uma válvula que será estrangulada (aumentando a perda de carga) para mudar a curva do sistema. Quando o controlador mede uma vazão abaixo do valor desejado, ele envia um sinal para abrir a válvula na descarga, de forma a diminuir a perda de carga e fazer com que a curva do sistema se desloque para a direita, aumentando a vazão. A Figura 7.5 mostra esta opção.

Esta estratégia de controle tem a desvantagem de gastar mais energia, pois o líquido é bombeado para uma pressão maior do que a necessária e em seguida ocorre uma queda de pressão e de energia na válvula. A grande vantagem deste controle é a simplicidade.

Figura 7.5 Curva do sistema mudando em função da abertura da válvula.

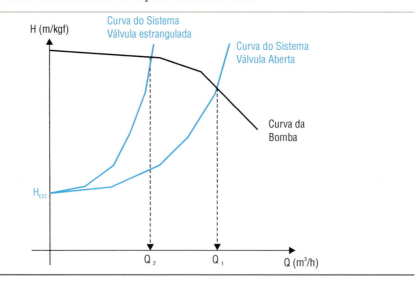

7.2.2 Controle de vazão da bomba com variador de velocidade

A outra opção de controle de vazão de uma bomba é atuar na rotação do atuador ou acionador. As turbinas a vapor permitem este controle, assim como os motores elétricos que possuem dispositivos para variar a sua velocidade (ex. inversor de frequência). A Figura 7.6 mostra esta estratégia de controle de vazão da bomba, em que não é mais necessária uma válvula de controle. Neste caso, a variação da rotação muda o *head* e, consequentemente, a curva da bomba, de maneira que se consegue controlar a vazão para uma determinada curva do sistema, a Figura 7.7 ilustra este controle.

Figura 7.6   Estratégia de controle de vazão da bomba pela sua rotação.

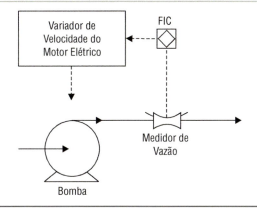

Figura 7.7   Curva da bomba mudando em função da rotação.

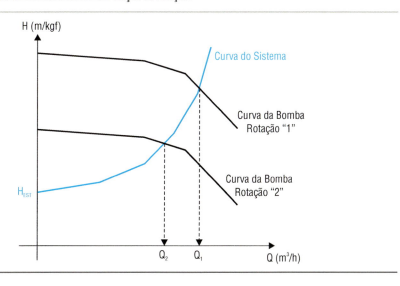

Este tipo de controle tem a vantagem de não desperdiçar energia, caso se consiga operar variando razoavelmente a rotação. Na literatura, existem exemplos de redução entre 10% e 50% no consumo de energia elétrica através do uso de variadores de velocidade. Como foi visto, a potência necessária ao bombeamento é:

$$\text{Pot} = \frac{H \times Q \times \rho}{\eta}$$

No rendimento (η) pode-se incluir a eficiência da bomba e do motor. Logo para se determinar a redução no consumo de energia deve-se estimar o tempo em que a bomba operará em cada vazão, e para cada vazão estimar a potência considerando ou não o uso do variador pela equação acima. Depois deve-se fazer uma média ponderada dos ganhos pelos tempos de operação em cada vazão. A Figura 7.8 mostra que ganho de energia em um certo sistema depende da diferença entre o *head* da operação com e sem variador.

$$\text{Ganho} = \Delta \text{Pot} = \frac{\Delta H \times Q \times \rho}{\eta}$$

Figura 7.8 Ganho de energia com o variador para um sistema.

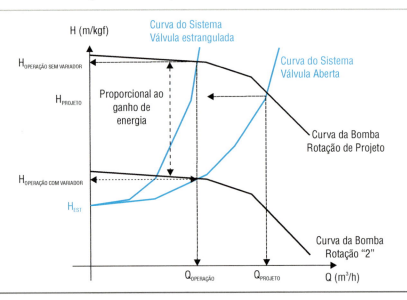

Por exemplo, se esta bomba atua para garantir o escoamento de petróleo em um oleoduto, então a curva do sistema costuma ter um *head* estático quase nulo, de forma que a rotação da bomba pode variar em um *range* considerável, como entre 1000 RPM (rotações por minuto) e 3000 RPM. As potências envolvidas também são elevadas, de maneira que se consegue uma grande economia de energia.

Outra grande vantagem deste tipo de controle é que o variador de rotação permite uma partida muito mais suave do motor elétrico, evitando danos aos mancais, e, portanto, minimizando os problemas de manutenção nas bombas e nos motores. A operação contínua do sistema costuma ser realizada em uma rotação menor, o que também minimiza os desgastes e a manutenção das bombas.

Para o sistema elétrico, as partidas dos grandes motores (de potências elevadas) ficam extremamente facilitadas, pois os variadores de rotação permitem uma partida em rotação baixa e com uma corrente de partida também mais baixa (motores sem variadores costumam ter uma corrente de partida dez vezes maior do que a normal de operação). Portanto, mesmo quando as potências envolvidas são pequenas (caso de bombas internas a uma unidade industrial) e os ganhos econômicos pequenos, as vantagens deste controle são a facilidade de partida e a operação dos equipamentos em condições mais suaves que diminuem a necessidade de manutenção.

O fato de eliminar em muitos casos as válvulas de controle também tem a vantagem de minimizar os vazamentos de produtos tóxicos, e eliminar a manutenção das mesmas.

Existem, entretanto, sistemas, onde o *head* estático é elevado e a perda de carga no sistema é relativamente pequena, logo uma pequena diminuição da rotação faz com que a vazão caia a zero. Portanto, nestes sistemas não se conseguirá um grande ganho de energia, já que a rotação não poderá diminuir muito, e a diferença entre o *head* da operação com e sem variador será pequena. A saída do controlador (0 – 100%) neste caso corresponderá a um *range* de rotação muito pequeno, como por exemplo entre 3300 e 3600 RPM. Este fato irá gerar uma dificuldade de ajuste ou sintonia do PID na prática, pois o ideal seria que a saída do controlador variasse entre a vazão zero (0%) e a vazão máxima (100%). A vazão máxima corresponde à rotação máxima, mas a vazão zero corresponde a uma rotação que depende do *head* estático do sistema. Caso se ajuste a rotação mínima do variador em um valor muito abaixo deste mínimo real, por exemplo 1000 RPM, então o controlador estará sem ação em rotações abaixo de 3300 RPM para este exemplo. A tabela abaixo mostra este exemplo.

Saída do Controlador	Rotação	Vazão	Observação
100%	3600	Máxima	
88,5%	3300	0	A partir deste ponto, a vazão já é zero e o controlador não é mais efetivo.
0%	1000	0	

Portanto, este controle de vazão atuando na rotação da bomba apresenta esta dificuldade de se ajustar a rotação mínima da bomba na qual a sua vazão é zero, que corresponde à saída 0% do controlador. Se a curva do sistema for muito plana, então pequenas variações de rotação provocam uma grande variação de vazão, principalmente abaixo de um certo valor de vazão. Na prática, pode-se colocar um batente de mínima na saída do controlador, de forma que a rotação não caia abaixo de um certo valor. Portanto, neste caso, o ganho do processo será muito grande, o que também dificulta a sintonia do PID. A Figura 7.9 mostra a sensibilidade da vazão para pequenas variações de rotação.

Figura 7.9 Dependendo do sistema, o *range* de variação da rotação pode ser pequeno.

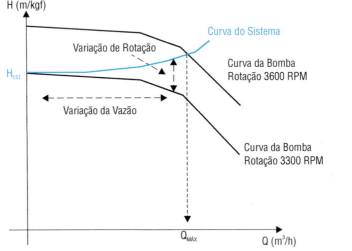

Outro problema desta estratégia pode ocorrer quando se controla o nível de fundo de uma coluna manipulando o *setpoint* da vazão, que atua na rotação da bomba de fundo da coluna. Quando o nível cai, o controle de vazão pode diminuir a rotação até zero, mas dependendo da pressão e da altura da torre mesmo com a bomba parada, o nível pode continuar a cair. A solução para este problema é aumentar a perda de carga do sistema, por exemplo, estrangulando uma válvula de bloqueio no sistema de fundo.

Esta estratégia também não é adequada para malhas de vazão que necessitam de uma resposta muito rápida (ganhos elevados acima de 5), já que os inversores de frequência não permitem esta variação brusca e costumam desarmar.

Portanto, esta solução do inversor de frequência não se aplica a todos os casos, mas deve sempre ser avaliada, pois este equipamento está cada vez mais barato (principalmente para tensões de até 690 V, e potências de 300 HP), facilita a partida, diminui a manutenção da bomba e do motor, e na maioria dos casos elimina a necessidade da válvula de controle. Esta estratégia de controle também é confiável, e já existem unidades industriais em que 60% dos controles de vazão a utilizam, sem a necessidade das válvulas. O Item 7.3 deste capítulo apresenta uma introdução aos variadores de velocidade de motores elétricos.

Também existem variadores mecânicos de rotação que atuam no acoplamento entre o motor e a bomba para variar a rotação. Neste caso, o motor permanece sempre na sua rotação de projeto, o que facilita a sua refrigeração, e através do controle do nível de um fluido hidráulico no acoplador, se consegue fornecer mais ou menos potência para a bomba e desta forma variar a sua rotação [Voith, 2005]. Estes equipamentos são robustos, confiáveis e estão sendo utilizados em bombas de exportação de óleo de plataformas de produção de petróleo.

7.2.3 Controle de vazão da bomba com recirculação

A terceira opção de controle de vazão de uma bomba é a recirculação. Esta estratégia de controle tem a grande desvantagem de não ser eficiente, pois se gasta uma energia elevando a pressão do líquido, para depois desperdiçá-la recirculando o líquido para a sucção. A Figura 7.10 mostra esta estratégia de controle.

Figura 7.10 Controle de vazão por recirculação.

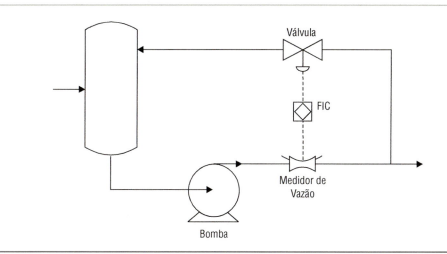

Este controle também pode estar associado a uma outra estratégia de controle, por exemplo, controla-se a vazão normalmente variando a rotação do acionador, mas este pode ter um limite de rotação mínima, e aí se coloca o controle de recirculação para vazões pequenas.

Este controle também é utilizado muitas vezes para proteger a bomba de vazões muito pequenas, onde não é aconselhável operar esta máquina, em função do aquecimento devido à baixa eficiência, e de esforços desbalanceados que surgem nesta condição [Affonso, 2002]. Neste caso, o *setpoint* do controlador de vazão (FIC) é ajustado na vazão mínima da bomba. Sempre que o processo solicitar uma vazão abaixo desta mínima, o controle recircula, fazendo com que a vazão pela bomba fique constante e igual a este valor mínimo. Alguns fabricantes de bombas já vendem os seus equipamentos com uma válvula automática de recirculação por vazão volumétrica mínima [Yarway, 2005]. Assim sempre que a vazão atinja este mínimo, o sistema recircula e protege a bomba. Este tipo de válvula não costuma permitir um controle gradual tendo a tendência de ser "liga-desliga" (*on-off*).

Outra opção para controlar a vazão mínima pela bomba é colocar um controlador de pressão, cujo *setpoint* é a pressão, associada a esta vazão na curva da bomba, para a rotação de operação. Assim, se a pressão medida for menor que o *setpoint*, então o reciclo estará fechado, caso contrário, estará aberto. A vantagem desta estratégia é a simplicidade, pois independe do número de bombas em paralelo. A desvantagem é que quando a bomba possui uma curva muito plana, e existe um pequeno erro no ajuste, na medição ou na curva real da bomba, então a vazão controlada pode variar muito, e o controle pode não proteger o equipamento. A solução neste caso seria utilizar um *setpoint* com uma folga elevada, o que não é economicamente interessante.

Outro problema com a recirculação é que ela tende a aquecer a bomba, já que o líquido bombeado tem uma temperatura maior na descarga do que na sucção. Logo, deve-se procurar recircular o fluido para um tanque-pulmão e não para a sucção da bomba, de forma a retardar o aumento de temperatura.

Este aumento de temperatura do líquido na sucção da bomba também pode causar uma instabilidade operacional chamada de "cavitação". Quando a bomba cavita, a sua vazão bombeada cai abruptamente e o controle de vazão pode ficar inoperante.

Este fenômeno de cavitação pode ser explicado de forma simplificada da seguinte maneira: quando o líquido escoa pela bomba, inicialmente a sua pressão cai em função das perdas de carga (atrito), se esta pressão absoluta cair abaixo da pressão de vapor então ocorrerá vaporização e serão formadas bolhas que escoam com o líquido. Estas bolhas, ao encontrarem uma região de alta pressão, irão colapsar. Esta implosão das bolhas é conhecida como "cavitação" e provoca danos no impelidor (pode-se atingir pressões localizadas de até 3500 atmosferas e temperaturas de até 800 °C [Sayers, 1990]) e perdas de eficiência da bomba (queda da vazão). A Figura 7.11 ilustra um exemplo de modificação da curva da bomba em função da cavitação, com a consequente queda da vazão bombeada.

Para evitar a cavitação, deve-se impedir que a pressão no interior da bomba caia abaixo da pressão de vapor. Para analisar o fenômeno pode-se converter o *head* (energia manométrica por unidade de peso) na sucção para valores absolutos, adicionando-se a pressão atmosférica local, e diminuir a pressão de vapor:

$$NPSH_D = h_S + \frac{P_{ATM}}{\rho g} - \frac{P_V}{\rho g} = h_S + \frac{(P_{ATM} - P_V)}{\rho g}$$

Esta equação é conhecida como o $NPSH_D$ (*Net Positive Sucction Head*), que é a energia disponível na entrada da bomba e que depende apenas do sistema e não da bomba. Os fabricantes das bombas, considerando a geometria e as perdas dos seus

Figura 7.11 Modificação da curva da bomba em função da cavitação.

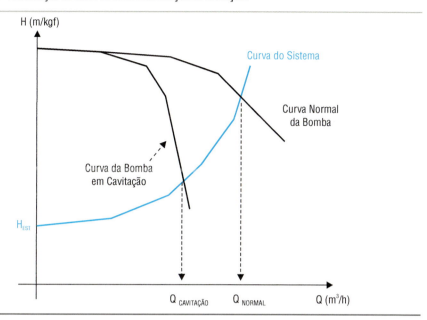

equipamentos calculam o $NPSH_{REQUERIDO}$, que é a energia requerida para uma certa vazão na entrada da bomba que evita a cavitação.

Com o aumento da vazão bombeada, a perda de carga do sistema na sucção da bomba cai, logo o $NPSH_D$ também diminui. Já o $NPSH_{REQUERIDO}$ pela bomba aumenta, pois a perda de carga interna aumenta, logo necessita-se de mais energia na sucção para evitar a cavitação. Em resumo, o $NPSH_D$ deve ser sempre maior que o $NPSH_{REQUERIDO}$ para uma operação sem risco de cavitação. A Figura 7.12 mostra que o ponto de encontro das duas curvas é a vazão máxima da bomba sem cavitação. Esta é uma outra restrição para a operação da bomba em altas vazões, que pode necessitar em alguns casos de um controle.

O controle por recirculação tende a aumentar a temperatura do líquido na sucção da bomba, e como a pressão de vapor do líquido aumenta com esta temperatura, a bomba fica mais sujeita à cavitação.

Obstruções na linha de sucção, como sujeira nos filtros da bomba, aumentam a perda de carga do sistema e fazem com que o $NPSH_D$ disponível seja menor, podendo levar a bomba para a cavitação. Para maiores detalhes sobre este fenômeno, consultar [Mattos e DeFalco, 1989], [Lobanoff e Hoss, 1992] e [Sayers, 1990].

Na partida da bomba, costuma-se fechar a sua válvula de bloqueio na descarga, de maneira que a vazão seja zero, e a corrente elétrica de partida do motor seja a menor possível. Isto é importante principalmente para motores de alta potência que podem ter uma corrente de partida tão alta, que, além de perturbar o sistema elétrico,

Figura 7.12 Máxima vazão de operação de uma bomba sem cavitação.

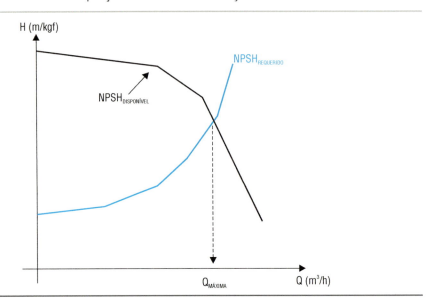

pode impedir a sua partida em função da abertura do seu disjuntor de proteção. Esta operação da bomba é conhecida como *shutoff* e deve ser a mais curta possível, pois, durante esta fase toda, a energia do motor estará sendo usada para aquecer o líquido confinado, acarretando o aquecimento da bomba.

Quando se utiliza uma válvula de controle para manter a vazão da bomba no valor desejado, deve-se sempre instalar esta válvula na descarga da bomba, pois, caso contrário, ela poderia, em uma situação de fechar, e, levar a bomba para uma situação de cavitação.

7.3 Variadores de rotação de motores elétricos de indução

Os variadores de rotação dos motores devem ser confiáveis e permitir um bom controle em toda a região de operação, sem sobreaquecimento. Existem na prática os variadores de rotação elétricos e os eletromecânicos.

Os variadores de rotação elétricos mais utilizados na prática são os inversores de frequência do tipo PWM (*Pulse Width Modulated*). Estes inversores VFD (*Variable Frequency Driver*) têm por objetivo controlar a frequência da corrente e tensão da rede, de modo a controlar a rotação dos motores.

Sabe-se que a rotação dos motores é proporcional à frequência da rede:

$$\text{Rotação} = \frac{\text{frequência} \times 120}{\text{números de polos do motor}}$$

Portanto, controlando-se a frequência, se controla indiretamente a rotação. Entretanto, quanto maior for a carga mecânica ou o torque necessário, maior será a diferença entre a rotação real do motor de indução e o valor da equação anterior, que é conhecida como velocidade síncrona. Esta diferença é conhecida como escorregamento (*slip*) e costuma ser da ordem de 3% para motores NEMA B na velocidade síncrona. Assim, um motor de 1800 RPM opera na sua carga nominal com 1746 RPM.

Um motor elétrico movimenta a sua carga devido a um acoplamento magnético. Para isto, estabelece-se no estator da máquina uma corrente alternada em uma certa frequência, que gera um campo magnético girante na velocidade síncrona da equação anterior. Este campo induz no rotor correntes elétricas, que também geram um campo magnético que tende a ser atraído pelo outro. Assim, o rotor passa a girar, mas se ele girasse na mesma velocidade síncrona, então deixaria de existir correntes elétricas induzidas, e não haveria campo magnético nem força, de forma que o rotor tenderia a parar. Portanto, para que o motor de indução funcione é necessário existir um escorregamento ou diferença de velocidade entre ele e o campo magnético girante na velocidade síncrona.

No caso de motores síncronos, deve-se forçar a existência de um campo magnético permanente no rotor através de uma outra corrente elétrica, e neste caso não existirá o escorregamento, mas este tipo de motor está fora do escopo deste trabalho.

Portanto, o rotor é "empurrado" pelo campo magnético girante produzindo um certo torque. Quanto maior for o torque requerido, maior deve ser o escorregamento, para induzir uma corrente e, consequentemente, um campo magnético de maior intensidade que produz o torque desejado. Caso não se queira este aumento do escorregamento, então pode-se aumentar a tensão de alimentação da rede, e, consequentemente, a corrente e o campo magnético girante de forma a compensar este torque maior. Esta estratégia é utilizada nos variadores de frequência que trabalham com a razão "tensão/frequência" constante e que serão estudados neste capítulo. A Figura 7.13 mostra um esquema simplificado de um variador.

Figura 7.13 Esquema do variador de frequência.

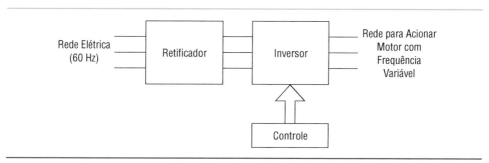

Existe toda uma eletrônica de potência para retificar (diodos) a tensão alternada da rede (60 Hz), gerando uma corrente contínua, e em seguida um sistema de controle dispara ou não os transistores, de forma a gerar um conjunto de pulsos de tensão para o motor, que produz uma corrente alternada na frequência desejada. Controla-se, desta forma, a amplitude do pulso de tensão para produzir uma corrente o mais senoidal possível de maneira a minimizar os harmônicos que geram aquecimento nos motores. Assim existe um sistema de controle, que toda vez que a corrente medida tende a ultrapassar o seu *setpoint* senoidal, corta a tensão, e vice-versa. Existem variadores na prática que têm uma frequência de chaveamento da ordem de 20 kHz para ter uma corrente bem senoidal (diminui o barulho e o aquecimento do motor). A Figura 7.14 ilustra este variador, com uma tensão constante em um determinado momento em que se deseja uma corrente com certa frequência.

A tensão costuma variar de forma a manter uma razão "tensão/frequência" constante. A teoria por detrás deste controle de razão é que na maioria dos casos quando se deseja uma frequência maior (motor com velocidade maior) é porque a carga mecânica também está maior, logo aumentando a amplitude da tensão, a corrente e o campo girante no motor serão mais fortes, e o torque do motor será maior. O risco desta estratégia é saturar o material magnético utilizado, e gerar uma alta temperatura no motor, reduzindo a vida do mesmo.

Nos variadores de frequência atuais existe todo um sistema de controle de forma a evitar este e outros problemas que podem comprometer a vida dos motores (cor-

Figura 7.14 Esquema do variador de frequência do tipo PWM (tensão – V e corrente – I).

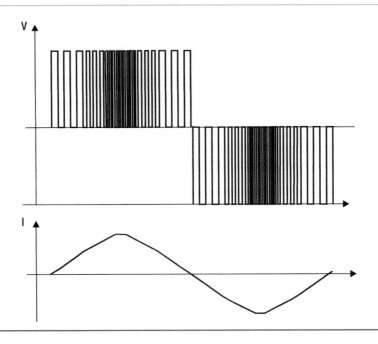

rentes induzidas nos mancais, altas tensões devidas ao chaveamento – danificando o isolamento elétrico etc.). Atualmente, pode-se afirmar que estes equipamentos são extremamente confiáveis quando bem projetados para o motor, o tipo de aplicação e a instalação.

A Figura 7.15 mostra um esquema simplificado do controle de um variador de frequência do tipo PWM (*Pulse Width Modulated*) com controle de razão "tensão/frequência". O escorregamento é maior quanto maior for o torque e quanto menor for a rotação desejada de operação. Existem outros sistemas de controle que geram um controle mais preciso de rotação, mas que estão fora do escopo deste trabalho.

Existem vários fabricantes de variadores de velocidade (inversor de frequência) de motores, por exemplo: [Allen-Bradley, 2005] e [Weg, 2005].

Figura 7.15 Exemplo de um esquema de controle do variador de frequência PWM.

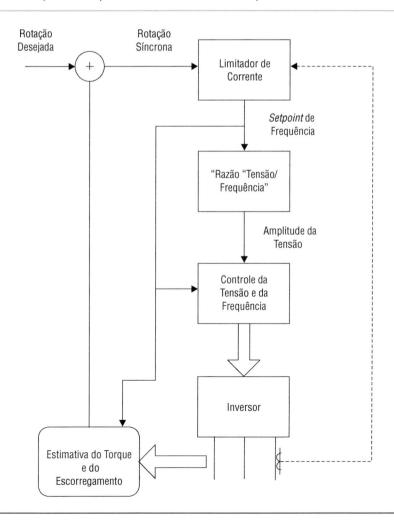

7.4 Exemplos de controles de sistemas de bombeamento

7.4.1 Sistemas de bombeamento de água de caldeiras

O primeiro caso a ser analisado é um sistema de bombeamento de água de caldeira de uma refinaria. Este sistema apresentava muitos problemas operacionais, que levaram até a parada geral da refinaria por falta de vapor e energia. Este sistema tinha o seguinte quadro:

- Existiam 3 bombas de água de caldeira, sendo que uma única bomba era capaz de fornecer grande parte da água necessária para as plantas.

- A refinaria relatou problemas de cavitação nas bombas quando os reciclos que garantem uma vazão mínima são abertos. Ela suspeitava que as válvulas de reciclo estavam superdimensionadas.

- A estratégia de controle a ser elaborada deve evitar que a pressão do sistema atinja um valor alto, já que há suspeitas de que o sistema não suporta a pressão de *shutoff* das bombas.

- Foi informado pela refinaria que existe uma válvula de retenção após a linha de reciclo, ou seja, na linha que vai para o processo. Assim, é possível recircular com a bomba isolada do sistema pela válvula de retenção.

Figura 7.16 Sistema antigo de controle das bombas.

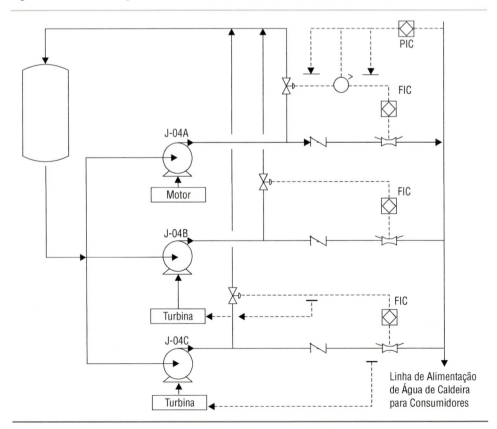

Controle de bombas industriais

A Figura 7.16 mostra o sistema de controle que estava em operação. Observa-se que o controlador de recirculação mínima irá instabilizar a malha, independentemente da sua sintonia, pois quando a vazão cair abaixo do seu *setpoint*, ele irá abrir o reciclo que fará com que a vazão caia ainda mais, até abrir todo o reciclo. O erro desta malha foi na localização da medição de vazão. A placa deveria estar medindo a vazão total na descarga da bomba, e não a vazão que vai para o processo.

Como existia uma bomba acionada com motor e duas com turbinas a vapor, controla-se a pressão da linha de alimentação de água para os consumidores em *split-range* atuando na recirculação para a bomba com motor, e nas vazões de vapor para as turbinas. Para que o controlador de vazão mínima também atue na recirculação da bomba acionada com motor em caso de vazão baixa, colocou-se um seletor de maior (controle em *override*) na saída do controlador de pressão do *header*.

Estratégia proposta

É necessário um controle que ajuste a capacidade do sistema, mantendo uma vazão mínima pelas bombas e que evite que as mesmas entrem em *shutoff*. Para isto, propõe-se uma modificação na estratégia de controle, conforme a Figura 7.17. Existirão dois con-

Figura 7.17 Sistema de controle proposto para as bombas.

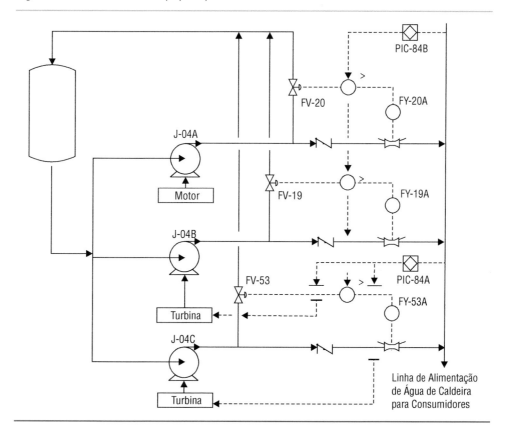

troladores de pressão medindo a pressão de descarga das bombas. Cada um destes dois controladores terá um *setpoint* diferente e atuarão em regiões diferentes de operação.

Com o sistema operando com uma vazão de água compatível com a faixa de operação das bombas, a pressão do *header* é controlada acelerando ou desacelerando as turbinas de modo a equilibrar o consumo. Esse controle é feito pelo PIC-84A. Deve ser configurado um batente de rotação mínima das turbinas na saída do PIC-84A.

Com o sistema trabalhando com uma bomba acionada a motor, a outra bomba, acionada pela turbina irá variar sua velocidade, de modo a completar a vazão demandada pelo consumo de água. Caso esse consumo suba, a turbina será acelerada, podendo chegar até o limite de rotação máxima; numa queda de consumo, a turbina será desacelerada. Durante este caso operacional, a pressão do *header* será igual ao *setpoint* do PIC-84A. Caso se atinja a rotação mínima, a válvula de retenção estará fechada e a vazão mínima será garantida pelo cálculo da abertura do reciclo. Caso o consumo caia ainda mais, a pressão irá aumentar seguindo a curva da bomba acionada a motor até que se alcance o *setpoint* do PIC-84B, quando as válvulas de recirculação serão abertas. Este controlador é necessário, pois o sistema não suporta a pressão máxima da bomba (*shutoff*). Esta é uma solução temporária até que o sistema seja reprojetado.

O PIC-84B tem sua saída agindo sobre as válvulas de reciclo das bombas, aumentando o reciclo, caso o consumo caia, de modo a manter a pressão no seu *setpoint*. Como, neste ponto, a bomba à turbina está isolada do sistema pela válvula de retenção, deseja-se que sua recirculação seja apenas o suficiente para manter a vazão mínima, assim será necessário na configuração um batente de abertura máxima. Já a válvula da bomba acionada por motor J-04A (FV-20) deve ser capaz de recircular toda a vazão necessária para evitar o aumento de pressão.

Para o caso em que apenas a bomba com acionamento elétrico estiver operando, a pressão do sistema irá variar seguindo a curva da bomba até que atinja o *setpoint* do PIC-84B. Nesse caso, a válvula de reciclo será aberta de modo a evitar que a bomba atinja uma pressão acima da ajustada.

Para garantir uma vazão mínima pelas bombas, foi adicionada uma segunda camada em malha aberta composta pelos FY-19A, FY-20A e FY-53A. Esses blocos de cálculo têm como resultado a abertura mínima inferida do reciclo para que se garanta a vazão mínima nas bombas. Pode-se observar que não existe mais controladores PID para a vazão e sim uma inferência da vazão pela bomba a partir da medição de água para o processo e da abertura atual da válvula de reciclo.

Limites de operação – vazão mínima para as bombas

Os blocos de cálculo FY-19A, FY-20A e FY-53A têm como resultado a abertura mínima inferida do reciclo para que se garanta a vazão mínima nas bombas. O cálculo é o seguinte:

$$MV = \frac{(Q_{MÍN} - Q)}{N \times Cv \times \sqrt{P_1 - P_2}}$$

onde:

MV – abertura mínima da válvula de reciclo para garantir a vazão mínima;
$Q_{MÍN}$ – vazão mínima desejada para as bombas;
Q – vazão medida (m³/h);
N – constante = 0,858;
Cv – coeficiente de vazão da válvula;
P_1 – pressão na descarga da bomba, estimada conservativamente = 55,0 kgf/cm²;
P_2 – pressão a jusante da válvula de reciclo, constante (3,7 kgf/cm²);

Limites de operação – pressões de operação

Segundo o fabricante, uma única bomba, operando à velocidade máxima de 3575 rpm, pode fornecer uma vazão máxima de 583 m³/h a 57,5 kgf/cm². Assim, a pressão de operação (*setpoint* do PIC-84A) deve ser maior que 57,5 kgf/cm². Com o sistema proposto operando normalmente, a pressão máxima não deverá ultrapassar 67,0 kgf/cm², que é o *setpoint* do PIC-84B.

Limites de operação – determinação da rotação mínima das bombas

A pressão de *shutoff* da bomba à turbina, na rotação mínima, deve ser pequena o suficiente para que a válvula de retenção feche. Como o sistema deve estar operando em 60,0 kgf/cm², essa pressão de *shutoff* na rotação mínima deve ser menor que 60 kgf/cm².

Como o *head* das bombas varia com o quadrado da rotação e sabendo que na rotação de 3575 rpm a pressão de *shutoff* é de 75,9 kgf/cm², teremos:

$H_{mín} / H_{máx} = (N_{mín} / N_{máx})^2$

$N_{mín} = 3575 \sqrt{(60,0 / 75,9)} = 3178$ rpm

Assim, o batente de rotação mínima deve ser menor que 3178 rpm e maior que o definido pelo fabricante da bomba, ou seja, 2700 rpm. Sugere-se um batente de rotação mínima de 3000 rpm.

Conclusões – sistemas de bombeamento de água de caldeiras

Pode-se tirar as seguintes conclusões:

☐ O sistema de controle antigo era instável e não protegia as bombas, pois abria completamente o reciclo, levando as mesmas a uma situação de vazão muito alta e possível cavitação.

☐ A estratégia proposta permite variar a rotação da bomba até a rotação mínima (aquela acionada com turbina), abre as válvulas de reciclo só o suficiente para garantir uma vazão mínima, e possui um controlador de pressão alta que recircula quando necessário protegendo o sistema.

7.4.2 Plataforma de bombeamento de petróleo

O segundo caso a ser analisado é o controle de uma plataforma de bombeamento de petróleo para terra e para um terminal oceânico. Ela poderá operar de forma segregada, enviando um certo óleo para as monoboias (terminal oceânico), e outro tipo de petróleo para o oleoduto. O objetivo desta unidade é receber a produção de várias plataformas de produção, e bombear através de um oleoduto este petróleo para terra. Esta plataforma deve ter uma alta confiabilidade, de maneira a não limitar a produção das plataformas, e, portanto, deve possuir um sistema de controle automático, eficiente, estável e robusto. Para isto; as bombas devem operar em uma região confortável, com um controle que evite os problemas de operação com vazão muito baixa ou muito alta, e os problemas de cavitação. A Figura 7.18 mostra um exemplo de região desejável de operação.

Figura 7.18 Região ideal de operação de uma bomba centrífuga (entre as curvas vermelhas).

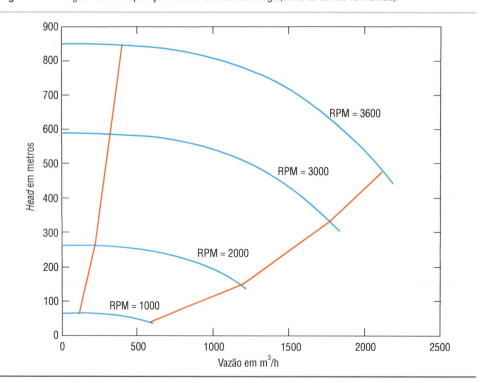

Cada bomba terá um controle de recirculação por vazão mínima que garante a proteção nesta faixa. Para evitar as altas vazões, deve-se colocar uma válvula na descarga que será estrangulada, caso necessário, para proteger a bomba nestas vazões altas.

De forma a se ter flexibilidade para diferentes vazões de produção de petróleo, colocaram-se variadores de rotação (acoplamento hidráulico – Voith) nas bombas. A Figura 7.19 mostra a estratégia de controle desta plataforma de bombeamento. Existirão os seguintes controles:

- Controle de pressão mínima da linha de sucção (*header*) das bombas, para evitar a cavitação. Este controle atua na válvula de recirculação em caso de pressão muito baixa no *header* (PIC-01 e PIC-06).

- Controle da pressão de sucção das bombas atuando na velocidade das mesmas através dos variadores do tipo *Voiths*. Todas as bombas irão operar na mesma rotação, evitando uma distribuição indesejada das vazões (PIC-02 e PIC-03).

- Controle de pressão mínima dos *headers* de descarga das bombas, para garantir indiretamente que a vazão das bombas não seja maior do que um valor máximo. Estes controles atuam quando necessário (pressão abaixo do *setpoint*) fechando as válvulas de descarga do sistema de bombeamento. O *setpoint* destes controladores de pressão (PIC-05, PIC-07, PIC-08 e PIC-09) é variável e depende da rotação das bombas e da pressão de sucção das mesmas. O alinhamento da PV-7 (abertura da XV) só ocorrerá em uma operação eventual (impossibilidade de escoamento pelo oleoduto), e o operador deverá neste caso desligar as bombas principais.

- Controle de pressão máxima dos *headers* de sucção das bombas atuando, caso necessário, na abertura da válvula de controle que interliga estes *headers* (PV-04A e PV-04B). Caso a válvula seja aberta, o sistema passará para uma operação não segregada.

Como se pode observar pela Figura 7.19, o sistema de controle de cada bomba recebe apenas um sinal de *setpoint*, definindo a rotação desejada de operação para a mesma (na figura o sinal de rotação – RPM – é enviado para o *Voith*). As bombas também possuem um controle de vazão mínima que não está mostrado na Figura 7.19.

Simulação dinâmica do sistema de bombeamento

De forma a analisar o desempenho do sistema de controle, foi elaborado um simulador dinâmico simplificado da planta. Um exemplo de caso foi o seguinte: com todas as bombas operando e exportando para o oleoduto e para o terminal oceânico, em um certo momento uma bomba principal sai de operação por causa do seu sistema de segurança.

Figura 7.19 Controle do sistema de bombeamento da Plataforma.

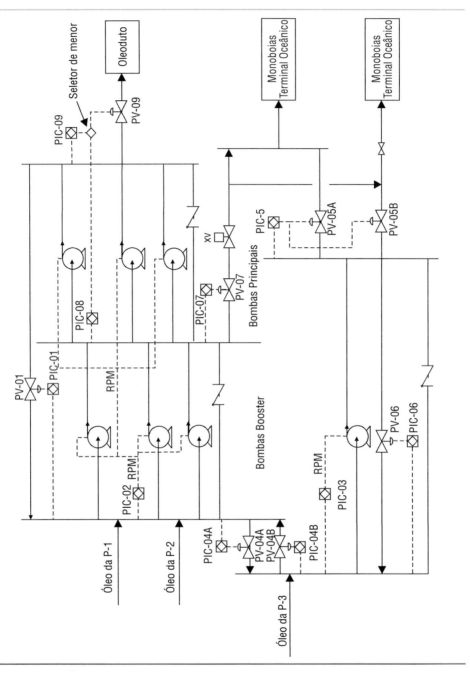

Os pontos iniciais de operação das bombas principais e daquela alinhada para o terminal oceânico são mostrados na Figura 7.20. A bomba para o terminal oceânico está recirculando, e fora da região desejada porque se limitou a válvula na descarga que não pode fechar mais do que 10%. Após a queda da bomba, o sistema caminha para o ponto mostrado na Figura 7.21, caso não existisse o controle atuando nas válvulas na descarga.

Controle de bombas industriais 193

Figura 7.20 Ponto inicial das bombas principais e para o terminal oceânico.

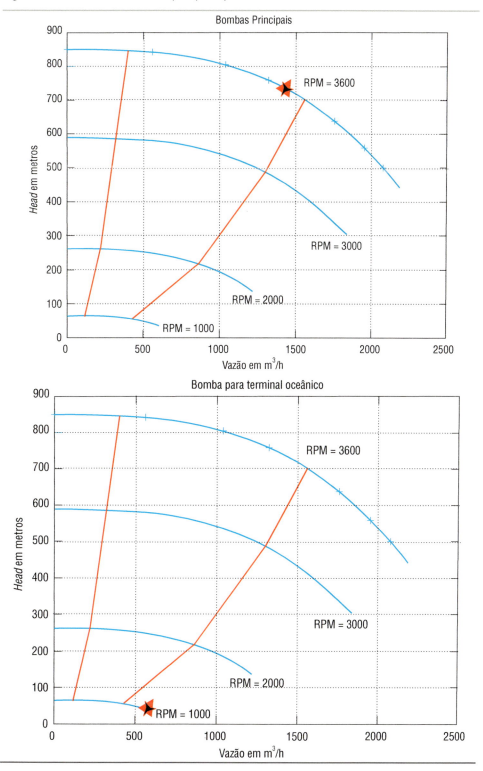

Figura 7.21 Ponto final das bombas principais e para o terminal oceânico após o *trip*, caso não existisse o controle de proteção atuando na válvula de descarga.

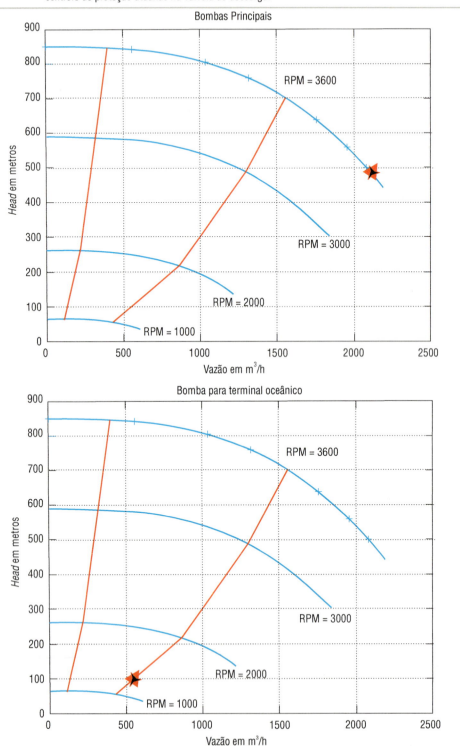

Na Figura 7.21, observa-se que a bomba principal se dirige para fora da região recomendada de operação, onde pela vazão elevada pode ocorrer um *trip* do acionador por sobrecorrente (motor elétrico). Este *trip* iria desligar todas as bombas, acarretando a parada total da plataforma, com a respectiva perda de produção. Este fato é indesejado em função da alta confiabilidade desejada, logo se implementou um controle de proteção mostrado na Figura 7.19, que estrangula a válvula de descarga nestes casos.

A Figura 7.22 mostra o ponto final de operação, quando se implementa o controle para proteger as bombas e mantê-las nas suas regiões de operação, após o *trip* de uma bomba principal.

Observa-se que a vazão da bomba principal foi limitada e o excedente foi escoado para o terminal oceânico, cuja bomba teve sua rotação aumentada para aproximadamente 3000 RPM. Esta análise mostra que o controle proposto é capaz de:

☐ Proteger as bombas de vazões elevadas, com risco de cavitação e *trip* do motor por alta corrente, contribuindo para aumentar a confiabilidade da plataforma.

☐ Otimizar a planta, pois mantém as bombas apenas na rotação necessária ao bombeamento.

Figura 7.22 Ponto final das bombas principais e para o terminal oceânico após o *trip* de uma bomba principal, com o controle proposto na Figura 7.19 operando. (continua)

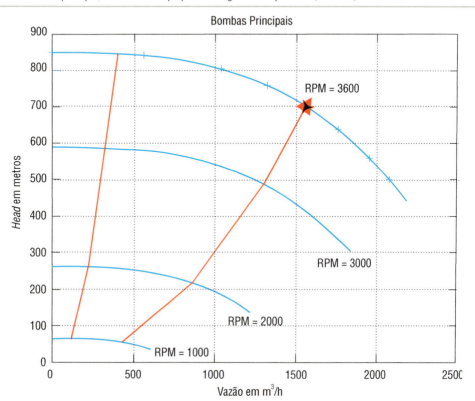

Figura 7.22 Ponto final das bombas principais e para o terminal oceânico após o *trip* de uma bomba principal, com o controle proposto na Figura 7.19 operando. (continuação)

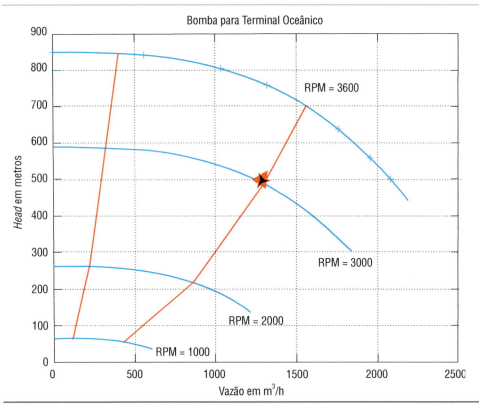

- Evitar a cavitação por pressão baixa na sucção das bombas recirculando quando necessário.
- Interligar automaticamente as linhas de sucção das bombas para o oleoduto e para o terminal oceânico, buscando aproveitar toda a capacidade de escoamento possível quando ocorre um evento indesejado, como a saída de operação de uma bomba, devido ao seu sistema de segurança.

A Figura 7.23 mostra uma bomba industrial.

Figura 7.23 Foto de uma bomba industrial com o seu acionador (motor).

7.5 Referências bibliográficas

[Affonso, 2002], "Equipamentos Mecânicos – Análise de Falhas e Soluções de Problemas", Editora Qualitymark.

[Allen-Bradley, 2005], manual no site: www.ab.com

[Lipták, 1987], "Optimization of Unit Operations", Chilton Book Company.

[Lobanoff e Hoss, 1992], "Centrifugal Pumps – Design&Application", Ed. Gulf Publishing Co.

[Mattos e DeFalco, 1989], "Bombas Industriais", JR Editora Técnica.

[Sayers, 1990], "Hydraulic and Compressible flow Turbomachines", McGraw Hill Book Company.

[Sulzer, 2005], manual no site: www.sulzer.com

[Voith, 2005], manual no site: www.voith.de

[Yarway 2005], manual no site: www.yarway.com

[Weg, 2005], manual no site: www.weg.com.br

8

Controle de fornos e caldeiras

controle de fornos e caldeiras

8 Controle de fornos e caldeiras

Neste capítulo será feita uma introdução aos conceitos básicos sobre fornos e caldeiras industriais. Em seguida, será introduzido o controle antecipatório, que é muito utilizado nestes equipamentos. Depois são detalhados os diversos controles dos fornos, caldeiras e também dos trocadores de calor, apresentando-se os detalhes de implementação. Na parte final são descritos os processos com resposta inversa, que são comuns no controle do nível dos tubulões das caldeiras.

8.1 Introdução aos fornos industriais

O forno industrial é, depois dos trocadores de calor, o principal equipamento de fornecimento de calor para as diversas correntes de uma Planta Industrial. Sua função em alguns processos vai além da complementação de calor para fins de condicionamento da temperatura da carga que alimenta as torres de fracionamento ou os reatores, pois também viabiliza processos de craqueamento térmico atuando por exemplo como os próprios reatores em Unidades de Coqueamento Retardado, Unidades de Geração de Hidrogênio e de Produção de Eteno.

Um forno é composto por uma câmara inferior, denominada de câmara de radiação, uma região superior, denominada de zona de convecção, a chaminé dos gases de combustão e o sistema de combustíveis que suprem gás ou óleo combustível para os queimadores. A Figura 8.1 mostra a foto de um forno industrial.

Na câmara de radiação, grande parte do calor absorvido pela tubulação de processo é proveniente da liberação térmica da chama dos queimadores ou maçaricos. Na zona de convecção, a transferência de calor é proporcionada predominantemente pelos gases gerados pela combustão nos queimadores.

As principais variáveis operacionais de um forno industrial são a temperatura de saída do fluido de processo do forno, a vazão através de um ou mais passes e a carga térmica a ser fornecida pelo sistema de combustíveis.

Normalmente, a tubulação da carga do forno é dividida em vários "passes" dentro do forno. A quantidade de passes para distribuir a vazão total do fluido de processo dentro de um forno é definida em função da carga térmica e da velocidade requerida para o produto a ser aquecido.

Os fornos controlam a temperatura de saída do produto manipulando a vazão de combustível para os queimadores. Como os queimadores possuem restrições quanto à sua pressão de operação, alguns fornos substituem os controladores de vazão de combustível por controladores de pressão para implementação da proteção contra apagamento de chama por pressão muito baixa ou deslocamento de chama por pressão muito alta no queimador.

Figura 8.1　Um forno em uma planta industrial.

Figura 8.2   Forno reformador onde ocorrem reações nos passes.

O controle de temperatura de saída do produto é realizado após a junção dos passes. Logo, o que importa é normalmente acompanhar uma temperatura média do produto aquecido na saída do forno. Em função do tipo de produto a ser aquecido e do tipo de processo para o qual o forno foi projetado, pode ser necessário monitorar e controlar a dispersão da temperatura dos diversos passes e não apenas a média. Neste caso, utiliza-se um controle multivariável (Preditivo) ou um de balanceamento dos passes (ver um exemplo em [Campos e Saito, 2004]).

Alterações em projetos típicos de fornos surgem à medida que aparecem necessidades de otimizar a distribuição de carga térmica. Por exemplo, alguns fornos podem possuir mais de uma câmara de radiação e uma única câmara de convecção.

Queimadores podem estar dispostos no piso do forno, nas laterais, no teto, ou em uma combinação destes arranjos conforme o rigor na manutenção de uma distribuição térmica interna ao longo dos passes com o produto. Como consequência, torna-se necessário criar configurações de estratégias de controle que permitam fornecer carga térmica específica por regiões do forno. A Figura 8.2 mostra a foto de um forno reformador, em uma Unidade de produção de hidrogênio.

A Figura 8.3 mostra um esquema simplificado de um forno industrial. O principal objetivo de controle é manter a temperatura do produto. Isto é feito manipulando-se as vazões de combustível. No forno desta figura existem dois combustíveis que podem ser queimados:

☐ Gás combustível.

☐ Óleo combustível.

Neste caso, o controle fica um pouco mais complicado, pois deve-se definir uma estratégia de atuação. A mais simples seria escolher um combustível que teria sua vazão fixada pelo operador (FIC de combustível em automático), e o controle de temperatura iria manipular apenas o outro combustível (FIC em cascata) para manter a temperatura do produto. Por exemplo, se a temperatura está baixa aumenta-se a vazão de combustível para os queimadores, e vice-versa. Na Figura 8.3, supõe-se que os queimadores são autoaspirados, isto é, aumentando-se a vazão de combustível, eles automaticamente aspiram mais ar do ambiente, de forma a manter uma razão ar/combustível adequada. Na prática, como será visto neste capítulo, também existem fornos onde se coloca um soprador ou compressor de ar, e neste caso deve-se controlar a vazão total de ar.

Outro controle de forno mostrado na Figura 8.3 é o de vazão de carga para os passes, que deve ser mantida o mais estável possível. Os fornos, na prática, apresentam vários passes, isto é, a carga é dividida antes de entrar no forno em duas, quatro ou mais correntes, e todas devem ter suas vazões controladas. A escolha do número de passes depende do projeto do forno, e leva em consideração o tempo de residência necessário, a carga térmica a ser absorvida etc.

Figura 8.3 Esquema simplificado dos controles de um forno industrial.

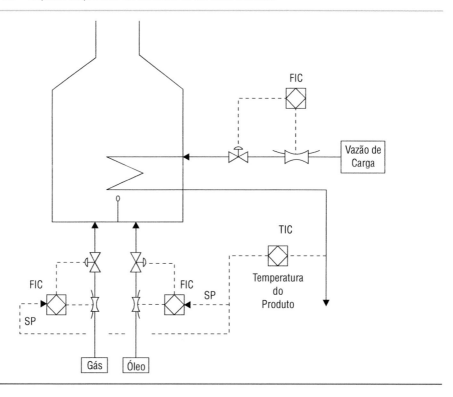

Os principais objetivos de controle de um forno industrial são:
- Manter constante e estável a temperatura de saída do produto.
- Manter constantes as vazões de cada passe do forno.
- Manter constante e em um valor seguro a pressão interna na fornalha.
- Manter o excesso de oxigênio nos gases de combustão em um valor ótimo.
- Manter constante a pressão, dentro dos limites de segurança operacional, dos queimadores.
- Manter a vazão do gás combustível em um valor requerido para fornecer a carga térmica desejada naquele instante.
- Manter a vazão de ar para os queimadores no valor desejado.

O controle de temperatura é sem dúvida o mais importante de um forno. A Figura 8.4, a seguir, mostra um exemplo do desempenho de um controle de temperatura. Existe uma temperatura máxima ou limite para a operação do forno. Este valor pode ser definido pelas características mecânicas do forno, temperatura máxima que o material dos tubos dos passes suporta, ou pelas características do fluido a ser aquecido.

Figura 8.4 Desempenho fictício de um controle de temperatura.

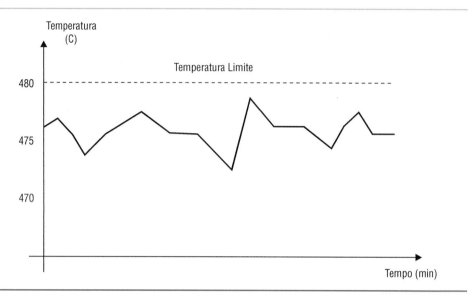

Por exemplo, se o produto for levado a uma temperatura muito alta, pode ocorrer uma degradação do mesmo, como no caso das reações de craqueamento e formação de coque no interior dos tubos. Este coque formado passa a ser um isolante e dificulta a transferência de calor. Então, para manter a mesma temperatura do produto deve-se queimar mais combustível, e a temperatura de parede dos tubos aumenta. Como o material dos tubos tem um limite mecânico de temperatura e não pode ser aquecido acima de um certo valor, esta formação de coque limita o tempo de operação do forno. Em um certo momento, quando a temperatura limite é atingida, deve-se tirar o forno de operação para remover este coque (descoqueamento). O coque formado também é uma restrição ao escoamento, aumentando a perda de carga (ou diferencial de pressão) do sistema.

As principais perturbações ao controle de um forno industrial são:

- A temperatura de entrada no forno.
- A qualidade (composição) da carga e as suas características térmicas.
- O poder calorífico do gás combustível.
- A pressão do sistema de gás combustível.
- A pressão a montante ou a jusante do forno.
- A retirada ou colocação em operação de queimadores.

Obviamente, existem fornos que são mais sensíveis a certas perturbações do que outros. Por exemplo, os fornos onde ocorrem reações de quebra de moléculas (craqueamento), tais como os fornos de pirólise para produção de etileno, ou os fornos das Unidades de coqueamento retardado, são muito sensíveis à pressão de operação, pois esta altera os caminhos reacionais, gerando mais ou menos de um certo produto. Entretanto, na maioria dos fornos esta perturbação não é crítica, e altera apenas a vazão de carga, que é facilmente compensada na válvula de controle.

8.2 Introdução às caldeiras industriais

As caldeiras, por outro lado, fornecem calor para gerar vapor-d'água. Em uma planta industrial utiliza-se o vapor superaquecido em diversos níveis de pressão com vários objetivos:

- Injetar no processo para diminuir a pressão parcial dos hidrocarbonetos e facilitar a separação residual (*stripper*), ou para aumentar a velocidade de escoamento e a turbulência.
- Fornecer energia ao processo através de permutadores ou trocadores de calor.
- Acionar turbinas a vapor, que acionam compressores, geradores de energia elétrica, bombas de transferência de produtos líquidos etc.

A Figura 8.5 a seguir mostra uma caldeira industrial. Pode-se observar os diversos tubos que constituem este equipamento. A água de alimentação de caldeira é

Figura 8.5 Esquema de uma caldeira industrial.

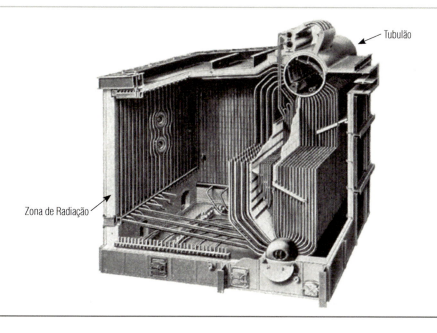

alimentada no tubulão. Os tubos que saem deste tubulão não estão em contato direto com as chamas dos maçaricos, enquanto os tubos de volta para o tubulão estão próximos da radiação, logo a vaporização da água ocorre nestes tubos de volta. Isto provoca uma diferença de densidade que gera uma circulação da água. Este vapor gerado nos tubos é separado da água no tubulão e é enviado para o coletor de vapor (*header*) da Unidade. Este vapor gerado ainda volta para a zona de convecção da caldeira, para ser superaquecido pelos gases de combustão.

Figura 8.6 As zonas de radiação e convecção de uma caldeira industrial.

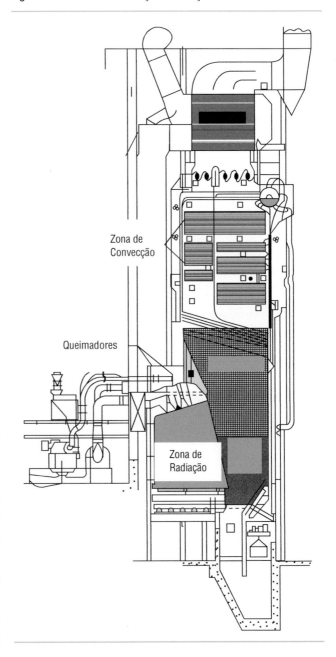

Existem dois tipos de controle da produção de vapor de uma caldeira. No primeiro se deseja manter a pressão do vapor gerado constante, e no outro a vazão de vapor constante. Independentemente da estratégia adotada, este controle da produção de vapor da caldeira modula a quantidade de gás combustível para os maçaricos.

O outro controle fundamental para a operação estável da caldeira é aquele que mantém o nível de água do tubulão constante. Caso se aumente a produção de vapor, o nível do tubulão tenderá a cair, e este controle irá aumentar a vazão de alimentação de água de caldeira para manter este nível constante.

A Figura 8.6 ao lado mostra a zona de convecção e de radiação de uma caldeira industrial. A zona de radiação é aquela onde os tubos "enxergam" ou estão próximos à chama dos maçaricos ou queimadores. Na zona de convecção o produto troca calor com os gases de combustão oriundos da zona de radiação.

A seguir, serão estudados os principais controles de fornos e caldeiras. Mas inicialmente será introduzido o controle antecipatório.

8.3 Controle antecipatório ou *feedforward*

Quando a razão entre o tempo morto e a constante de tempo do processo for grande, o controle com realimentação não é capaz de evitar grandes desvios do *setpoint* em função das perturbações. Logo, com o objetivo de minimizar estes desvios, pode ser interessante medir as principais perturbações e implementar um controle antecipatório ou *feedforward*.

A estratégia de controle é medir a perturbação e calcular uma compensação na variável manipulada da malha de retroalimentação de forma a compensar os efeitos desta perturbação na variável controlada. A Figura 8.7 mostra o esquema de um controle antecipatório ou *feedforward*.

Figura 8.7   Estratégia de controle antecipatório.

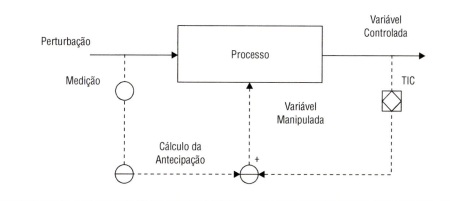

A vantagem do controle antecipatório é que ele permite compensar os efeitos das perturbações antes de elas perturbarem efetivamente e de forma considerável o processo. O controle antecipatório necessita de um modelo explícito do processo, mas que não precisa ser perfeito, pois o controle com retroalimentação compensa os erros do modelo. Este controle em *feedback* também compensa os efeitos das outras perturbações que não são tão importantes e que não são medidas. A desvantagem desta estratégia seria o custo da medição da perturbação, e a necessidade de um modelo explícito do processo. O controle de razão (Capítulo 4) poderia ser visto como um exemplo simples do controle antecipatório.

Figura 8.8 Diagramas de bloco do controle antecipatório.

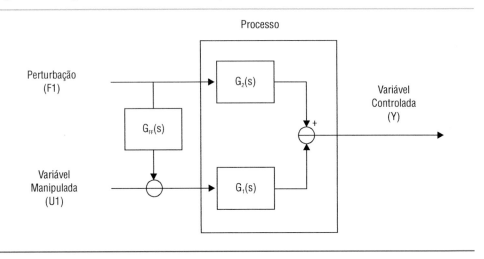

A função de transferência do controle antecipatório (G_{FF} da Figura 8.8), a ser configurada no sistema digital de automação industrial, pode ser obtida a partir dos modelos dinâmicos identificados para o processo (G_1 e G_2 da Figura 8.8), de forma a eliminar o efeito da perturbação na variável controlada:

$$Y(s) = F1 \times G_2(s) + (F1 \times G_{FF}(s) + U1) \times G_1(s)$$

$$Y(s) = F1 \times [G_2(s) + G_{FF}(s) \times G_1(s)] + U1 \times G_1(s)$$

Para que a variável controlada (Y) só dependa da manipulada (U1), o primeiro termo associado com a perturbação (F1) deve ser igual a zero:

$$G_2(s) + G_{FF}(s) \times G_1(s) = 0$$

Logo, a partir da equação anterior pode-se obter a função de transferência do bloco de cálculo da antecipação:

$$G_{FF}(s) = -\frac{G_2(s)}{G_1(s)}$$

Supondo que as funções de transferência entre a perturbação e a variável controlada (G_2) e a entre a variável manipulada e a controlada (G_1) possam ser modeladas por uma primeira ordem com tempo morto:

$$G_1(s) = \frac{K_1 \times e^{-\theta_1 \times s}}{\tau_1 s + 1} \quad \text{e} \quad G_2(s) = \frac{K_2 \times e^{-\theta_2 \times s}}{\tau_2 s + 1}$$

Então, a função de transferência do controle antecipatório seria composta de um ganho, de um *lead-lag*, e de um termo de compensação do tempo morto:

$$G_{FF}(s) = -\frac{K_2}{K_1} \times \frac{\tau_1 s + 1}{\tau_2 s + 1} \times e^{-(\theta_2 - \theta_1) \times s}$$

Em muitos casos, a utilização apenas do ganho (compensação estática) já permite uma grande melhora do controle. O termo de compensação do tempo morto quase nunca é necessário, pois o *lead-lag* já permite uma boa compensação dinâmica. Para utilizar o termo de compensação do tempo morto, o valor de "θ_2" (da perturbação) deve ser maior do que "θ_1" (da variável manipulada).

A seguir, será analisado o desempenho da estratégia de controle antecipatório para diferentes dinâmicas do processo. Neste exemplo, a função de transferência "G_1" será modelada por uma primeira ordem com tempo morto:

$$G_1(s) = \frac{1.0 \times e^{-5s}}{50s + 1}$$

A função de transferência da perturbação "G_2" também será modelada por uma primeira ordem com tempo morto:

$$G_2(s) = \frac{0.5 \times e^{-1.0s}}{10s + 1}$$

Como o tempo morto do processo é maior do que o da perturbação, a função de antecipação "G_{FF}" não pode conter esta compensação dos tempos mortos e deve ser aproximada pela seguinte função:

$$G_{FF}(s) \cong -0.5 \times \frac{50s + 1}{10s + 1}$$

A Figura 8.9 mostra uma comparação do desempenho do controle PID com e sem o antecipatório. Neste caso, o processo sofreu uma perturbação em degrau no tempo igual a 50 segundos. Observa-se que o controle antecipatório é capaz de retornar mais rapidamente a variável controlada para o seu *setpoint*, que neste caso se manteve em zero.

Figura 8.9 Desempenho do controle antecipatório.

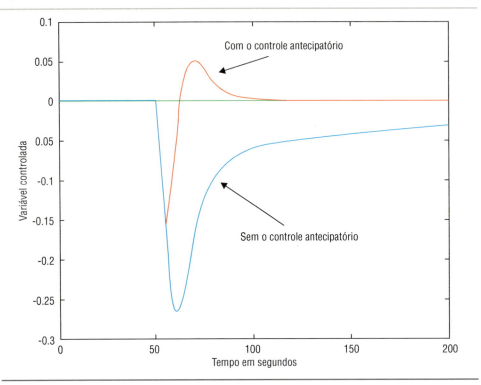

Agora, a função de transferência da perturbação "G_2" será modificada, em um primeiro caso ela será muito rápida, com constante de tempo igual a 1 segundo:

$$G_2(s) = \frac{0.5 \times e^{-1.0s}}{1s + 1}$$

No outro caso, ela será bem mais lenta, com constante de tempo igual a 50 segundos:

$$G_2(s) = \frac{0.5 \times e^{-1.0s}}{50.0s + 1}$$

A Figura 8.10 mostra uma comparação do desempenho do controle antecipatório para estas duas dinâmicas da perturbação. Observa-se que, quando a dinâmica da perturbação é muito rápida, o ganho do controle antecipatório é nenhum. Ao contrário, ele piora o desempenho do controlador PID (comparar com a Figura 8.9). Entretanto, quando a dinâmica da perturbação é mais lenta, da ordem de grandeza da dinâmica "G_1" do processo, o ganho do controle antecipatório é considerável. Isto pode ser entendido, pois o controle antecipatório atua através da dinâmica do processo "G_1", e se a perturbação for rápida ela irá afetar a variável controlada antes de a compensação conseguir minimizar o efeito.

Figura 8.10 Desempenho do controle antecipatório para diferentes dinâmicas.

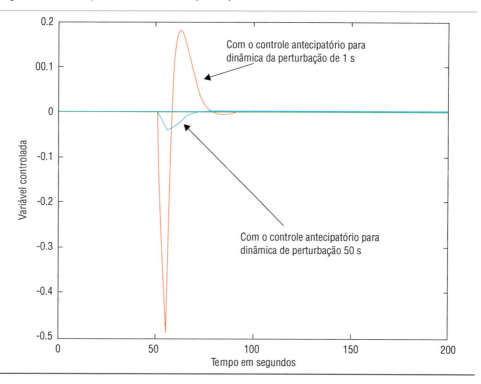

Algumas sugestões para a sintonia do controle antecipatório na prática são as seguintes:

- Se a malha do controle de retroalimentação puder ser colocada em manual, então o ideal é identificar os modelos do processo (G_1 e G_2 da Figura 8.8) e obter a função de antecipação (G_{FF} da Figura 8.8). Utilizar inicialmente apenas uma compensação de ganhos e, caso necessário, um *lead-lag*. Outra opção, no caso de não ser possível obter o modelo G_2 da Figura 8.8, é buscar o ajuste do ganho da função de transferência do controle antecipatório de tal maneira que, após uma perturbação, a variável controlada da malha principal volte ao valor anterior à perturbação.

- Se a malha do controle de retroalimentação não puder ser colocada em manual, mantê-la em automático e ajustar o ganho da função de transferência do controle antecipatório até que, após uma perturbação, a variável manipulada da malha principal volte ao valor anterior à perturbação.

8.4 Detalhamento dos controles de um forno industrial

Considere que se deseja elaborar um sistema de controle para o forno da Figura 8.11. O controle de temperatura do forno irá atuar no sistema de combustível. O primeiro

Figura 8.11 Elaboração de um sistema de controle para um forno industrial.

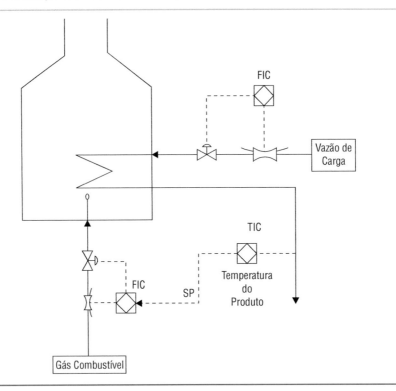

passo é detalhar este controle. Existem várias possibilidades para se controlar o combustível que alimenta o forno. A primeira possibilidade é mostrada na Figura 8.11 onde se manipula a vazão de combustível. A desvantagem desta estratégia é não respeitar os limites de pressão seguros para a operação dos maçaricos.

Outra opção é mostrada na Figura 8.12. Caso o controle de temperatura necessite de mais calor, ele irá aumentar o *setpoint* do controlador de pressão, o que implicará em mais combustível para os queimadores. A saída do TIC é limitada entre os valores mínimos e máximos permitidos de pressão para a operação dos maçaricos.

Este tipo de controle permite compensar rapidamente perturbações na pressão de alimentação do combustível e garante os limites de segurança operacional, evitando o apagamento da chama por pressão baixa ou alta nos queimadores. Entretanto, se o operador retirar ou colocar em operação queimadores, como a pressão está constante, isto é, a vazão por cada queimador individual está constante, então a vazão total de combustível irá mudar afetando a carga térmica fornecida. Só quando a temperatura do produto "sentir", o sistema de controle irá compensar e mudar o *setpoint* do controlador de pressão. Em alguns fornos industriais, isto poderá ser muito ruim, principalmente aqueles com grande tempo de resposta.

Figura 8.12 Uma estratégia possível para o controle do combustível.

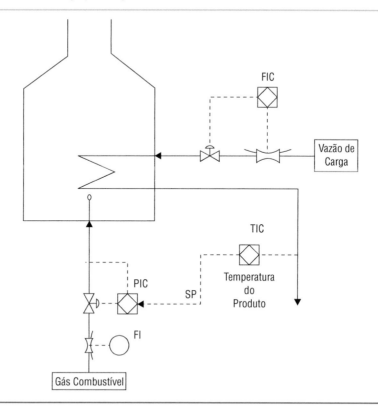

Uma outra alternativa de controle é mostrada na Figura 8.13. Neste caso, introduziu-se um controlador de vazão em cascata com a pressão do combustível. Como a vazão é definida pelo controle de temperatura do produto, qualquer perturbação nesta vazão é compensada rapidamente manipulando-se a pressão do combustível. Pode-se também facilmente limitar o valor máximo e mínimo de *setpoint* da pressão, evitando os riscos de apagar o maçarico por operar fora da faixa recomendada pelo fabricante.

A vazão de carga dos passes pode ser ou não controlada. Nos casos em que a vazão não é controlada, ela pode ser uma grande perturbação para o controle de temperatura do produto. Nestes casos, uma boa solução é se utilizar um controle antecipatório (*feedforward*). Existem neste caso duas maneiras de se implementar esta antecipação. A primeira é se medir a vazão e se calcular a variação da mesma (ΔM). Este sinal passará por um bloco de compensação estudado no Item 8.3 deste capítulo (*lead-lag*) e será somado à saída do controlador de temperatura, que define o *setpoint* do combustível. Logo, qualquer variação de vazão irá se refletir automaticamente em uma variação de combustível, com o objetivo de que a temperatura do produto não seja perturbada.

Figura 8.13 Uma alternativa de estratégia para o controle do combustível.

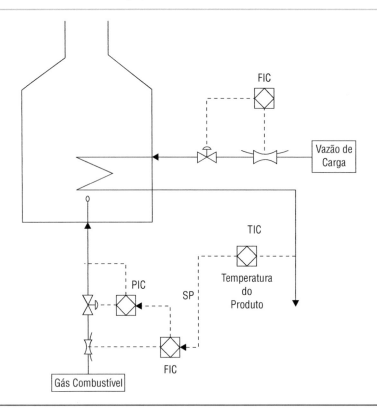

Uma outra maneira de se implementar o controle de antecipação da vazão de carga em fornos é observar a seguinte equação simplificada da carga térmica absorvida pelo fluido de processo:

$$Q = \dot{M} \times c_p \times \Delta T$$

Onde:
- Q – Calor absorvido por unidade de tempo (kcal/h)
- $\dot{M}$ – Vazão mássica (kg/h)
- ΔT – Diferencial de temperatura (°C)
- c_p – Calor específico do fluido (kcal/kg °C)

Pode-se observar que a razão entre o calor e a vazão fica dependente apenas das temperaturas de entrada e saída do forno. Logo, a saída do controlador de temperatura poderia definir a razão entre a carga térmica requerida (associada à vazão de combustível) e a vazão do produto. Esta saída seria multiplicada pela vazão para definir o combustível necessário. A Figura 8.14 mostra esta implementação.

Figura 8.14 Alternativa para o controle antecipatório.

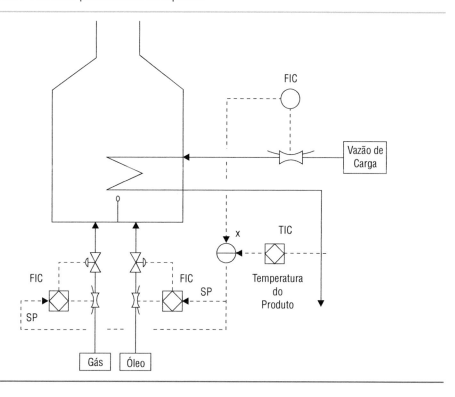

Uma terceira maneira de implementar esta estratégia é fazer com que a saída do controlador de temperatura (TIC de *feedback*) defina uma temperatura desejada (T_{SP}). Este valor é passado para o bloco de antecipação que calcula a carga térmica desejada em função da vazão de carga e da temperatura de entrada do fornos, que são as perturbações [Murrill, 1981][Seborg, Edgar e Mellichamp, 1989]. Esta carga térmica é convertida, por exemplo, na abertura da válvula de combustível.

$$Q = \dot{M} \times c_p \times (T_{SP} - T_{ENTRADA})$$

Um outro controle encontrado na prática dos fornos industriais é o relativo ao balanceamento dos passes. Como o controle de temperatura do forno controla a média das temperaturas de saída dos passes atuando no combustível, pode ocorrer de um passe estar com temperatura muito acima do outro. Este desequilíbrio nas temperaturas não é desejável por vários motivos:

- Pode-se estar sacrificando muito o passe mais quente, tanto em relação à temperatura do material dos tubos, como em alguns casos pode-se estar gerando muito coque no interior dos tubos deste passe.
- A eficiência térmica do conjunto pode estar sacrificada, pois o passe mais quente poderia receber mais vazão e absorver mais calor da zona de radiação do forno.

O controle para balancear as temperaturas de saída dos passes e diminuir a dispersão pode ser implementado com controladores PID. No caso de um forno com dois passes pode-se colocar um controlador, cuja variável de entrada é uma temperatura de um passe, e o *setpoint* é a temperatura do outro passe. A saída deste controlador será um desvio ou "bias" a ser somado ao *setpoint* do controlador de vazão de um passe, e a ser diminuído do *setpoint* de vazão do outro passe. A Figura 8.15 mostra um exemplo de controle de balanceamento de passes de um forno industrial.

Figura 8.15 Controle de balanceamento de passes.

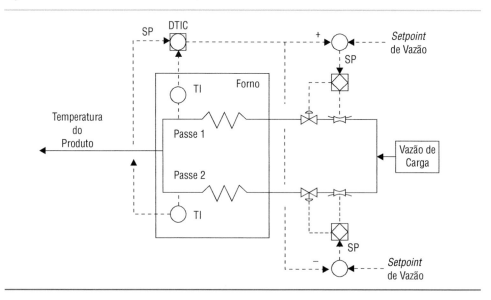

Em [Silva *et al.*, 2003] mostrou-se que a implementação de um controlador preditivo multivariável, que incluía principalmente um balanceamento de passes, de um forno de pirólise, conseguiu aumentar a campanha destes fornos em 40%. Isto é, evitou-se que um passe tivesse uma temperatura muito acima da média, levando a um coqueamento excessivo, que comprometia a campanha do forno, mesmo que os outros passes estivessem folgados.

Nos fornos discutidos até o momento não se falou da vazão de ar necessária para a combustão. Supõe-se que os maçaricos utilizados são autoaspirados, e aspiram o ar necessário. Os gases quentes oriundos da combustão, e com uma densidade menor do que o ar, tendem a subir pela chaminé criando uma pressão negativa no interior do forno. Entretanto, esta pressão interna da câmara de combustão do forno deve ser controlada. Este é o chamado controle da tiragem do forno. Neste controle mede-se a pressão e atua-se, caso necessário, no *damper*, que é uma válvula na entrada da chaminé (Figura 8.16). Esta pressão deve ser mantida ligeiramente abaixo da pressão

Figura 8.16 Controle de tiragem do forno.

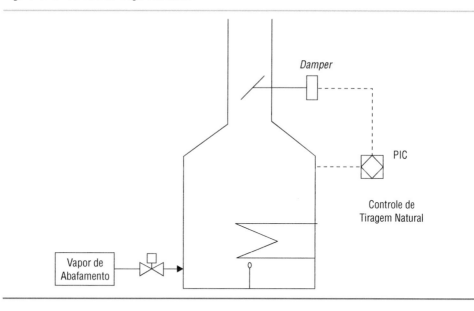

atmosférica, de maneira a facilitar a entrada de ar nos queimadores, e evitar que haja uma tendência de o combustível sair do forno e ser queimado fora. Isto traria risco aos operadores e às instalações. Caso a pressão de tiragem esteja alta, o controlador irá abrir o *damper*, mas se ele já estiver todo aberto, deve-se reduzir a carga térmica do forno. A diminuição da queima de gás combustível irá aliviar a pressão na câmara. Entretanto, isto acarreta a redução da vazão de carga, ou a diminuição da temperatura na saída do produto. A Figura 8.16 mostra o controle de tiragem de um forno. Ela também mostra o vapor de abafamento que é utilizado em emergências e na partida para fazer a purga, cujo objetivo é retirar o gás combustível remanescente da câmara, antes de se ascender os maçaricos.

No entanto, existem fornos onde se deseja aumentar a eficiência térmica. Isto pode ser feito aproveitando-se a energia dos gases de combustão para aquecer o ar (Figura 8.17). Pois o ar entrando mais quente no forno "rouba" menos calor da queima, aumentando a energia disponível para o produto. Outra possibilidade é aproveitar uma disponibilidade de uma corrente quente e rica em oxigênio no lugar do ar. Por exemplo, os gases de combustão de uma turbina a gás, que podem ainda ter algo como 18% em oxigênio.

Nestes casos, necessita-se utilizar um ou mais sopradores de ar (compressores) para viabilizar este forno de alta eficiência, pois é preciso fazer o ar circular nestes sistemas que têm pouca pressão disponível. E, por outro lado, também é necessário um sistema de controle da vazão de ar que mantenha a estequiometria da queima. Isto é, um controle que mantenha a razão entre as vazões de ar e de combustível constante.

Figura 8.17 Controle de tiragem forçada do forno.

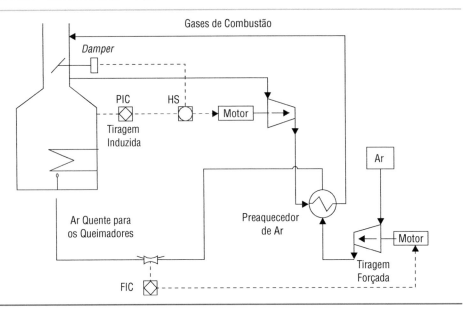

A Figura 8.17 mostra um forno onde se coloca um compressor de tiragem induzida, que succiona os gases de combustão da chaminé, para forçá-los a passar em um trocador de calor, que preaquece o ar de combustão. Os gases de combustão voltam depois para a chaminé. Utiliza-se também um compressor de tiragem forçada, que succiona o ar e o envia para o trocador de calor e depois alimenta os queimadores do forno. Este ar deve ter a sua vazão controlada, pois caso exista pouco ar, parte do combustível não será queimada, o que em pequena proporção representará uma perda econômica, mas em grande proporção poderá provocar uma explosão.

Por outro lado, se existir um excesso de ar muito grande, a eficiência do forno cairá, pois este ar será aquecido sem necessidade. A Figura 8.18 mostra que existe um excesso de ar ótimo, que permite a queima total do combustível. Obviamente, este ponto ótimo depende do tipo de queimadores e das características do forno. Uma maneira de monitorar em linha este excesso de oxigênio é instalar um analisador.

Mas como controlar a razão entre o ar e o combustível? Uma possibilidade seria medir a vazão de combustível e colocar um controlador de razão para ajustar a vazão de ar. Entretanto, a desvantagem desta estratégia é que a vazão de combustível aumentará antes da do ar, e neste transiente a queima não será completa. O ideal seria ajustar o controle de tal forma que exista sempre um excesso de ar. Esta é a ideia do controle chamado de **limite cruzado**, mostrado na Figura 8.19.

Nesta estratégia de limite cruzado, a saída do controlador de temperatura do produto do forno define a vazão desejada de combustível que está associada à carga

Figura 8.18 Excesso de oxigênio.

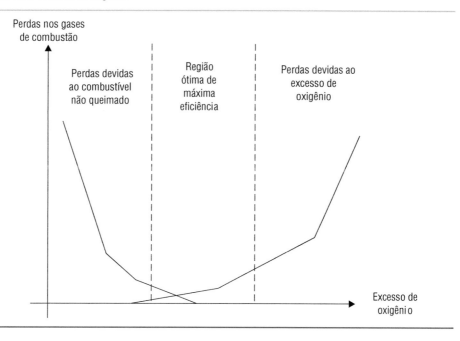

térmica necessária. Este sinal é enviado para dois seletores, um de maior e outro de menor. A saída do seletor de maior vai ajustar o ar, e o de menor o combustível. A outra entrada do seletor de maior é a vazão atual de combustível. A saída do seletor é multiplicada pela razão **Ar/Combustível**, gerando o ar requerido. A outra entrada do

Figura 8.19 Limite cruzado.

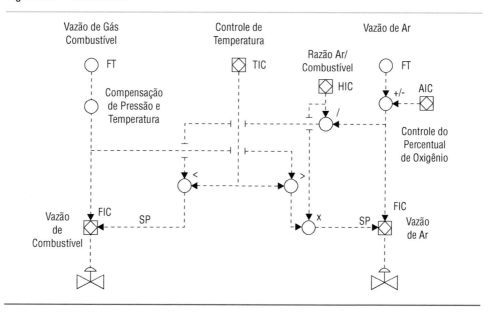

seletor de menor é a vazão de ar medida dividida pela razão **Ar/Combustível,** gerando o combustível máximo que aquele ar pode queimar.

O funcionamento desta estratégia de controle com limite cruzado é o seguinte: se o controle necessitar de mais combustível ou carga térmica, a saída do TIC irá aumentar, mas só a saída do seletor de maior irá aumentar, fazendo primeiramente com que se coloque mais ar no forno. Quando a vazão de ar aumentar, o segundo sinal do seletor de menor aumentará, liberando a colocação de combustível no forno. De forma equivalente, caso se deseje diminuir a carga térmica, o sistema fará com que se diminua primeiro o combustível e só depois o ar.

O analisador de oxigênio poderia redefinir a razão **Ar/Combustível,** ou como na Figura 8.19 atuar como um "bias" na vazão de ar medida. Fazendo com que a vazão considerada para o controle seja maior ou menor do que a medida, de forma a ajustar o excesso de oxigênio.

8.5 Detalhamento dos controles de uma caldeira

Considere que se deseja elaborar um sistema de controle para uma caldeira industrial. O primeiro ponto é definir se esta caldeira será ou não responsável pelo controle da pressão do *header* ou do sistema de vapor. Em geral, a caldeira gera um vapor de alta pressão, que é utilizado por exemplo para acionar turbinas de compressores, bombas, geradores de eletricidade etc. Portanto, a pressão necessita ser bem controlada, pois senão o funcionamento daqueles equipamentos será comprometido.

Outra possibilidade é quando existem várias caldeiras em um mesmo sistema de vapor, neste caso apenas uma caldeira controla a pressão da rede, e as outras operam fornecendo uma vazão controlada. A Figura 8.20 mostra as duas possibilidades de controle de capacidade de uma caldeira, através da chave (HS) pode-se selecionar como o combustível de cada caldeira vai ser controlado.

Pode-se também implementar um único controlador de pressão do *header* com uma lógica de distribuição que atua proporcionalmente no combustível de todas as caldeiras ao mesmo tempo. Obviamente, a saída do PIC deve variar entre 0 e 100% que é a vazão mínima e máxima de combustível de cada caldeira. Pode-se implementar um "bias" para desbalancear as caldeiras.

Caso se deseje controlar a pressão do sistema de vapor com uma certa caldeira, coloca-se o seu controlador PIC manipulando a vazão de combustível. Caso contrário, coloca-se o controlador FIC em automático mantendo uma vazão de vapor constante ajustando o combustível. As caldeiras costumam ter os dois controles configurados no sistema digital de automação, com uma chave HS, na qual o operador escolhe o modo de operação do momento.

Figura 8.20 Os dois tipos de controle de capacidade de uma caldeira.

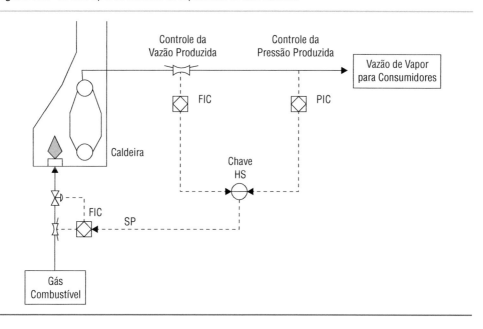

A saída deste PIC ou FIC irá atuar no sistema de combustível da caldeira. Por exemplo, se a pressão do vapor estiver baixa, então o controle atuará aumentando a vazão de combustível para gerar mais vapor e a pressão do sistema voltar ao valor desejado, e vice-versa.

O sistema de controle de combustível de uma caldeira utiliza normalmente a estratégia do tipo "limite cruzado" (Figura 8.19 – onde se substitui o TIC pelo FIC ou PIC, que define a carga térmica necessária). Esta estratégia permite ajustar o combustível e o ar de forma segura, conforme já discutido neste capítulo.

Outro objetivo fundamental em uma caldeira é o de manter o nível de água do tubulão. Existe normalmente um sistema de segurança ou intertravamento, que, em caso de nível muito alto ou muito baixo, tira de funcionamento a caldeira, cortando completamente o combustível e parando o equipamento. Desta forma, deve-se ter um bom controle de nível para se evitar uma parada indesejada da caldeira, e aumentar a confiabilidade da mesma.

Existem três estratégias possíveis para o controle do nível (LIC) do tubulão:
- ☐ Controle com 1 elemento – Apenas o LIC atuando na admissão de água.
- ☐ Controle com 2 elementos – O LIC em cascata com o FIC de vazão de água.
- ☐ Controle com 3 elementos – O LIC em cascata com o FIC de vazão de água e o *feedforward* da vazão produzida de vapor. Todas as medições de vazão devem ter preferencialmente uma compensação de pressão e temperatura.

Na primeira estratégia coloca-se simplesmente um controlador de nível do tubulão da caldeira atuando na válvula de admissão de água. O problema desta estratégia é relativo à dinâmica. Existe neste processo de controle do tubulão de caldeiras uma tendência à resposta inversa (ver o Item 8.7 deste capítulo) entre a produção de vapor e o nível. Por exemplo, ao se aumentar a produção de vapor, aumentando-se o combustível queimado, o nível do tubulão irá cair no médio prazo. Entretanto, em um primeiro instante o aumento da produção de vapor irá gerar muitas bolhas dentro da água do tubulão e o nível irá aparentar uma tendência de subir. Caso se esteja utilizando um controle com apenas o LIC, este controlador irá diminuir a alimentação de água para o tubulão neste primeiro instante, o que é um erro. Este tipo de comportamento também prejudicará a sintonia do controlador, que deverá ser mais lenta. Portanto, não se recomenda este controle simples para o nível de água do tubulão (ver Figura 8.21).

Figura 8.21 Controle não recomendado para o nível do tubulão de uma caldeira.

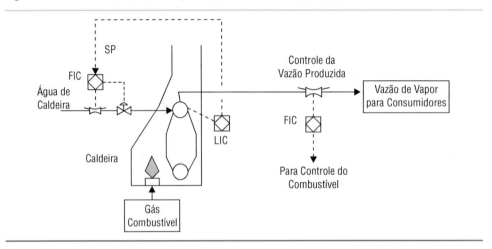

A outra estratégia de se utilizar um controlador de nível em cascata com o de vazão de alimentação de água (FIC) também não resolve o problema discutido anteriormente. Obviamente, este controle em cascata é melhor, pois elimina rapidamente qualquer perturbação existente no sistema de água de alimentação, por exemplo uma queda na pressão desta utilidade.

O controle recomendado para o nível de água do tubulão é o mostrado na Figura 8.22. Utiliza-se o LIC em cascata com o FIC, e coloca-se um **controle antecipatório** na medição da vazão de vapor produzido (perturbação). Assim, quando se detectar um aumento na produção de vapor de "x" ton/h, envia-se imediatamente um sinal para aumentarem "x" ton/h a vazão de água de alimentação da caldeira. Desta forma, o LIC pode ser sintonizado de forma lenta para não responder à "resposta inversa" do processo, mas o nível não tenderá a fugir muito do valor desejado, já que a vazão de água atuou na direção correta. Este sinal de controle antecipatório atua somando ou diminuindo o sinal de saída do LIC, que é o *setpoint* do controlador de vazão de água de caldeira.

Figura 8.22 Controle de nível do tubulão de uma caldeira.

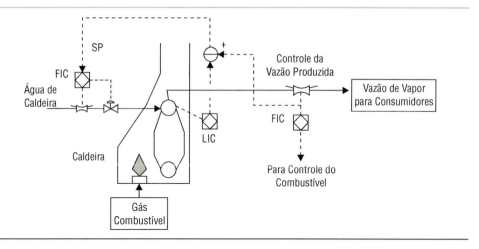

8.6 Controle de trocadores de calor

Um trocador de calor é um equipamento muito utilizado na indústria para fornecer energia a uma corrente do processo. Ele também permite o projeto de unidades com baixo custo operacional, onde correntes quentes da planta fornecem calor às correntes frias, de forma a minimizar as necessidades de fornos (queima de combustíveis) e de condensadores (que podem usar água industrial ou propano refrigerante). A Figura 8.23 mostra um exemplo de um trocador de calor, com as duas correntes: a fria e a quente.

Figura 8.23 Diagrama de um trocador de calor.

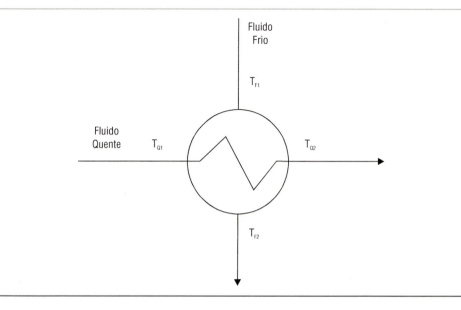

Supondo-se que as correntes quente e fria de um trocador de calor não sofrem mudança de fase (vaporização ou condensação), então as equações de troca térmica para cada fluido são:

$$Q = \dot{M} \times c_p \times (T_E - T_S)$$

Onde:
Q = Calor trocado em kcal/h
$\dot{M}$ = Vazão mássica em kg/h
c_p = Calor específico do fluido kcal/(kg x C)
T_E = Temperatura de entrada desta corrente no trocador em °C
T_S = Temperatura de saída desta corrente no trocador em °C

Considerando a área de troca térmica (A em m²), o calor trocado também pode ser obtido pela equação [Liptak, 1987]:

$$Q = U \times A \times DTML$$

$$DTML = \frac{(T_{Q2} - T_{F2}) - (T_{Q1} - T_{F1})}{\ln\left\{(T_{Q2} - T_{F2})/(T_{Q1} - T_{F1})\right\}}$$

Onde:
DTML = Diferença de temperatura média logarítmica entre o fluido quente e frio
U = Coeficiente de troca térmica (kcal/(h m² °C))

A Figura 8.24 mostra uma ilustração de um perfil possível de temperatura ao longo de um trocador de calor. Quanto maior a área de troca térmica, menor será a diferença final de temperatura entre o fluido quente (T_{Q2}) e o frio (T_{F2}).

Uma estrutura de controle muito comum na prática é a mostrada na Figura 8.25, onde se deseja controlar a temperatura de saída do trocador manipulando a vazão de fluido quente ou frio.

Se, como no Capítulo 1, for possível supor que a saída do controlador é proporcional ao calor fornecido (válvula linear), então o ganho do processo seria a razão entre a variação da temperatura (ΔT) e a variação da manipulada (ΔU):

$$K = \frac{\Delta T}{\Delta U} = \frac{\Delta T}{\Delta Q \div K_1} = \frac{\Delta T \times K_1}{\dot{M} \times c_p \times \Delta T} = \frac{K_1}{\dot{M} \times c_p}$$

Onde o fator (K_1) converte a saída do controlador para carga térmica fornecida. A equação anterior mostra que existe uma não linearidade em função da vazão de carga do trocador ($\dot{M}$). Quando a vazão é baixa o ganho do processo é alto (logo, a sintonia do PID deve ter um ganho proporcional baixo), e quando a vazão é alta o ganho do

Figura 8.24 Exemplo dos perfis de temperatura ao longo do trocador.

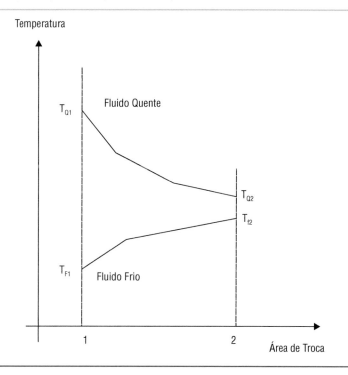

Figura 8.25 Estrutura típica de controle da temperatura.

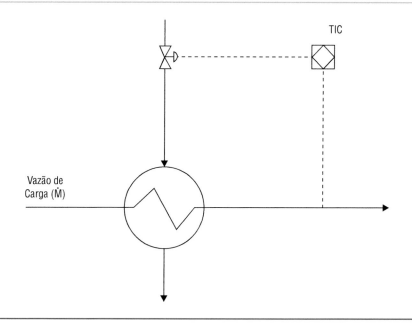

processo é pequeno. Uma solução é colocar um ganho variável para o PID, como aquele estudado no Item 4.4 do capítulo de vazão. Outra opção é escolher uma válvula, cuja característica instalada seja igual percentagem.

$$K = \frac{\Delta T}{\Delta U} = \frac{\Delta T}{\Delta Q \div (K_1 \times g'(U))} = \frac{K_1 \times g'(U)}{\dot{M} \times c_P}$$

O ganho da válvula igual à percentagem ($g'(U)$) é pequeno em vazão baixa (abertura "U" pequena) e grande em vazão alta. Desta forma, existe uma tendência de cancelar os dois efeitos e o ganho do processo visto pelo controlador passa a ser aproximadamente constante.

$$K = \frac{\Delta T}{\Delta U} = \frac{K_1 \times g'(U)}{\dot{M} \times c_P} \cong \frac{K_1}{c_P} \cong \text{Constante}$$

Outra estrutura de controle muito comum na prática é a mostrada na Figura 8.26, onde se deseja controlar a temperatura de saída do trocador manipulando a vazão de desvio ou *bypass* do mesmo. Esta estrutura é utilizada quando não se pode controlar a vazão do fluido quente ou frio. Isto ocorre quando esta vazão é controlada por outro controlador. Por exemplo, a vazão de saída de um reator ou de fundo de uma coluna de destilação é utilizada para aquecer uma certa corrente. Esta arquitetura também é

Figura 8.26 Estrutura de controle da temperatura com uma única válvula de desvio.

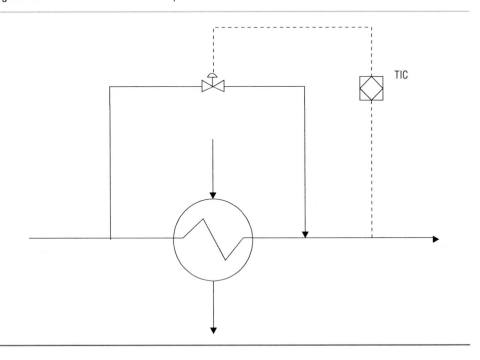

utilizada quando não se deseja variar a vazão de uma água de refrigeração em função de problemas de incrustação (deposição de impurezas) no condensador. A dinâmica do processo visto por este controlador TIC será bem mais rápida neste caso do que no anterior, já que envolve principalmente uma mistura e não uma troca térmica.

Esta estrutura de controle não é recomendada, devido às incertezas envolvidas para o dimensionamento da válvula de controle do desvio. Se a estimativa do valor da perda de carga no trocador de calor for errada, ou se houver uma condensação de produto na linha de desvio, pode ser necessário compensar em mais de 100% a abertura da válvula, o que na prática não é possível. Logo, o controlador pode abrir totalmente a válvula de controle e a vazão que passa pelo trocador de calor continuar muito alta, fazendo com que não se consiga controlar a temperatura. Este fato pode ser observado, de forma aproximada, pela equação da válvula:

$$Q = a_{PROJ} \times Cv \times \sqrt{\Delta P_{PROJ}} = a_{REAL} \times Cv \times \sqrt{\Delta P_{REAL}}$$

Quanto menor for o diferencial de pressão real no trocador, maior será a abertura necessária na válvula (a_{REAL}) para uma certa vazão. Portanto recomenda-se instalar duas válvulas (uma no desvio e a outra em série com o trocador) ou uma válvula de 3 vias. A Figura 8.27 mostra a estrutura de controle recomendada.

Figura 8.27 Estrutura de controle da temperatura com duas válvulas.

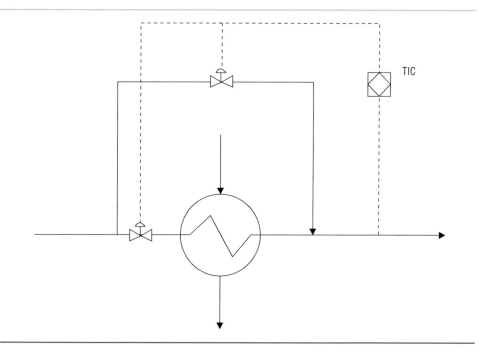

Preferencialmente, deve-se utilizar uma válvula de 3 vias (menor custo), mas a estrutura de controle com válvulas independentes (e com características inerentes lineares) será necessária quando:

- O coeficiente de vazão calculado para a válvula de controle no lado do desvio (*bypass*) for menor do que 10% do coeficiente de vazão selecionado para a válvula alinhada para o trocador de calor, para qualquer condição operacional do sistema (mínimo, normal e máximo) com o trocador de calor limpo ou sujo. Esta situação indica que a válvula no *bypass* operará muito fechada em relação à válvula alinhada para o trocador em uma determinada condição, implicando em potencial problema de rangeabilidade, caso se use a válvula de 3 vias.

- O coeficiente de vazão calculado para a válvula de controle no lado alinhado para o trocador de calor for menor do que 10% do coeficiente de vazão selecionado para a válvula no lado do *bypass*, para qualquer condição operacional do sistema (mínimo, normal e máximo) com o trocador de calor limpo ou sujo. Esta situação indica que a válvula alinhada para o trocador operará muito fechada em relação à válvula no *bypass* em uma determinada condição, implicando em potencial problema de rangeabilidade, caso se use a válvula de 3 vias.

A válvula de 3 vias pode ser usada tanto dividindo como misturando o fluido, mas para se ter uma operação estável, o fluxo deve tender a abrir os *plugs* em ambos os casos [Liptak, 1987]. A Figura 8.28 mostra uma instalação com válvula 3 vias e uma

Figura 8.28 Estrutura de controle da temperatura com uma válvula 3 vias.

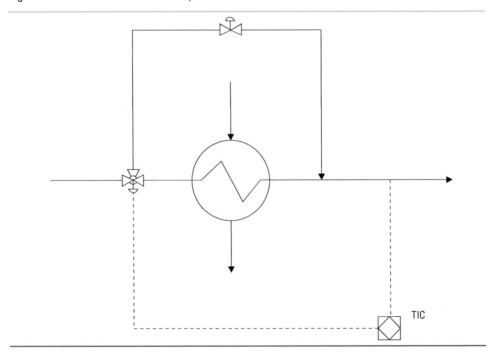

válvula globo manual para fazer ajustes na prática, e cobrir possíveis incertezas do projeto. A válvula 3 vias também não é recomendada para serviços com altas temperaturas ou altas pressões (possibilidade de travar a haste em função da expansão térmica).

Trocadores de calor com vapor

Utilizam-se bastante para aquecer o fundo de colunas de destilação (refervedores), ou a carga de um reator, trocadores de calor cujo fluido quente é o vapor de água. Este vapor condensa, por exemplo, no lado do casco e aquece o produto nos tubos.

Uma possível estratégia de controle neste equipamento é mostrada na Figura 8.29. Neste caso, toda a área de troca térmica está exposta, pois o controlador de nível mantém o nível de condensado no pote de selagem. Portanto, como a área de troca é constante, a única forma de controlar o calor fornecido é variar a temperatura de condensação do vapor, mudando a diferença de temperatura média logarítmica (DTML). Desta maneira, quando se quer mais calor a válvula do "FIC" abre fazendo com que a vazão, a pressão e a temperatura de condensação aumentem.

Figura 8.29 Estrutura de controle de aquecedores com vapor.

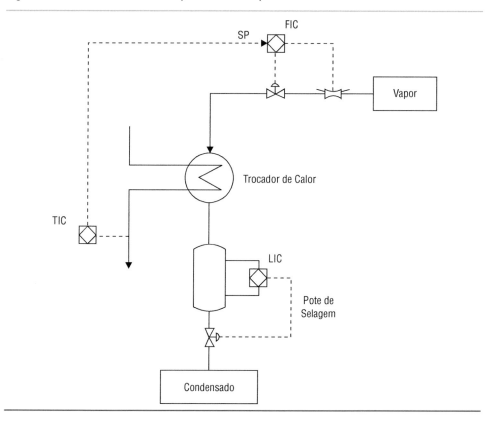

Os problemas com esta estratégia são os seguintes:

☐ Em carga máxima, a válvula do "FIC" terá um diferencial de pressão pequeno e uma vazão alta. Em carga baixa, o diferencial de pressão será alto e a vazão baixa. Isto poderá gerar um problema de rangeabilidade, dependendo destas vazões máximas e mínimas de projeto. Uma solução será colocar duas válvulas em paralelo.

☐ Outro problema sério é que em carga baixa a pressão de condensação do vapor poderá ser tão baixa que não será capaz de permitir o escoamento do condensado. Desta forma, o controlador de nível (LIC) irá abrir totalmente a sua válvula, mas não conseguirá escoar o condensado. Este condensado irá inundar o trocador de calor roubando área de troca, o que fará com que a vazão de vapor caia, aí o "FIC" abre a sua válvula e a pressão de condensação do vapor aumenta, escoando o condensado de uma vez. Este ciclo se repete fazendo com que a troca de calor não seja estável e constante, mas de forma cíclica. Quando o condensado é expulso do trocador, o "LIC" ainda pode estar com a sua válvula aberta, fazendo com que o vapor atinja as tubulações de condensado, gerando ruídos e golpes de "martelo" nas linhas (condensação abrupta do vapor em contato com o condensado frio). Este problema só costuma aparecer na prática quando se usa vapor de baixa pressão (por exemplo 3 kgf/cm^2). Para vapores de média ou alta pressão, normalmente mesmo com a válvula estrangulada em carga baixa, existe pressão suficiente para escoar o condensado.

A vantagem desta estratégia é a relativa rapidez da resposta do processo quando se deseja aumentar ou diminuir a troca térmica. A dinâmica é limitada apenas pela válvula de controle de vazão e pela inércia térmica do equipamento.

Uma maneira de resolver o problema da dificuldade de escoamento do condensado é colocar o controlador de nível medindo também o trocador de calor, como na Figura 8.30. Logo, pode-se aumentar o *setpoint* do controlador de nível em carga baixa, para diminuir a área de troca e necessitar de mais temperatura e pressão do vapor, o que facilita o escoamento do condensado. A dificuldade é que o operador deve constantemente ajustar este *setpoint* do LIC em função da carga da unidade. Ele também deve ter uma tabela, que depende da geometria do trocador, para converter o nível em área efetiva de troca. Se o operador esquecer e deixar o *setpoint* do nível muito alto, quando a unidade aumentar a sua carga, o trocador, como estará muito inundado, pode não fornecer a carga térmica necessária.

Uma outra estratégia possível é mostrada na Figura 8.31. O controle de temperatura do sistema deverá manipular a retirada de condensado do pote de selagem. Quando

Figura 8.30 Estrutura alternativa de controle de aquecedores com vapor.

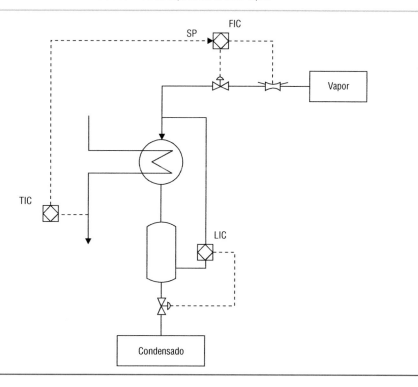

Figura 8.31 Outra estrutura de controle de aquecedores com vapor.

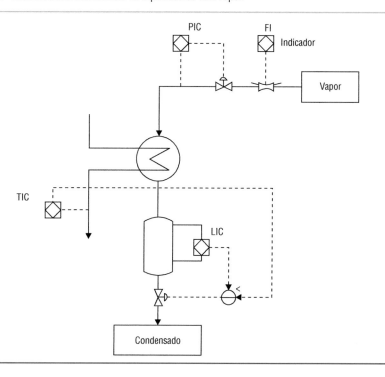

o TIC necessitar de mais carga térmica, o nível de condensado nos tubos do refervedor será reduzido expondo mais área de troca para o vapor. Assim, esta elevação na taxa de condensação reduzirá a pressão no refervedor e o controle de pressão (PIC) se encarregará de admitir mais vapor a partir do *header* de suprimento. Para evitar perda de selagem e envio de vapor para o sistema de condensado, um controle em *override* por nível muito baixo deverá ser incorporado para assumir a manipulação da válvula de controle quando necessário. Esta estratégia é implementada através de um seletor de baixa na saída dos controladores de temperatura (TIC) e de nível (LIC).

As vantagens desta estratégia são:

- Manipula a área de troca automaticamente, sem depender do operador.
- A pressão de condensação é mantida constante evitando os problemas do escoamento do condensado.
- Qualquer perturbação na pressão de fornecimento do vapor é automaticamente corrigida pelo "PIC".
- Evita os problemas de rangeabilidade e de escolha da válvula de controle de vapor (neste caso a "PV").

A desvantagem desta estratégia é a dinâmica mais lenta, pois depende de inundar ou não o trocador de calor para que ocorra uma variação na troca térmica. Este

Figura 8.32 Um trocador de calor com vapor e o seu pote de selagem.

sistema também possui uma não linearidade na dinâmica, pois a geometria do trocador de calor pode fazer com que a constante de tempo do processo para aumentar a carga térmica seja diferente daquela para diminuir a carga térmica. Se este trocador de calor fornecer energia para um processo, por exemplo uma coluna de destilação, cuja dinâmica seja a limitante (bem mais lenta), então este problema pode não ser crítico. A Figura 8.32 mostra um trocador de calor com vapor e o seu pote de selagem.

Portanto, a melhor estratégia de controle para um refervedor com vapor depende de uma série de fatores, tais como das condições de pressão e temperatura do vapor, do nível de perturbações nestas grandezas, da dinâmica da variável a ser controlada etc.

8.7 Controle de processos com resposta inversa

Existem na prática alguns processos que apresentam respostas inversas. Por exemplo, ao se aumentar o sinal de saída de um certo controlador a resposta do processo inicialmente diminui e, com o tempo, volta a subir e termina no final em um valor maior que o inicial. A Figura 8.33 mostra a evolução de uma variável controlada para uma perturbação de 5% na variável manipulada em malha aberta.

Figura 8.33 Resposta inversa de um processo.

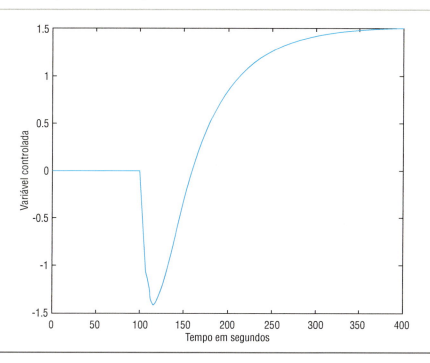

Este tipo de resposta inversa ocorre, por exemplo, quando existem dois efeitos concorrentes afetando a variável controlada, sendo um com ganho pequeno, sinal contrário e rápido, enquanto o efeito principal tem ganho alto, mas dinâmica lenta. A Figura 8.34 mostra o diagrama de blocos de um sistema com resposta inversa.

Figura 8.34 Diagrama de blocos de um sistema com resposta inversa.

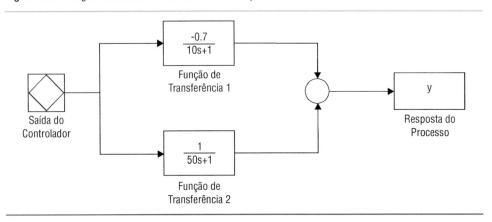

A função de transferência resultante apresenta um zero positivo ($s = 0.3/25$), que é o responsável por este comportamento (resposta inversa).

$$\frac{Y(s)}{U(s)} = \frac{-0.7}{10s + 1} + \frac{1}{50s + 1} = \frac{0.3 - 25s}{(10s + 1)(50s + 1)}$$

Processos com resposta inversa são difíceis de controlar. Eles impõem um limite ao melhor desempenho que um sistema de controle pode ter. Isto é, assim como o tempo morto, a resposta inversa representa um atraso que faz com que a variável controlada demore para atingir o seu valor desejado. Na prática, pode-se aproximar o tempo com que o processo vai na direção oposta, devido à resposta inversa, como sendo um tempo morto equivalente. Desta forma, pode-se utilizar para este sistema com resposta inversa as fórmulas de sintonia de um PID para um processo aproximado por uma primeira ordem com tempo morto.

Um exemplo clássico de resposta inversa ocorre no controle do nível de um tubulão de água de uma caldeira industrial. Quando, por exemplo, se aumenta a produção de vapor da caldeira, inicialmente ocorre uma maior formação de bolhas de vapor no líquido, o que faz com que o nível do tubulão suba, após um certo tempo ele vai cair em direção ao seu ponto de equilíbrio final, conforme já discutido neste capítulo. Este aumento na produção de vapor ocorre devido a um maior *setpoint* no controlador de vazão de vapor produzido que atua no calor fornecido à caldeira.

Um modelo simplificado da caldeira pode ser obtido considerando-se que existem duas fases misturadas abaixo do nível de líquido: uma de vapor (bolhas que ocupam um volume: V_{VAPOR}) e outra líquida (ocupando um volume: $V_{ÁGUA}$). Sendo "A_{TUB}" a área transversal do tubulão, o nível pode ser calculado por:

$$L = \frac{(V_{VAPOR} + V_{ÁGUA})}{A_{TUB}}$$

Os balanços de massa destas duas fases são:

$$\frac{dV_{VAPOR}}{dt} = \frac{1}{\rho_{VAPOR}} \left(\dot{M}_{GERADO}^{VAPOR} - \dot{M}_{PRODUZIDO}^{VAPOR} \right)$$

$$\frac{dV_{ÁGUA}}{dt} = \frac{1}{\rho_{ÁGUA}} \left(\dot{M}_{ADMITIDA}^{ÁGUA} - \dot{M}_{CONSUMIDA}^{ÁGUA} \right)$$

Onde:

V_{VAPOR} = Volume de vapor abaixo do nível de água na caldeira (Ex.: 2.9 m³)

$V_{ÁGUA}$ = Volume de água na caldeira (Ex.: 57.2 m³)

ρ_{VAPOR} = Massa específica do vapor (Ex.: 46.891 kg/m³)

$\rho_{ÁGUA}$ = Massa específica da água (Ex.: 710.429 kg/m³)

$\dot{M}_{GERADO}^{VAPOR}$ = Vapor gerado em função do calor fornecido pelo combustível

$\dot{M}_{PRODUZIDO}^{VAPOR}$ = Vapor produzido que sai na interface de líquido-vapor

$\dot{M}_{ADMITIDA}^{ÁGUA}$ = Vazão mássica de água admitida na caldeira – Variável manipulada pelo controlador de nível do tubulão da caldeira (Ex.: 36 kg/s)

$\dot{M}_{CONSUMIDA}^{ÁGUA}$ = Vazão mássica de água que se transforma em vapor

L = Saída do sistema – Variação do nível do tubulão em metros

As equações para definir as vazões mássicas são:

$$\dot{M}_{CONSUMIDA}^{ÁGUA} = \dot{M}_{GERADO}^{VAPOR} \cong \frac{\dot{Q}}{\Delta H}$$

Onde:

$\dot{Q}$ = Calor fornecido efetivamente em função da queima do combustível (kcal/kg) – Variável manipulada do controlador de vazão de vapor produzido

ΔH = Calor de vaporização da água na pressão de operação (Ex.: 300 kcal/kg)

A vazão de vapor produzido que sai na interface de líquido-vapor do tubulão é função da circulação de água na caldeira. Esta circulação pode ser mantida constante através de uma bomba, em caldeiras de alta pressão, ou ela é função da diferença entre as massas específicas dos tubos ascendentes e descendentes. Neste caso, esta vazão é função da razão entre os volumes de vapor diluído na água nos tubos ascendentes, e o volume total de água. Pode-se aproximar esta vazão por:

$$\dot{M}_{PRODUZIDO}^{VAPOR} \cong \dot{M}_{CIRCULAÇÃO} \times \sqrt{\frac{V_{VAPOR}}{V_{ÁGUA}}}$$

Considerando-se a pressão constante, a Figura 8.35 mostra a variação do nível do tubulão quando se aumenta o calor fornecido à caldeira no tempo igual a 100 segundos. Observa-se que o nível inicialmente sobe, e só após 120 segundos da perturbação ele realmente diminui em relação ao valor de regime permanente anterior.

Figura 8.35 Resposta do nível do tubulão a um aumento do calor.

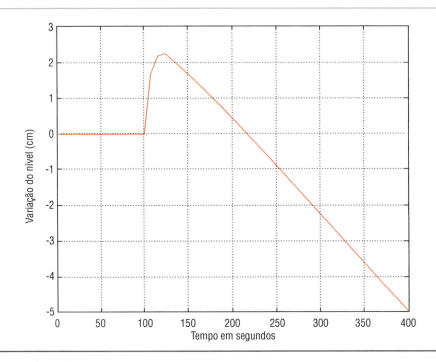

Os trabalhos de [Aström e Bell, 2000] e [Marques, 2005] apresentam modelagens mais completas para a caldeira, que consideram, além do balanço de massa, o balanço de energia da mesma.

8.8 Referências bibliográficas

[Aström e Bell, 2000], "Drum-boiler Dynamics", Automatica, V. 36, pp. 363-378.

[Campos e Saito, 2004], "Sistemas Inteligentes em Controle e Automação de Processos", Ed. Ciência Moderna.

[Liptak, 1987], "Optimization of Unit Operations", Ed. Chilton Book Company.

[Marques, 2005], "Modelagem e controle de nível do tubulão de uma caldeira de vapor aquatubular de uma refinaria de petróleo", dissertação de Mestrado em Engenharia Elétrica da COPPE/UFRJ, 2005.

[Murrill, 1981], "Fundamentals of Process Control Theory", Ed. ISA – Instrument Society of América.

[Seborg, Edgar e Mellichamp, 1989], "Process Dynamics and Control", Ed. John Wiley&Sons.

[Silva *et al.*, 2003], "Implementação de Controle Preditivo Multivariável na Unidade de Olefinas II da Braskem", 6° Seminário de Produtores de Olefinas e Aromáticos, São Paulo.

9

Controle de turbinas a vapor e a gás

controle de turbinas a vapor e a gás

9 Controle de turbinas a vapor e a gás

Neste capítulo será feita uma introdução às turbinas industriais (a gás e a vapor), aos motores elétricos e aos seus principais controles.

9.1 Introdução às turbinas a vapor

Uma turbina a vapor é uma das melhores opções de se produzir trabalho mecânico. A ausência de pistões dos motores de combustão interna diminui os problemas de balanceamento e lubrificação, e aumenta a confiabilidade deste equipamento. Isto também faz com que o torque fornecido seja uniforme e não pulsante, o que é uma vantagem para acionar compressores, bombas e geradores elétricos.

As primeiras turbinas eram acionadas por quedas-d'água (hidráulicas), até a descoberta da turbina a vapor que possibilitou a instalação de fábricas perto dos centros consumidores e não mais perto dos rios. A Figura 9.1 mostra um exemplo de uma turbina a vapor acionando um compressor.

Figura 9.1 Ilustração de uma turbina a vapor.

O princípio de funcionamento da turbina a vapor é converter a energia entálpica do vapor superaquecido em movimento mecânico. A potência desenvolvida na turbina pode ser calculada por:

$$Pot = \dot{m} \times (h_1 - h_2)$$

Onde:

$\dot{m}$ = Vazão mássica de vapor através da turbina
h_1 = Entalpia do vapor na admissão
h_2 = Entalpia do vapor na descarga

Como as condições do vapor (pressão e temperatura) são normalmente constantes para uma turbina, a potência fornecida pela mesma é praticamente linear com a vazão de vapor. A Figura 9.2 mostra este fato em uma turbina real.

Figura 9.2 Ilustração da linearidade entre a potência e a vazão de vapor.

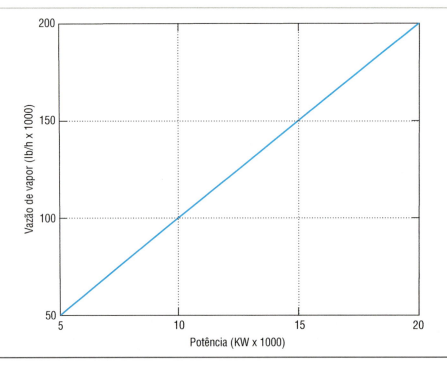

Os componentes básicos da turbina são os bocais ou expansores e as rodas de palhetas (rotor). O vapor é obrigado a escoar nos expansores (pequenos orifícios) onde parte da entalpia do vapor é convertida em energia cinética. O vapor adquire então uma alta velocidade e é direcionado para uma roda de palhetas, fazendo a mesma girar. Este rotor adquire então certa energia, e a transfere para uma carga mecânica acoplada (via eixo) que se deseja acionar. A Figura 9.3 mostra um exemplo de um estágio de uma turbina, com as palhetas fixas que redirecionam o vapor para um segundo rotor.

Uma turbina é composta normalmente de vários estágios de expansão e transferência de energia para o rotor. Portanto, o vapor vai perdendo entalpia, e também

Figura 9.3 Ilustração de um estágio de uma turbina.

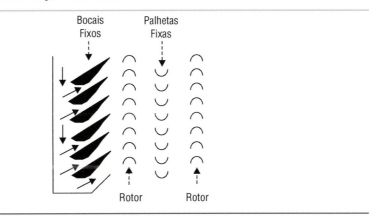

pressão, ao longo da turbina, que vai sendo convertida em energia cinética para o rotor e transferida para a carga mecânica. A Figura 9.4 ilustra este processo.

Figura 9.4 Ilustração da pressão e velocidade do vapor em uma turbina.

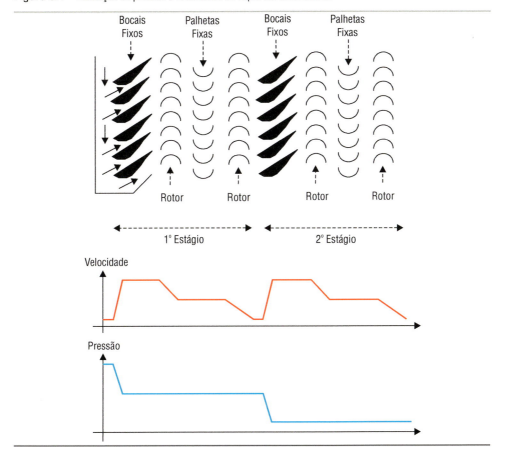

As turbinas a vapor podem ser de contrapressão ou de condensação. Quando existe necessidade de se usar o vapor para o processo em um nível mais baixo de pressão, utiliza-se uma turbina de contrapressão. A Figura 9.5 ilustra este tipo de turbina.

Quando não se tem utilização para o vapor, então o mesmo é condensado e a água volta para o sistema de água das caldeiras, para não desperdiçar esta água tratada. A Figura 9.6 mostra uma turbina de condensação.

Figura 9.5 Exemplos de turbina a vapor de contrapressão.

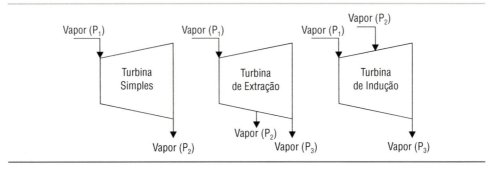

Figura 9.6 Turbina a vapor de condensação.

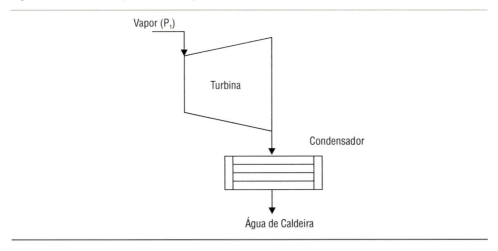

9.2 Principais controles de uma turbina a vapor

Seja uma turbina a vapor de contrapressão simples, a principal variável manipulada pelo controle é a sua vazão de vapor, que é linearmente proporcional à potência fornecida. A principal variável controlada é a rotação da turbina, que é medida e comparada com o seu valor desejado, e em função do erro atua na válvula de admissão de vapor. O *setpoint* do controlador de rotação (SIC) pode ser fixo ou variável em função do equipamento que a turbina está acionando. A Figura 9.7 exemplifica este controle.

Figura 9.7   Controle de uma turbina a vapor.

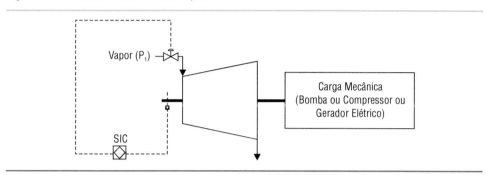

Desta forma, se houver um aumento da carga mecânica, a rotação tenderá a cair, e o controlador de rotação sentirá esta queda e atuará abrindo a válvula de admissão de vapor, e, consequentemente, aumentando a potência fornecida de maneira que a rotação volte ao valor desejado. E vice-versa, caso ocorra uma diminuição da carga. Este balanço mecânico é mostrado na equação a seguir:

$$\frac{dN}{dt} = \frac{((Pot/N) - CR)}{I}$$

Onde:
N   = Rotação da turbina
Pot = Potência fornecida pela turbina
CR = Conjugado resistente da carga mecânica acionada
I   = Momento de inércia do conjunto: turbina-carga

As válvulas de admissão de vapor podem ser apenas uma (*single-valve*), ou várias válvulas em paralelo e em *split-range* (*multi-valve*). No caso das *multi-valve*, à medida que a carga aumenta, começa-se a abrir a primeira válvula, que alimenta um conjunto de expansores (bocais); quando ela está quase toda aberta, começa-se a abrir a segunda, que alimenta um outro conjunto de expansores, e assim sucessivamente. Estas válvulas são conhecidas como válvulas **parcializadoras**. A vantagem das *multi-valve* é que a maioria dos expansores trabalha com uma vazão de vapor constante (respectiva parcializadora toda aberta) e igual ao seu valor de projeto que apresenta a máxima eficiência destes expansores e, consequentemente, da turbina. Neste caso, o controle da turbina funciona colocando-se um maior ou menor número de expansores (um conjunto de expansores para cada parcializadora). Em turbinas de uso geral, opta-se pela *single-valve* por representar um investimento menor.

Para turbinas pequenas, o sistema de controle pode atuar diretamente na haste da válvula parcializadora. Entretanto, para turbinas grandes, a força requerida para atuar e manter a posição da válvula de vapor de alta pressão é muito grande, necessitando de um atuador ou pistão hidráulico. Este equipamento é conhecido como "servomotor". A Figura 9.8 mostra um exemplo simplificado do "servomotor". Se o controle da turbina necessitar de mais vapor, o controle abaixa a sua haste, fazendo com que o óleo de alta pressão do sistema hidráulico de controle vá para o cilindro de força e abra mais a válvula de vapor. O êmbolo do cilindro de força movimenta a alavanca flutuante para cima, que por sua vez movimenta a válvula piloto para a sua posição neutra, fazendo cessar o fluxo de óleo para o cilindro de força. Se, por outro lado, o controle necessitar de menos vapor, então ele movimenta a alavanca flutuante no sentido de drenar o óleo do cilindro de força.

Figura 9.8 Esquema do "servomotor" para manipular as parcializadoras.

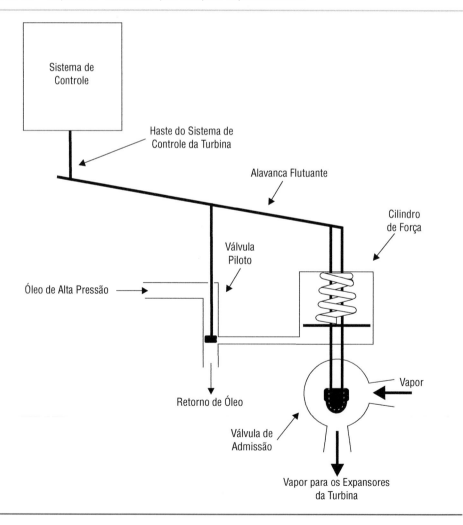

Em relação ao controlador, o primeiro que surgiu foi um mecânico, cuja medição da rotação era feita através de massas girantes (*flyball*) que atuavam diretamente nas válvulas de admissão de vapor. Este sistema de controle de turbinas é conhecido como o **governador** da mesma. A Figura 9.9 ilustra um governador mecânico. Quando a turbina está parada, a força da mola atua na alavanca abrindo totalmente a válvula de admissão de vapor. As massas girantes estão acopladas ao eixo da turbina e a partir de uma certa rotação, a força centrífuga destas massas é capaz de vencer a força da mola e começa a fechar a válvula de vapor e a controlar a rotação da máquina. Este tipo de controlador apresenta um *off-set* ou desvio em regime permanente entre a rotação desejada e o *setpoint* (valor desejado), como será discutido a seguir.

Figura 9.9 Governador mecânico.

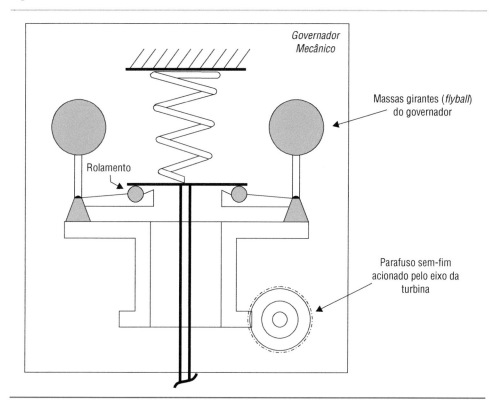

A Figura 9.10 mostra um detalhe de como o governador atua na válvula de vapor. O operador atua em um parafuso ajustando a rotação desejada. Este parafuso reposiciona uma mola que gera força variável na alavanca de transmissão. A força que o governador exerce nesta alavanca é a resultante da sua mola menos a força centrífuga das massas. Em um certo instante, necessita-se de uma certa carga mecânica, logo a vazão de vapor necessária já está amarrada pela potência requerida e, portanto, a posição da válvula de admissão de vapor é única (abertura). O equilíbrio do sistema se dará quando a rotação parar de variar (a potência fornecida pela turbina for igual à requerida pela carga), e gerar uma força resultante do governador na alavanca de transmissão que se equilibre com as outras forças que atuam nesta alavanca: a força da mola de ajuste da rotação e a força necessária para manter a válvula nesta posição de abertura. A equação a seguir mostra este balanço na alavanca:

$$(K_{MOLA} \times x_{MOLA} - M \times R \times w^2) \times l_G + F_{SP} \times l_{SP} = F_{VAL} \times l_{VAL}$$

Onde:

$K_{MOLA} \times x_{MOLA}$	=	Força exercida pela mola do governador
$M \times R \times w^2$	=	Força exercida pelas massas girantes do governador
K_{MOLA}	=	Constante da mola
x_{MOLA}	=	Deformação sofrida pela mola
M	=	Massas girantes do governador
R	=	Raio do círculo percorrido pelas massas girantes
w^2	=	Velocidade angular proporcional à rotação da turbina
l_i	=	Distância do ponto fixo da alavanca ao ponto de aplicação das respectivas forças
F_{SP}	=	Força variável para ajustar o *setpoint* de rotação
F_{VAL}	=	Força necessária para manter a válvula de vapor aberta em uma certa posição

Figura 9.10 Detalhe de atuação do governador mecânico.

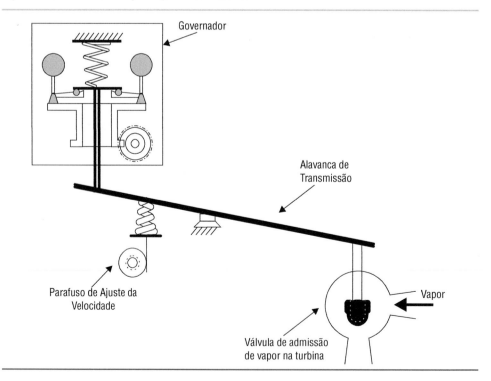

Para este controlador, dada uma carga mecânica o lado direito da equação anterior é praticamente constante, já que a vazão de vapor é constante para fornecer a potência desejada, e consequentemente a posição de abertura será fixa:

$$(K_{MOLA} \times x_{MOLA} - M \times R \times w^2) \times l_G + F_{SP} \times l_{SP} = \text{Constante}$$

Logo, ao se aumentar o *setpoint* de rotação (aumentar a força F_{SP}), a rotação (w) aumentará, já que a posição da alavanca de transmissão já está definida pela carga e a posição da mola (x_{MOLA}) também.

Um dos problemas desta "lei" ou equação de controle é que ela não garante uma rotação constante. Seja por exemplo uma carga mecânica zero, a válvula de vapor dever estar bem fechada (só necessita de uma vazão para manter a turbina girando e vencer os atritos e outras perdas). Para isto a força centrífuga deve ser tal que comprima bem a mola do governador. À medida que a carga mecânica aumenta, a rotação deve diminuir, para diminuir a força centrífuga das massas, e permitir que a deformação da mola do governador diminua, abrindo a válvula de vapor, e fornecendo mais potência. Portanto, a rotação de equilíbrio para este governador mecânico varia com a carga. Esta variação é conhecida como **regulação**. Por exemplo, a Figura 9.11 mostra a curva de controle de um governador mecânico com regulação igual a:

$$\text{Regulação} = \frac{(RPM_{0\%CARGA} - RPM_{100\%CARGA})}{RPM_{100\%CARGA}} \times 100 = \frac{(102 - 98)}{98} \times 100 \cong 4\%$$

Na prática pode-se encontrar governadores com regulação entre 0,5% (melhores) até 10% (piores). Ao se aumentar ou diminuir o *setpoint* de rotação, as curvas da Figura 9.11 irão ser transladadas para cima ou para baixo, mas mantendo sempre a mesma regulação, que é uma característica intrínseca de cada governador.

As folgas internas e os atritos irão gerar uma faixa morta de atuação em torno da curva mostrada na Figura 9.11, que provocará oscilações em torno da velocidade dese-

Figura 9.11 Regulação de um governador mecânico.

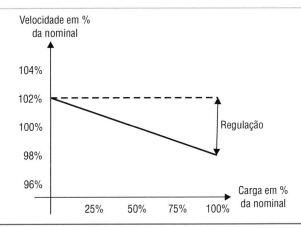

jada (*speed variation*). Estas oscilações também são características do governador e dependem dos detalhes de construção do mesmo. Na prática pode-se ter governadores especificados para variações de ±0,25% (melhores) até 0,75% (piores).

A tabela a seguir mostra uma classificação da qualidade e do desempenho de governadores segundo a NEMA (National Electrical Manufactures Association).

Classe	Regulação	Variação de Velocidade
A	10,0%	0,75%
B	6,0%	0,50%
C	4,0%	0,25%
D	0,5%	0,25%

Este governador puramente mecânico não tem um bom desempenho nem força para acionar as parcializadoras, logo só é utilizado para turbinas que acionam pequenas bombas não críticas. Normalmente, para aplicações mais importantes se utiliza um governador mecânico-hidráulico ou totalmente hidráulico ou eletrônico. No governador mecânico-hidráulico existe um sistema de massas girantes para medir a rotação que atua diretamente em um sistema hidráulico (servomotor com válvula piloto, pistão etc.) que, por sua vez, atua nas parcializadoras. Neste sistema hidráulico existem válvulas agulhas que controlam a dinâmica (retroalimentação) deste controlador. A sintonia deste sistema na prática é feita no campo e é específica de cada equipamento.

No governador totalmente hidráulico, a medição de rotação passa a ser feita por uma bomba hidráulica acoplada com o eixo da turbina, e quanto maior a rotação, maior será a pressão de óleo na descarga desta bomba. Esta pressão de óleo proporcional à rotação é comparada com o valor desejado e atua no sistema do servomotor que manipula as parcializadoras. Todos estes governadores podem receber o *setpoint* de rotação remotamente de outro controlador (sinal 4–20 mA).

Um grande problema destes governadores (mecânico, mecânico-hidráulico e hidráulico) é que as massas girantes ou a bomba que mede a rotação só assumem o controle na rotação mínima de operação da máquina. Isto é, o governador é calibrado para operar entre uma rotação mínima e máxima (que correspondem às pressões mínima e máxima necessárias para o sistema hidráulico operar corretamente). Logo, todo o procedimento de partida deve ser feito manualmente pelos operadores no campo, atuando em válvulas manuais. Quando a rotação da máquina atinge a mínima, então o governador pode passar a controlar as válvulas parcializadoras.

Para resolver este problema, se utiliza atualmente o governador eletrônico. Neste caso, a medição de rotação é feita com um ou mais *pick-ups* magnéticos (normalmente dois ou três), que geram um sinal senoidal cada vez que percorrem um dente de uma roda dentada conectada ao eixo da turbina. Este *pick-up* envia para o controlador eletrônico um sinal de pulsos que é convertido em rotação. Esta variável é comparada com o valor desejado em um controlador do tipo PID. Aqui a sintonia do governador eletrônico passa a usar a metodologia padrão de ajuste dos PIDs (discutida no Capítulo 3), e não mais ajuste de válvulas agulhas no campo e específicas de cada equipamento.

Mas como o vapor, que aciona a turbina, tem uma pressão elevada, a sua válvula de admissão (parcializador) continua necessitando de um atuador hidráulico. Logo, a saída do controlador PID costuma ser convertida de 4–20 mA para um sinal de pressão hidráulica proporcional à abertura desejada da válvula de vapor. Para isto, utiliza-se um conversor eletro-hidráulico, cuja saída controla o servomotor. A Figura 9.12 ilustra esta arquitetura. O problema destes conversores eletro-hidráulicos é que eles são

Figura 9.12 Governador eletrônico.

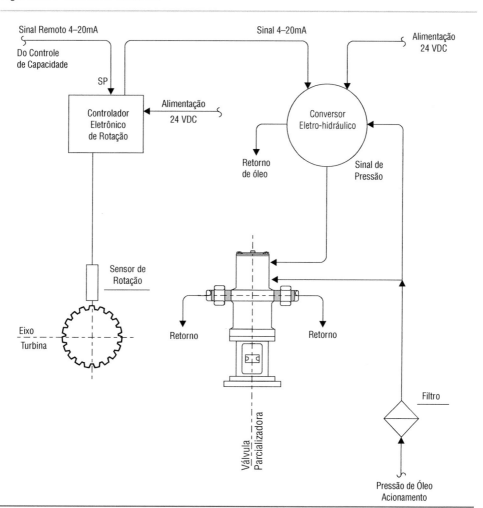

muito sensíveis à qualidade do óleo hidráulico de controle utilizado. Sujeiras neste óleo (partículas ou bolhas de ar) podem gerar variações bruscas nas parcializadoras, gerando quedas bruscas na rotação da turbina. No caso de esta turbina estar acionando compressores dinâmicos, esta queda de rotação pode levar a máquina para uma instabilidade conhecida como *surge* (será estudada no capítulo de compressores). Para se evitar este problema muitas vezes se utiliza um sistema de óleo hidráulico de controle segregado do óleo hidráulico de lubrificação da máquina (utilizado nos mancais etc.).

Outra possibilidade é não usar o conversor eletro-hidráulico e enviar o sinal de 4-20 mA do governador eletrônico (posição desejada das parcializadoras) para uma válvula de controle, que movimenta uma alavanca flutuante de um certo servomotor (ver Figura 9.8). Esta solução é mais simples e não depende da qualidade do óleo. A Figura 9.13 mostra um exemplo de válvula para esta função.

Figura 9.13 Válvula que converte saída do governador eletrônico em posição no servomotor.

A grande vantagem do governador eletrônico é permitir controlar a rotação em valores abaixo da mínima de operação normal da máquina. Logo, pode-se programar e executar todo um procedimento automático de partida. Normalmente, estas máquinas possuem uma ou duas rotações críticas (onde existe uma frequência natural de ressonância), que devem ser evitadas durante a partida, de maneira a evitar vibrações excessivas nestas rotações que danificam as máquinas. Portanto, com o governador eletrônico pode-se definir os patamares de rotação de aquecimento da turbina e as rotações críticas por onde se deve passar rapidamente até atingir a mínima de operação da máquina.

A Figura 9.14 mostra um procedimento de partida configurado em um governador eletrônico. Quando a rotação atinge o valor mínimo para operação estável, a chave HS é comutada para que o *setpoint* do controlador de rotação da turbina (SIC) possa vir do equipamento a ser acionado, por exemplo, o controle de capacidade do compressor a ser acionado (PIC). O controle de capacidade de compressores será discutido no próximo capítulo.

Figura 9.14 Procedimento de partida configurada no governador eletrônico.

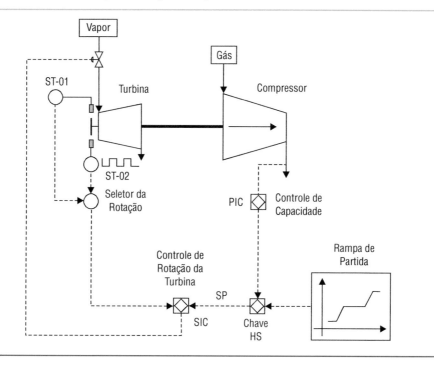

Resumindo, o principal controle das turbinas a vapor é o seu controle de velocidade, entretanto, existem turbinas com extração das quais se deseja também controlar a pressão do *header* (*manifold*) do vapor extraído manipulando uma outra válvula na turbina.

A potência fornecida por uma turbina com extração é:

$$\text{Pot} = (\dot{M}_E + \dot{M}_C) \times \Delta h_1 + \dot{M}_C \times \Delta h_2$$

Onde:

$\dot{M}_E$ = Vazão de vapor extraída da turbina
$\dot{M}_C$ = Vazão de vapor que continua na turbina até a outra descarga
Δh_i = Salto entálpico entre a entrada e a saída do vapor

Figura 9.15 Controle de uma turbina com extração.

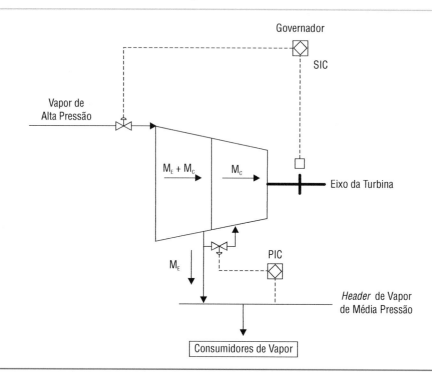

Observa-se que as duas variáveis manipuladas (potência e vazão de vapor extraída) do controle de rotação e pressão do vapor extraído são interdependentes. Por isso, os governadores antigos utilizavam um fole para sentir a pressão e modificar uma alavanca de três braços que influenciava no controle de rotação (a ideia era fazer uma estratégia de antecipação de uma malha atuando na outra). A Figura 9.15 mostra um esquema das malhas de controle que atuam em uma turbina com extração. Obviamente, as malhas interagem; logo pode-se elaborar uma estratégia com desacopladores, como será estudado no capítulo de compressores.

Uma outra estratégia de controle de turbinas a vapor, mais rara, é aquela em que se usam as parcializadoras para controlar a pressão do *header* de vapor de média. Neste caso, se os consumidores aumentarem a vazão de vapor, então a pressão do *header* vai cair, e o controle de pressão abrirá as parcializadoras para aumentar a vazão pela turbina e recuperar a pressão. Quando isto ocorrer, a energia elétrica gerada por esta máquina será maior.

Na realidade, esta máquina prioriza o controle de pressão de vapor e o gerador elétrico irá variar a sua produção em função dos consumidores de vapor. Como o gerador está interligado na rede, a rotação da máquina é controlada pelo sincronismo elétrico. Na realidade, existe uma outra máquina na rede que controla a sua rotação para garantir a frequência elétrica no sistema. No Capítulo 12, de cogeração, será abordado este aspecto de geradores em paralelo mais a fundo. Outra estratégia possível de controle para esta turbina seria definir uma potência elétrica gerada constante, que, por sua vez, manipularia as parcializadoras. A Figura 9.16 mostra um esquema com esta configuração de controle.

Figura 9.16 Controle da parcializadora de uma turbina para manter a pressão do *header* de vapor.

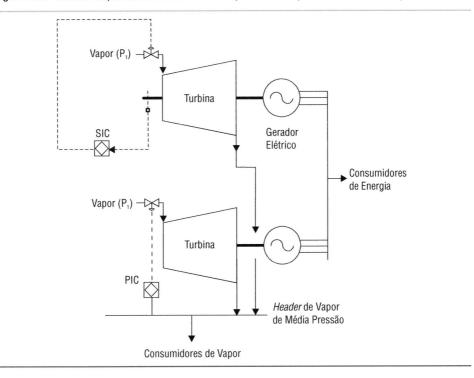

O sistema típico de vapor de uma refinaria é mostrado na Figura 9.17. As caldeiras geram uma vazão de vapor de alta pressão conforme o consumo, através do controle da pressão do *header* de alta, que atua no combustível da caldeira mestra (ver capítulo de caldeiras). O *header* de média é controlado normalmente manipulando a vazão de vapor de uma turbina de contrapressão (gerando mais ou menos energia), e nos casos extremos por um controlador de pressão que quebra o vapor de alta para média, ou alivia para a atmosfera quando necessário. O ideal é que as turbinas de contrapressão forneçam uma vazão de vapor de média compatível com o consumo, de forma que a válvula que quebra a pressão de alta para baixa fique fechada, não perdendo energia. A mesma ideia vale para o controle de pressão do *header* de baixa pressão. As turbinas com condensação têm a água gerada reciclada para o sistema de água das caldeiras. Caso se deseje controlar a potência elétrica comprada ou exportada, pode-se

Figura 9.17 Sistema de vapor típico de uma refinaria.

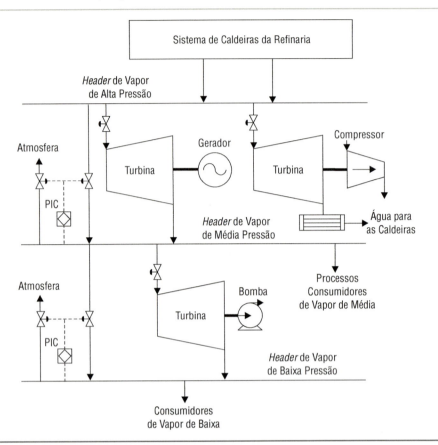

implementar um controlador de potência atuando em uma turbina com condensação total que gere energia elétrica.

Antes de terminar a parte de controle de turbina, vale a pena falar do sistema de proteção por sobrevelocidade. O objetivo é impedir tensões mecânicas elevadas (devido às forças centrífugas) que poderiam destruir a máquina. Desta forma, deve se medir a rotação (usar três *pick-ups* redundantes que medem a rotação em votação 2 x 3, além dos de controle de rotação) e caso se detecte uma rotação elevada (110 a 115% da nominal), deve-se fechar a válvula de segurança (*trip*) de vapor da turbina. Este sistema deve ser independente dos outros sistemas de segurança da turbina. Esta válvula de segurança de corte do vapor deve ser rápida (tempo de fechamento da ordem de 200 ms).

9.3 Introdução às turbinas a gás

Mas qual o problema das turbinas a vapor? A grande dificuldade é a produção de vapor à alta pressão e temperatura. As caldeiras, que são os equipamentos necessários à produção de vapor, são pesadas e exigem grandes investimentos. O peso e as dimensões elevadas inviabilizam o uso das turbinas a vapor, por exemplo, para a propulsão de aviões, e para a geração de energia em plataformas de petróleo.

Nas turbinas a vapor, a fonte primária de energia é a queima de combustível na caldeira, que gera os gases de combustão que, por sua vez, transmitem o calor para gerar o vapor. Uma unidade de geração de energia mais compacta poderia ser obtida se os próprios gases de combustão acionassem a turbina ao invés do vapor. Esta ideia deu origem à turbina a gás. O desenvolvimento deste equipamento foi logo direcionado para a propulsão de aviões, e em 1937 conseguiu-se implementar o primeiro protótipo. Atualmente, este equipamento também é utilizado na indústria para acionar compressores, bombas, geradores elétricos etc.

Para produzir uma expansão na turbina é necessário um fluido com pressão, portanto o primeiro passo é a compressão deste fluido. Se após a compressão este fluido fosse expandido na turbina, a potência desenvolvida na mesma só seria suficiente para acionar o compressor (considerando as perdas). Entretanto, se este fluido recebesse energia após a compressão e aumentasse a sua temperatura, então o trabalho obtido através da expansão na turbina seria capaz de acionar o compressor e ainda existiria um excedente capaz de acionar um outro equipamento.

Se o fluido utilizado neste processo fosse o ar, então a melhor forma de aquecê-lo seria através da combustão. A Figura 9.18 mostra um esquema simplificado de uma turbina a gás. O ar é aspirado da atmosfera, comprimido e enviado para uma câmara de combustão, onde se queima uma certa quantidade de combustível para aquecer este ar. Em seguida, este ar é expandido na turbina gerando energia. Para uma certa vazão de ar existe um limite para a quantidade de combustível queimado, que depende da resistência mecânica do material utilizado na turbina, já que o combustível vai definir

Figura 9.18 Esquema simplificado de uma turbina a gás.

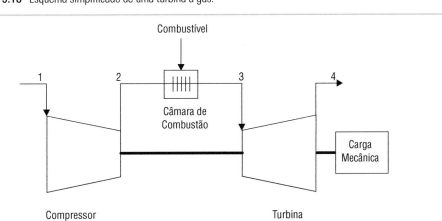

a temperatura dos gases. Desta forma, existe um limite para a potência fornecida pela turbina a gás. No início do desenvolvimento deste equipamento, a baixa eficiência do compressor e os limites de temperatura dos gases de combustão limitavam muito a potência fornecida. Atualmente, a temperatura dos gases pode atingir valores entre 1100 e 2000 K em função do material e do sistema de refrigeração das palhetas da turbina, que utiliza o ar frio da descarga do compressor em um complexo sistema de labirintos internos aos componentes da turbina.

Os gases após a turbina (ponto 4 da Figura 9.18) ainda estão quentes o suficiente para serem aproveitados para aquecer uma corrente em um processo na indústria (água, o próprio ar que vai para a turbina, petróleo para uma unidade de destilação, geração de vapor etc.). A utilização desta energia aumenta bastante a eficiência do sistema. Como estes gases ainda têm um elevado percentual de oxigênio, pode-se utilizá-los com "ar aquecido" para fornos e caldeiras. Este ar aquecido aumenta bastante a eficiência dos fornos, e para plantas petroquímicas que costumam ter mais de dez fornos de pirólise em paralelo esta configuração pode representar uma economia enorme em combustível, além de gerar energia elétrica na turbina a gás.

No caso de turbinas para aviões, estes gases vão para um difusor, de forma a aumentar a sua velocidade e gerar o empuxo (*thrust*) que impulsiona o avião. As turbinas a gás na indústria podem ser adaptações das de aviões (*aero-derivative*) ou desenvolvidas especialmente para a indústria.

9.4 Principais controles de uma turbina a gás

A turbina a gás é composta de três equipamentos complexos em série: compressor, câmara de combustão e turbina. Portanto, a operação estável dela depende dos pontos de operação destes três equipamentos que são acoplados (a rotação é a mesma, a vazão do compressor e da turbina são muito correlacionadas, a pressão na entrada da turbina é a de saída do compressor etc.). Na prática, a faixa de pontos possíveis de operação fica extremamente reduzida, pois o compressor apresenta problemas de instabilidade em vazões baixas e a câmara de combustão tem o problema da estabilidade da chama.

Os pontos de equilíbrio podem ser traçados na curva do compressor. Este compressor costuma ter uma instabilidade conhecida como *surge*, que impede a operação em vazões abaixo de um mínimo, que é função rotação (Figura 9.20). Caso a máquina no transiente tenda a operar nesta região, deve-se abrir uma válvula de alívio (*blow-off* ou *bleed*), ou mudar as válvulas guias da sucção (*VIGV – Variable inlet guide vanes*). Este fenômeno do *surge* será discutido no capítulo de compressores. A Figura 9.19 mostra as principais variáveis manipuladas de uma turbina: a válvula de combustível, a válvula "VIGV" que muda o ângulo de entrada do ar no compressor, e a

Figura 9.19 Variáveis manipuladas da turbina a gás industrial.

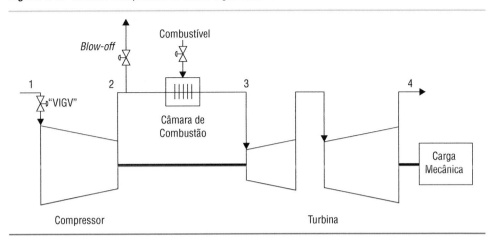

válvula de alívio (*blow-off*). Nesta figura, mostra-se também uma estratégia utilizada nas turbinas industriais, onde se separa a turbina que aciona o compressor, da turbina que aciona a carga mecânica. Esta separação dá mais flexibilidade de rotação para acionar a carga.

Existem turbinas que também podem atuar em válvulas guias na entrada da turbina após a câmara de combustão (NGV – *Nozzle Guide Vanes*), mas o sistema de atuação é mais complexo do que as VIGV, em função das altas temperaturas, e nem sempre é utilizado.

Os transientes de uma turbina a gás são relativamente rápidos, da ordem de 5 a 10 segundos. E as principais restrições são: a máxima temperatura durante os transientes na turbina, a distância do *surge* no compressor, e a relação combustível/ar na câmara de combustão de forma a manter a estabilidade da chama.

Na aceleração, aumenta-se a vazão de combustível fazendo com que a potência e a rotação também aumentem. Durante esta aceleração, a temperatura dos gases na saída da câmara de combustão aumenta (com risco de temperatura alta na turbina) e, com ela, a pressão na descarga do compressor (em função de dois efeitos: maior temperatura dos gases e velocidade sônica na turbina – *choke*, que limita a vazão pela mesma até que a inércia da mesma permita um aumento de rotação), levando o mesmo na direção do *surge*.

O *surge* se caracteriza por oscilações rápidas nas pressões (entre 0,05 a 0,2 segundos dependendo da máquina), com possibilidade de vazão reversa (fluxo invertido da câmara de combustão para o compressor, que não foi projetado para temperaturas elevadas). Em caso de *surge*, a temperatura da turbina também tende a subir bastante, portanto deve-se detectar este evento (medir a variação do diferencial de pressão no compressor, e caso este valor esteja acima de um certo número, então a máquina está em *surge* – este fenômeno será melhor estudado no próximo capítulo) e atuar cortando o combustível e abrindo as válvulas de alívio (*blow-off* ou *bleed*), ou as válvulas guias da sucção ("VIGV"). Para evitar o *surge*, projeta-se um controle com folgas da ordem de 22% para considerar a dinâmica (11%) e as incertezas da curva de *surge* (11%). Portanto, a vazão de combustível deve subir de forma controlada.

Quando a eficiência da turbina se deteriora, ela pode necessitar de uma vazão de combustível maior do que aquela que o controle permite, e desta forma a turbina pode não ter um ponto de equilíbrio e "apagar" (*run down*).

Na desaceleração, o problema é a possibilidade de uma alta razão entre a vazão de ar e a de combustível que pode levar a apagar as chamas. Nesta desaceleração, a vazão de combustível costuma cair de 20 a 50% do seu valor nominal, fazendo com que a pressão na descarga da câmara de combustão também caia, e a vazão comprimida pelo compressor aumente, fazendo com que a razão ar/combustível aumente muito. Portanto, a vazão de combustível também deve diminuir de forma controlada.

Em caso de extinção da chama, o sistema de controle deve detectar rapidamente esta situação e fechar a válvula de combustível, de forma a evitar a autoignição do combustível fora da câmara em uma região da turbina não projetada para ter esta queima, como nas palhetas da turbina.

A Figura 9.20 mostra os pontos de operação estáveis da turbina a gás, desenhados sobre a curva do compressor (pressão de descarga pela vazão). Observa-se que este equipamento possui poucos pontos de equilíbrio, pois para cada rotação, existe apenas uma vazão e uma pressão de descarga que equilibra as curvas do compressor com as da turbina. Esta figura também mostra as curvas durante os transientes de aceleração (em direção ao *surge*) e de desaceleração (aumento da razão ar/combustível).

Figura 9.20 Operação da turbina a gás na curva do compressor.

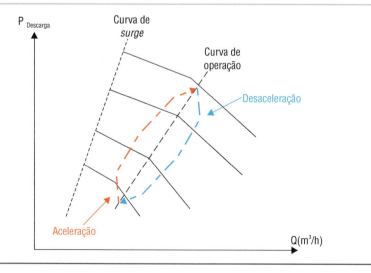

Após esta introdução ao controle de uma turbina a gás, pode-se observar a complexidade dos transientes envolvidos e a necessidade de uma estratégia de controle avançada, que evite as instabilidades. O controle da turbina é atualmente implementado em sistemas digitais que operam em um ciclo de 10 a 30 ms, dependendo do equipamento.

A principal variável de controle é a rotação do equipamento acionado, que pode ser um gerador (modo síncrono – rotação constante, ou modo *droop*, para detalhes ver o Capítulo 12, de cogeração) ou um compressor (o *setpoint* é variável em função do controle de capacidade, para detalhes ver o capítulo 10 de compressores). E a principal variável manipulada é a vazão de combustível. A Figura 9.21 mostra um esquema simplificado do controle da vazão de combustível de uma turbina a gás.

Se nenhuma restrição está ativa, quem controla a vazão de combustível é o controlador PID de rotação do equipamento acionado. Entretanto, se a temperatura

Figura 9.21 Controle da vazão de combustível de uma turbina a gás.

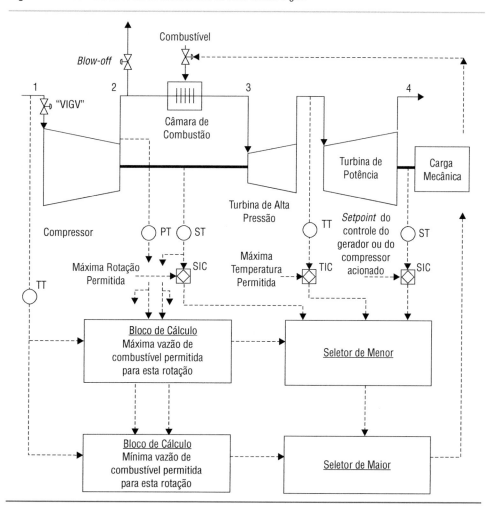

na entrada da turbina de potência estiver acima do seu *setpoint* máximo, então o controlador TIC assumirá o controle através do seletor de menor, e cortará a vazão de combustível para que esta restrição não seja violada.

Outra restrição é a rotação máxima do conjunto compressor/turbina de alta pressão. Também existe um PID desta rotação que corta o combustível, caso seja necessário. Como foi dito anteriormente, também existe para cada rotação do conjunto (corrigido por pressão e temperatura) um valor máximo de vazão de combustível que evita os problemas de *surge* e de temperatura alta na turbina de alta pressão. Este bloco de cálculo é implementado na prática como uma tabela não linear de valores. Este valor máximo também atua no seletor de menor e evita que os controladores PIDs solicitem uma vazão de combustível maior que este valor, protegendo desta forma a máquina.

Também existe um outro bloco de cálculo (tabelas), que definem, durante a desaceleração, qual a menor vazão de combustível permitida em função da rotação do conjunto, que minimiza a chance de a chama apagar. Esta menor vazão atua em um seletor de maior e desta forma protege a máquina contra ações bruscas dos PIDs, que poderiam existir em função da sintonia dos mesmos.

Outro problema é evitar a sobrevelocidade, que pode ocorrer por exemplo quando o gerador elétrico acionado tem o seu disjuntor aberto. Neste caso, o sistema de segurança deve cortar o combustível o mais rápido possível.

A Figura 9.22 mostra uma foto de uma turbina a gás.

Figura 9.22 Turbina a gás industrial.

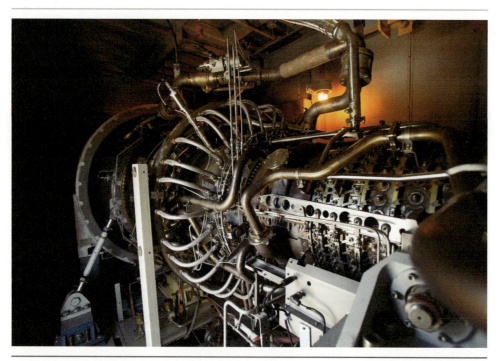

9.5 Referências Bibliográficas

[Beaty e Kirtley, 1998], "Electric Motor Handbook", Ed. McGraw Hill.

[Dresser-Rand, 2005], ver em "www.dresserrand.com".

[Godoy, 2004], "Turbinas a Vapor", Curso Interno da Petrobras.

[Japikse e Baines, 1994], "Introduction to Turbomachinery", Ed Oxford Univ. Press.

[Queiroz e Matias, 2003], "Turbinas a Gás", Curso Interno da Petrobras, 1ª ed.

[Vivier, 1968], "Turbinas de Vapor y de Gas", Ed. Urmo, Espanha.

[Walsh e Fletcher, 1998], "Gas Turbine Performance", Ed. Blackwell Science.

[Woodward, 2005], ver em "www.woodward.com".

10

Controle de compressores

controle de compressores

10 Controle de compressores

Neste capítulo será feita uma introdução aos compressores industriais. Em seguida, serão introduzidos os diversos controles destes equipamentos e os detalhes de implementação.

10.1 Introdução aos compressores industriais

O compressor é inserido em um processo industrial com o objetivo de fornecer energia ao gás para que o mesmo passe a um nível de pressão mais elevado. Obviamente, existe uma forte interação entre ambos e o processo deve exercer um controle sobre o compressor, dito de capacidade ou de desempenho, para que o mesmo forneça a vazão e a pressão conveniente à condição operacional desejada. A Figura 10.1 mostra um desenho esquemático de um gás sendo comprimido, isto é, indo na direção de aumentar a sua pressão e diminuir o seu volume.

Figura 10.1 Curva de compressão.

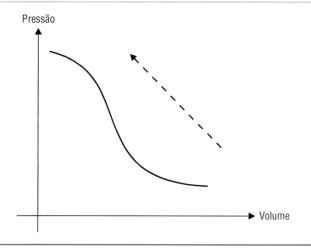

Existem dois tipos principais de compressores:
- Volumétricos (alternativos e rotativos);
- Dinâmicos (centrífugos e axiais).

A Figura 10.2 mostra as diversas etapas de um compressor alternativo. Na etapa de admissão, o gás é aspirado da sucção na máquina (do ponto 4 ao 1 da Figura 10.3). Em seguida, ele é comprimido (ponto 1 ao 2 da Figura 10.3), e quando a pressão atinge um valor superior ao do sistema a jusante, ele é descarregado (ponto 2 ao 3 da Figura 10.3). Finalmente, ocorre uma etapa de expansão (ponto 3 ao 4 da Figura 10.3) e o ciclo volta a se repetir. A cada ciclo um determinado volume é comprimido, e a vazão volumétrica pode ser calculada multiplicando-se este volume da máquina pela rotação (número de ciclos por minuto). Este é um exemplo de um compressor volumétrico, onde há uma separação física entre a sucção e a descarga, através das válvulas de sucção e descarga.

Figura 10.2 Compressor alternativo.

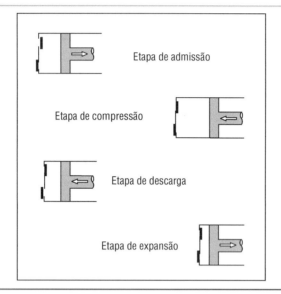

Figura 10.3 Curva do ciclo do compressor alternativo.

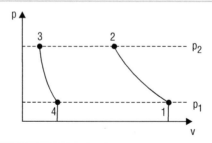

O estágio de um compressor centrífugo é constituído de duas partes: o impelidor e o difusor. O gás é aspirado pela abertura central do impelidor e remetido sob ação da força centrífuga, daí o nome da máquina, para um anel em forma circular, dito difusor radial, onde parte da energia cinética é convertida em entalpia (aumento da pressão). As Figuras 10.4 e 10.5 mostram exemplos de compressores centrífugos. Este é um exemplo de um compressor dinâmico onde não há uma separação física – por exemplo uma válvula – entre a sucção e a descarga.

Figura 10.4 Compressor Centrífugo com apenas um impelidor.

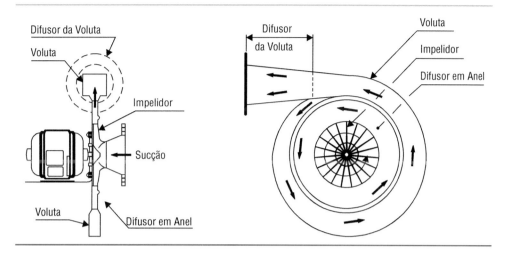

Figura 10.5 Compressor Centrífugo de vários estágios.

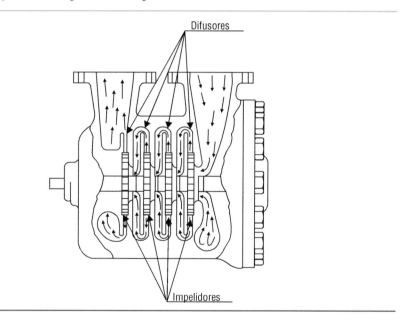

A energia fornecida ao gás pelo impelidor da máquina por unidade de massa comprimida é conhecida como *head* (H), e é incorporada ao mesmo na forma de aumento de entalpia (dh), de energia cinética ($dv^2/2$) e de energia potencial gravitacional (gdz). Pela primeira lei da termodinâmica, pode-se relacionar as variáveis mencionadas acima, conforme a seguinte equação:

$$dQ + H = dh + \frac{dv^2}{2} + gdz$$

A troca térmica no impelidor (dQ) é desprezível, pois o processo é praticamente adiabático [Stebanoffs, 1955]. A variação de energia potencial gravitacional (gdz) é muito pequena e também pode ser desprezada. O termo de entalpia (dh) é denominado de *head* estático (H_S) e o da energia cinética de *head* dinâmico (H_D). Portanto, a equação anterior pode ser reescrita como:

$$H = H_S + H_D$$

Onde:
H = energia total recebida.
H_S = energia incorporada como entalpia "dh" (*head* estático).
H_D = energia incorporada como "$dv^2/2$" (*head* dinâmico).

No difusor não há mais fornecimento de energia (H = 0), mas ocorre a conversão do *head* dinâmico em *head* estático, isto é, a velocidade do gás tende a diminuir e a pressão a aumentar. A primeira lei da termodinâmica aplicada a esta parte da máquina fornece:

$$H_S + H_D = 0$$

Onde:
H_S = d(Pv) + du

O *head* estático (H_S), que é a entalpia (dh) pode ser decomposta em duas partes, uma conhecida como energia potencial de fluxo [d(Pv)], e a outra como energia interna [du]. Como tanto no impelidor como no difusor há um aumento desta entalpia ou *head* estático (H_S), precisa-se saber agora como ela é distribuída entre estas duas partes (energia potencial de fluxo e energia interna).

A finalidade do compressor é aumentar a pressão do gás logo, o ideal seria que toda a energia estática fosse utilizada neste objetivo (aumentando a energia potencial de fluxo). Entretanto, devido às irreversibilidades (atritos, perdas aerodinâmicas etc.) que ocorrem tanto nos impelidores quanto nos difusores, parte da energia potencial de fluxo é convertida em energia interna, acarretando um aumento da temperatura do gás e reduzindo o ganho de pressão que poderia ser obtido.

Existem ainda outros efeitos como as trocas térmicas e o aumento do volume específico pelas irreversibilidades que afetam negativamente a correspondência entre o *head* estático e a pressão do gás.

Apenas para ilustrar, vale ressaltar que a maior parte do aumento de pressão no compressor ocorre no impelidor, aproximadamente 65% a 75% [Gaston, 1976], e não no difusor. Como também existe um limite para o ganho de pressão em um estágio de compressão (impelidor-difusor), quando se deseja uma alta pressão na descarga, costuma-se utilizar vários destes estágios (ver Figura 10.5).

Figura 10.6 Compressor Axial.

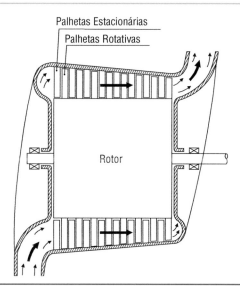

A Figura 10.6 mostra um exemplo de um compressor axial, que também é do tipo dinâmico. Nestas máquinas, um conjunto de palhetas no rotor e no estator é responsável pela compressão. As palhetas rotativas fornecem o *head* necessário ao gás para levá-lo ao nível de pressão desejado.

A Figura 10.7 mostra as palhetas rotativas (rotor) e os difusores (palhetas estacionárias, e soldadas à carcaça da máquina) de um compressor axial. Ela também mostra a curva de aumento de pressão ao longo da máquina.

Figura 10.7 Aumento de pressão no compressor axial.

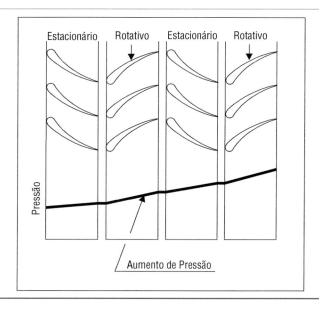

A seguir, serão apresentados resumidamente os principais pontos necessários à compreensão da operação e do controle de compressores industriais. Para maiores detalhes destes equipamentos e da termodinâmica associada ao processo de compressão sugere-se consultar o livro de Rodrigues (1991).

10.2 As curvas características do compressor

Quando um compressor é instalado em um determinado processo, algumas variáveis governam a cada instante o seu funcionamento. São elas:

- A pressão de sucção (P_S).
- A temperatura de sucção (T_S).
- A pressão de descarga (P_D).
- A natureza do gás (composição química, ou no caso de ser gás perfeito, o seu peso molecular e o coeficiente adiabático).

Como resultado do valor dessas variáveis do processo, o compressor fornece em função do seu desempenho:

- A vazão volumétrica aspirada na sucção (V_S).
- A potência necessária à compressão (Pot).
- A temperatura de descarga (T_D).

Com o objetivo de fornecer informações acerca do comportamento e desempenho de suas máquinas, os fabricantes dos compressores costumam utilizar as curvas características [Gaston, 1976]. Tratando-se de uma forma gráfica, estas curvas são limitadas em termos de representação de um equipamento com tantos parâmetros e variáveis. Existem muitas curvas características, mas as mais usuais são a do *head* e a do rendimento (relação entre o trabalho ideal e o da compressão real) em função da vazão volumétrica na sucção, cujas formas típicas são mostradas nas Figuras 10.8 e 10.9.

Para gases perfeitos, o *head* é calculado em função das variáveis impostas pelo sistema ao compressor conforme a equação a seguir, que foi particularizada para uma compressão politrópica. O rendimento (η) não é conhecido *a priori* e deve ser arbitrado em um valor típico de 75% [Gaston, 1976] para se calcular inicialmente o *head* imposto pelo sistema. Com a rotação de operação da máquina e o *head* calculado, entra-se na curva característica da Figura 10.8 e obtém-se a vazão aspirada pelo compressor naquelas condições. O rendimento é então calculado, a partir da vazão, em outra curva característica, fornecida pelo fabricante (Figura 10.9). Se o seu valor diferir muito do

Figura 10.8 Curva característica *Head* x Vazão volumétrica.

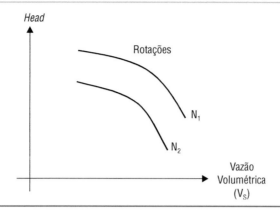

Figura 10.9 Curva característica Rendimento x Vazão volumétrica.

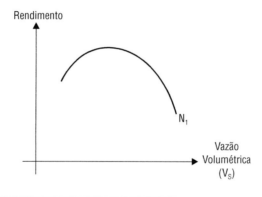

arbitrado, deve-se recalcular o *head* e repetir o processo até a convergência [Campos e Rodrigues, 1990] [Campos e Rodrigues, 1988].

$$H = \frac{k\,\eta_P}{k-1} \times \frac{RT_S}{MW} \left[\left(\frac{P_D}{P_S}\right)^{\frac{k-1}{k\eta_P}} - 1 \right] \qquad (10.1)$$

Onde:

k = expoente adiabático $\left(c_P/c_V\right)$

η_p = rendimento politrópico

R = constante dos gases $\left(R = 848 \dfrac{kgf \times m}{kgmol \times K}\right)$

A temperatura de descarga (T_D) é calculada pela equação:

$$T_D = T_S \times \left(\frac{P_D}{P_S}\right)^{\frac{k-1}{k\eta_p}}$$

Uma vez obtido o *head* (energia por unidade de massa) e a vazão mássica ($\dot{M}$ = Vs × ρ) pela máquina, a potência requerida para a compressão fica determinada.

$$Pot = \frac{H \times V_S \times \rho}{\eta}$$

Para maiores detalhes da termodinâmica de compressão de gases e compressores, consultar [Gaston, 1976], [Hall, 1976], [Stebanoffs, 1955] e [Rodrigues, 1991].

10.3 Limite de *surge* dos compressores dinâmicos

Quando o fluxo de gás desacelera (tanto no difusor quanto no impelidor), existe a possibilidade de a vazão perto das paredes do equipamento cair a zero, e até mesmo ocorrer um fluxo reverso localizado. Este fenômeno é conhecido como *stall* e ocorre mais frequentemente quando a vazão de gás é mais baixa [Japikse e Baines, 1994]. Este fenômeno provoca ruído e pode levar o material das palhetas (compressor axial) para uma situação de falha por fadiga. Entretanto, o compressor pode operar continuamente nesta condição.

Se a vazão do compressor dinâmico continuar diminuindo e cair abaixo de um certo valor, tem início um outro fenômeno conhecido como *surge*, que se caracteriza por oscilações nas pressões e vazões, frequentemente incluindo uma vazão total reversa, isto é, o gás volta da descarga (que possui uma pressão maior) para a sucção da máquina. Durante a ocorrência do *surge*, o compressor exibirá um comportamento bastante instável, com a emissão de um ruído audível e acompanhado em geral por fortes vibrações, sobretudo na direção axial. Dependendo da intensidade do *surge*, pode-se danificar seriamente os mancais, os selos e o próprio rotor da máquina, diminuindo a disponibilidade da mesma e abaixando a confiabilidade da Unidade.

O fenômeno do *surge* é bastante complexo, depende do sistema onde a máquina está inserida, de desgastes e deposição interna de sujeiras, e ainda apresenta muitos aspectos não bem definidos [Aungier, 2003]. Entretanto, com o objetivo apenas didático de entender este fenômeno do *surge*, considere a curva de pressão de descarga em função da vazão do compressor da Figura 10.10 para uma rotação constante. Esta curva característica da máquina é obtida a partir das Figuras 10.8 e 10.9, e da equação do *head* (Equação 10.1), considerando constantes a pressão, temperatura e peso molecular do gás na sucção do compressor.

A curva à esquerda do ponto limite de *surge* ("B") está tracejada, pois é uma região instável de equilíbrio, isto é, teoricamente o compressor poderia operar nesta região, mas qualquer perturbação o levaria para outro ponto de operação. Considere inicialmente o compressor operando em regime permanente no ponto "A", se ocorrer um estrangulamento de uma válvula na descarga da máquina, a pressão tenderá a aumentar e a vazão tenderá a diminuir. Portanto, o ponto de operação caminhará em direção a "B". Se este ponto limite for ultrapassado, devido a uma tendência contínua de aumento na pressão, a única possibilidade na Figura 10.10 de se operar com uma pressão maior do que a de "B" é "pular" para o ponto de operação "C". Este fato representa uma inversão na direção do fluxo pela máquina, o que fará com que a pressão na descarga tenda a cair. Logo, este ponto de operação não é dinamicamente estável, e o compressor caminha de "C" para "D". Neste ponto "D", a única possibilidade de a pressão continuar caindo é o ponto de operação "pular" para "E". Agora como a vazão pelo compressor está no sentido correto, e é elevada, a pressão de descarga voltará a subir e o ponto de operação caminhará novamente em direção ao ponto "B", completando assim o ciclo de *surge*. Portanto, o *surge* de uma maneira "macro" pode ser compreendido como um fenômeno decorrente da não linearidade das curvas características dos compressores dinâmicos.

Pode-se observar graficamente o fenômeno do *surge* registrando a pressão de descarga e a vazão volumétrica aspirada na sucção, conforme a Figura 10.11. Observa-se que a pressão na descarga foi aumentando até colocar a máquina em *surge*, a partir deste ponto o sistema passa a oscilar.

Os efeitos do *surge*, dependendo da sua duração e das características físicas da instalação, podem variar desde a simples perturbação operacional no processo (oscilações nas pressões e possível queima de gases na tocha de segurança), até a destruição da máquina, face aos elevados níveis de vibração. Um dos fatores dominantes nesse sentido é a frequência do ciclo deste fenômeno, que é tanto maior quanto menor for a capacitância na descarga da máquina. Isto é, quanto menor for o volume na descarga

Figura 10.10 Ciclo de *surge* em uma curva característica do compressor.

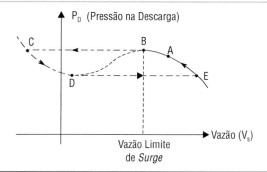

Figura 10.11   Variações na pressão e na vazão, devido ao *surge*.

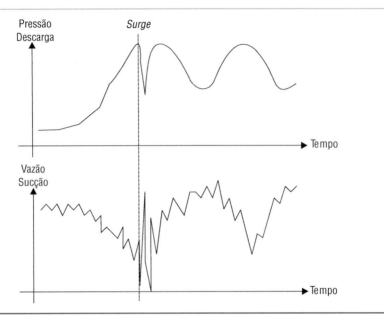

da máquina, a pressão irá variar mais rapidamente, e a frequência do ciclo será maior. Quanto maior for esta frequência, menores serão os riscos de danos à máquina. Em face disto, costuma-se colocar uma válvula de retenção o mais próximo possível da descarga do compressor, para diminuir a capacitância e, consequentemente, os danos devidos ao *surge* no mesmo. Quando esta válvula de retenção começa a "bater" (abrir e fechar ciclicamente) em operação é um sinal de que a máquina está em *surge*. Os ciclos de *surge* nos compressores industriais costumam variar entre 100 e 500 milésimos de segundo. Para os compressores axiais das turbinas a gás este ciclo pode ser tão rápido quanto 50 milésimos de segundo. Estes dados mostram a necessidade de uma instrumentação rápida para detectar este fenômeno.

O mais importante, entretanto, é elaborar uma estratégia de controle *anti-surge* que evite que a máquina atinja o ponto de instabilidade. Maiores detalhes deste fenômeno do *surge* podem ser encontrados em [Greitzer, 1976], [Toyoma *et al.*, 1977], [Staroselsky e Ladin, 1979], [Greitzer, 1981], [Cumpsty, 1989] e [Aungier, 2003].

A mudança de rotação provoca uma variação na vazão limite para o *surge*, ver Figura 10.12. Pode-se construir uma curva que tem normalmente o aspecto geral de uma parábola ligando todas estas vazões. É importante mencionar que esta curva, denominada de curva limite de *surge*, se altera com a natureza ou o grau de compressibilidade do gás [Waggoner, 1976], com o peso molecular, com o estado interno da máquina etc.

Portanto, é difícil calcular teoricamente esta curva com muita precisão, e, na prática, deve-se prever para os compressores industriais um teste de levantamento ou confirmação desta curva de *surge*.

Figura 10.12 Variações do ponto de *surge* com a rotação e a natureza do gás.

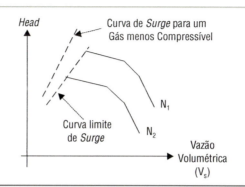

A seguir, serão descritos os dois principais tipos de controle, do ponto de vista do processo, existentes nos compressores dinâmicos: o controle de capacidade e o controle *anti-surge*.

10.4 Controle de capacidade dos compressores

Quando se insere um compressor em um dado processo industrial, espera-se que o mesmo desempenhe uma certa função, por exemplo, manter uma dada vazão para a planta constante. Para que isto se torne realidade, introduz-se um controle dito de capacidade. O controle de capacidade de um compressor é aquele que atua nas suas condições operacionais, de forma a manter uma das seguintes variáveis constantes:

- Vazão pela máquina.
- Pressão de sucção (P_S).
- Pressão de descarga (P_D).

Naturalmente, apenas um desses controles poderá ser exercido de cada vez. A escolha depende do processo onde a máquina está inserida. As principais formas de se atuar no compressor para mudar o seu ponto de operação são as seguintes no caso das máquinas dinâmicas (centrífugo ou axial):

- Variação da rotação
- Estrangulamento de uma válvula na sucção
- Mudança do ângulo das pás guias (*inlet guide vanes*)

Para exemplificar, considere que se queira controlar a pressão de descarga, isto é, compatibilizar a demanda de gás por parte do sistema com o suprimento do compressor, manipulando-se a rotação da máquina conforme a Figura 10.13.

Inicialmente, o compressor opera no ponto "A", e devido a um aumento na demanda ou vazão de gás pelo processo a pressão tenderia a cair, se a rotação (N_2) fosse mantida constante. Contudo, o controle de capacidade atua no sentido de aumentar a rotação para "N_1", fazendo com que o compressor passe a operar no ponto "B", que apresenta uma vazão compatível com a demanda para a mesma pressão desejada na descarga.

Para implementar este controle, costuma-se medir a pressão de descarga, enviar este sinal para um controlador PID, que compara com o *setpoint* desejado, e altera a rotação da máquina de forma adequada, por exemplo, enviando um novo *setpoint* de rotação para o governador da turbina que aciona o compressor.

Figura 10.13   Ação do controle de capacidade.

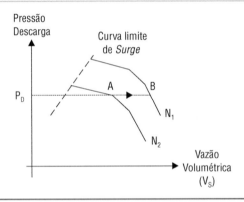

Os compressores dinâmicos industriais são acionados normalmente por:

☐ Turbinas a vapor

☐ Motores elétricos

☐ Turbinas a gás

As turbinas a vapor e as a gás se prestam a este tipo de controle de capacidade com rotação variável, entretanto no caso de motores elétricos utiliza-se normalmente uma válvula de estrangulamento na sucção da máquina. Ao se fechar está válvula, a perda de carga na sucção aumenta, fazendo com que a pressão no bocal da máquina caia, logo, o *head* ao qual a máquina está submetida é maior. Na curva da máquina para rotação constante, quando o *head* aumenta, a vazão comprimida cai. Desta forma, modulando-se esta válvula, consegue-se controlar a vazão pelo compressor.

Deve-se colocar um batente mecânico nesta válvula de estrangulamento, de forma que nunca poderá ocorrer um evento de bloqueio total do gás na sucção do compressor. Se isto ocorresse, a vazão pela máquina seria zero, e ela entraria em *surge*. Neste caso, o gás confinado aumentaria muito de temperatura, podendo danificar seriamente o compressor.

Esta válvula de estrangulamento também costuma ser fechada durante a partida do motor elétrico para diminuir a corrente de partida. Entretanto, quanto mais fechada ela estiver, mais sujeito ao *surge* o compressor estará. Portanto, deve-se projetar uma folga de potência no motor para permitir uma partida com esta válvula relativamente aberta. Se o motor tiver uma potência no limite, ele pode desarmar o disjuntor durante a partida, se a válvula necessitar ficar um pouco mais aberta do que o valor de projeto (devido às incertezas do ponto de *surge*) para proteger o compressor do *surge*.

O controle de capacidade deve ser preferencialmente configurado no sistema de controle do processo (SDCD ou PLC), pois ele está sujeito normalmente a outras restrições, como razões, pressões da planta e a sua sintonia é mais função da interação com outras malhas do processo, do que com a malha de *anti-surge* do compressor. Logo, este controle de capacidade deve enviar um sinal físico para o controle de rotação da máquina, que costuma ter um sistema de controle separado e dedicado (por exemplo em um PLC fornecido pelo fabricante do compressor). A Figura 10.14 ilustra esta arquitetura. Outras informações podem ser trocadas entre os sistemas de controle da planta e da máquina através de uma rede de comunicação (Modbus).

Os trabalhos de [Stebanoffs, 1955] e [Niesenfeld e Cho, 1976] apresentam maiores detalhes do controle de capacidade e o de [Arant, 1976] fornece informações do controle de rotação de turbinas a vapor.

Figura 10.14   Arquitetura do sistema de controle da máquina e da planta.

No caso de compressores alternativos, o controle de capacidade pode ser implementado das seguintes maneiras:

- Parada e partida do acionador
- Variação de rotação
- Estrangulamento da sucção
- Variação do volume morto (*steps*)
- Recirculação
- Controle da posição das válvulas de admissão

Na prática, os compressores alternativos industriais costumam ter sua vazão controlada pela combinação de alguns dos métodos acima. Por exemplo, projeta-se uma válvula de recirculação capaz de recircular 50% da capacidade nominal. E o compressor possui *steps* para variar a sua vazão de 50% para 100% da nominal. Assim, se o processo necessitar de 80% da vazão de projeto, ajusta-se a máquina no *step* de 100% e o controle de capacidade atua na válvula de reciclo para recircular o excedente, neste caso 20%. Se em um outro momento operacional, o processo necessitar de 40% da vazão de projeto, muda-se manualmente o *step* para 50% e recirculam-se 10%. A Figura 10.15 ilustra este controle.

Outra opção mais atual para o controle de capacidade dessas máquinas é utilizar um sistema implementado em um equipamento digital dedicado (PLC) para controlar a posição das válvulas de admissão do compressor. O gás é admitido e quando começa a compressão um atuador hidráulico mantém as válvulas de sucção abertas, devolvendo o gás para o sistema a montante. Em um certo momento, que depende da vazão ou capacidade de compressão desejada, estas válvulas são fechadas, e inicia-se o processo de compressão. Desta forma, consegue-se variar a vazão comprimida entre 10 e 100% da capacidade da máquina. A vantagem deste controle é a economia de energia asso-

Figura 10.15 Controle de capacidade do compressor alternativo.

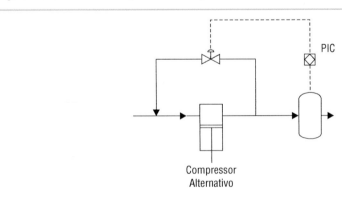

ciada. A válvula de reciclo costuma ser mantida para a condição de carga muito baixa. Ver o sistema HydroCOM da [Hoerbiger, 2006].

10.5 Controle *ANTI-SURGE* dos compressores dinâmicos

O objetivo do controle *anti-surge* é impedir que o compressor opere com vazão inferior a um certo valor mínimo (ponto de controle) escolhido ligeiramente acima daquele onde ocorre o *surge*. Esta folga é necessária para que o controle tenha um tempo e consiga eliminar o erro (vazão abaixo do *setpoint* do controlador) sem atingir o ponto de instabilidade, uma vez que o controle não age instantaneamente. Esta folga também é importante para absorver as incertezas na localização exata da curva de *surge*.

A forma de atuação do controle é elementar: recircular ou aliviar para a atmosfera (no caso de sopradores de ar que succionam do ambiente) a vazão excedente quando a demanda do sistema for inferior ao valor mínimo correspondente ao *setpoint* do controle do *surge*, como indicado nas Figuras 10.16 e 10.17. Por outro lado, se a

Figura 10.16   Implementação do controle *anti-surge*.

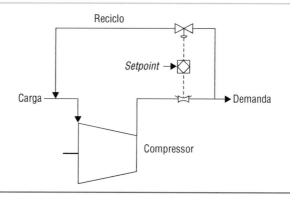

Figura 10.17   Linha de controle e região de recirculação do compressor.

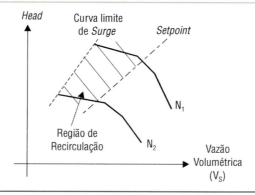

vazão do processo está acima deste valor desejado de controle, a válvula de reciclo estará totalmente fechada e o controle *anti-surge* fica sem atuação, esperando uma eventualidade quando necessitará agir.

Uma parte do problema, associado ao controle *anti-surge*, consiste em definir o *setpoint* ou valor de referência do controlador, isto é, o ponto de controle, que não pode ser muito conservativo, pois acarretaria uma maior região de operação com recirculação, o que é economicamente indesejável. Neste caso, se gasta mais energia no acionador, chegando a atingir em alguns casos a máxima potência do acionador, que faz com que o controle da capacidade fique sem atuação; por exemplo para as turbinas a vapor as válvulas parcializadoras estariam totalmente abertas.

Por outro lado, existe uma incerteza estática a respeito da localização exata do limite de *surge* [Gaston, 1976], que varia em função das condições operacionais da máquina (Figura 10.12). E existe também uma incerteza dinâmica, por exemplo, os tempos de atuação das válvulas de reciclo. Desta forma, deve-se ter uma folga suficiente para garantir a operação segura da máquina. Na prática, os compressores industriais utilizam folgas em torno de 10% (podendo variar entre 8% e 30%) do valor estimado para o *surge*.

A elaboração de uma boa estratégia de controle *anti-surge* deve considerar todas as variáveis importantes para se estimar com eficiência a vazão onde se inicia o fenômeno do *surge*. Por exemplo: rotação, pressão e temperatura na sucção e na descarga da máquina, peso molecular etc. O importante de uma boa estratégia de controle *anti-surge* é evitar que a inferência do ponto de *surge* esteja errada ou inadequada, como no exemplo da Figura 10.18.

Figura 10.18 Exemplos de uma má e uma boa estratégia de controle *anti-surge*.

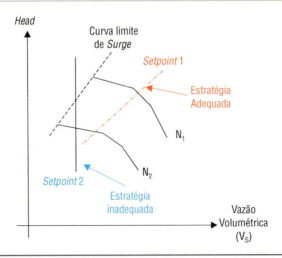

Existem diversas estratégias de controle *anti-surge* desde as mais simples, como manter o ponto de referência do controlador em um valor constante, o que pode acarretar uma margem de segurança enorme em certos casos, até as mais sofisticadas que incluem medições de pressão, temperatura e peso molecular.

Os trabalhos de [Warnock, 1976], [Staroselsky e Ladin, 1979], [Staroselsky e Rutshtein, 1976], [White, 1972] e [Nisenfeld, 1982] apresentam diversas formas possíveis de se obter o *setpoint* do controlador *anti-surge*.

Uma estratégia de controle *anti-surge* bem elaborada deve permitir trabalhar com segurança com uma folga mínima entre a linha de *surge* e a de controle. Com isto, consegue-se operar o compressor em uma maior região da curva característica sem recirculação e, portanto, requerendo uma menor potência para a compressão, e, consequentemente, consumindo menos energia.

É importante observar que não existe uma estratégia de controle *anti-surge* ótima para qualquer caso. Isto é, cada sistema de compressão possui características peculiares que levam à escolha de uma estratégia mais adequada, considerando os seguintes pontos:

- Economia operacional – A curva de controle deve estar suficientemente próxima da curva limite de *surge* para não gastar mais energia do que a necessária, mas não tão próxima que possa pôr em risco a efetividade do sistema e a confiabilidade da máquina.

- Versatilidade – O sistema deve considerar todas as possíveis variações do ponto de operação, isto é, ele deve ser robusto para as variações de pressão, temperatura de sucção, natureza do gás etc., que a planta pode sofrer em operação normal. Ele também deve continuar operando em modo degradado quando ocorrer uma falha ou perda de um sensor ou instrumento da malha.

- Simplicidade – Quanto mais simples puder ser a estratégia de controle *anti-surge* melhor, pois diminui o custo e aumenta a confiabilidade da malha.

A outra parte do problema associado ao controle *anti-surge* é referente ao ajuste da sua dinâmica, considerando a interação com o controle de capacidade, a resposta das válvulas e a obtenção da folga mínima. Estes assuntos serão tratados a seguir, mas primeiramente será detalhada uma estratégia de controle que tem sido utilizada com sucesso na prática.

10.6 Detalhes de uma estratégia de controle *anti-surge*

Por estratégia de controle, entende-se o plano ou esquema, que será utilizado para evitar a ocorrência do *surge*. A Figura 10.19 mostra a instrumentação mínima necessária à implementação da estratégia de controle *anti-surge* que tem sido utilizada com sucesso em muitas aplicações industriais. Para cada estágio de compressão, serão necessárias as medições de pressões na sucção e descarga de cada estágio, assim como a medição de vazão. O controle *anti-surge* deverá ser implementado preferencialmente por estágio de compressão, isto é, para cada bocal de entrada e saída de gás do compressor deveria existir um controlador (lógica, algoritmo e interface).

Figura 10.19   Instrumentação mínima necessária para o controle *anti-surge* de um estágio de compressão.

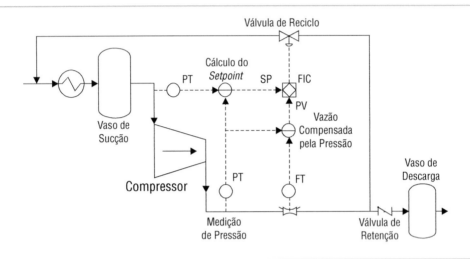

A estratégia de controle *anti-surge* proposta está resumida na Figura 10.20, onde se observa que a mesma possui duas partes: uma estática, responsável pelo cálculo do *setpoint* e da variável de processo (PV) do controlador, e outra dinâmica, responsável pela definição da abertura da válvula de reciclo. A parte dinâmica é constituída principalmente do algoritmo PID (FIC), mas possui outras heurísticas, tais como abrir a válvula de reciclo com uma velocidade maior do que a de fechamento etc.

Conforme dito anteriormente, a Figura 10.20 mostra um esquemático da estratégia de controle *anti-surge* para um estágio de compressão. Existem vários parâmetros, que são fixos para cada estágio do compressor. Além destes parâmetros existirão medições associadas a este controle.

A estratégia de controle necessitará da medição das seguintes variáveis:
- Pressão de sucção do estágio de compressão (P_S)
- Pressão de descarga do estágio de compressão (P_D)
- Diferencial de pressão no elemento sensor de vazão do estágio (h_W)

Em função dos parâmetros e das medições serão calculados o *setpoint* e a variável de processo do controlador (PV). Estes cálculos são chamados de estratégia estática e serão discutidos a seguir.

Controle de compressores

Figura 10.20 Exemplo de uma boa estratégia de controle *anti-surge*.

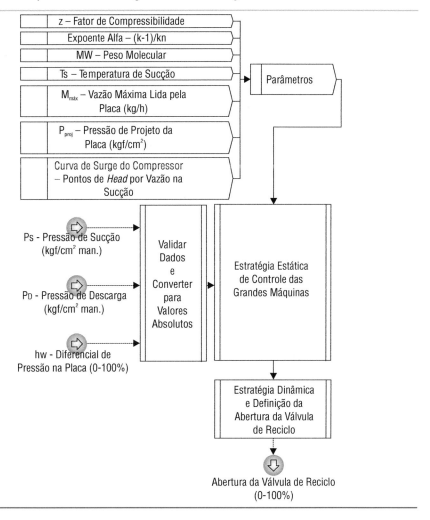

Estratégia estática de controle *anti-surge*

A seguir será detalhada esta estratégia estática. Considera-se que em cada ciclo de execução do controlador, as medições estão disponíveis: P_S, P_D e h_W. Primeiramente, deve-se calcular a relação de compressão a partir das pressões absolutas:

1 – Cálculo da Relação de compressão (R_C):

$$R_C = \left(\frac{P_D \text{ (kgf/cm}^2 \text{ abs.)}}{P_S \text{ (kgf/cm}^2 \text{ abs.)}} \right)$$

2 – Em seguida, calcula-se o *Head* politrópico:

$$\text{Alfa} = \frac{(k-1)}{k \times \eta_P} \quad \text{e}$$

$$H_P \text{ (kgf . m/kg)} = \left(\frac{z \times 848 \times (T_S(C) + 273)}{MW \times \text{Alfa}} \right) \times (R_C^{\text{Alfa}} - 1)$$

onde:

- H_P = *Head* politrópico
- R_C = Relação de compressão
- k = Expoente adiabático
- η_p = Rendimento politrópico
- MW = Peso molecular
- T_S = Temperatura de sucção
- z = Fator de compressibilidade

3 – Pela curva estimada de *surge* da máquina (que está configurada no sistema de controle), estima-se a vazão volumétrica de *surge* na sucção para o ponto atual de operação. A curva de *surge* da máquina será fornecida através de vários pontos de *head* pela "vazão" (Hi, Vi). Portanto, esta estratégia baseia-se na linearização da curva que interliga os pontos de *surge* fornecidos para algumas rotações, conhecida como curva de *surge* (*surge limit line*). Esta curva (Figura 10.21) de *surge* deve ser validada por um teste simples durante a partida do sistema. Assim, a vazão volumétrica de *surge* na sucção será:

$$\dot{V}_{SURGE}\ (m^3/h) = a_1 \times H_P\ (kgf \cdot m/kg) + b_1$$

Onde os fatores "a_1" e "b_1" são um modelo para a curva de *surge*.

Em alguns casos na prática, pode ser interessante simplificar a estratégia acima e calcular para cada relação de compressão (R_C) a vazão de *surge*. Isto é, para cada R_C,

Figura 10.21   Obtenção da vazão volumétrica de *Surge*.

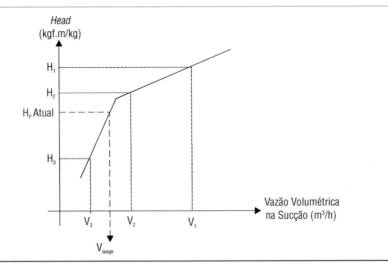

calcula-se o *head* e pela curva de *surge* obtém-se a vazão. Em seguida, traça-se uma curva interligando estes pontos:

$$\dot{V}_{SURGE} \, (m^3/h) = a_2 \times R_C + b_2$$

Esta estratégia é mais simples, pois não se calcula em tempo real o *head* e apenas a relação de compressão. Se nem o peso molecular, nem a temperatura de sucção são medidas, então estas estratégias são equivalentes.

4 – Estimar a massa específica na sucção:

$$\rho_S \, (kg/m^3) = \frac{MW \times P_S \, (kgf/cm^2 \, abs.)}{0.0848 \times z \times (T_S(C) + 273)}$$

5 – Converter para vazão mássica o ponto de *surge*. A vantagem de se converter para vazão mássica é a possibilidade de se comparar este valor com uma medição tanto na sucção quanto na descarga. A este valor também se pode facilmente somar vazões de gás admitidas na máquina em bocais intermediários, que porventura existam.

$$\dot{M}_{SURGE} \, (kg/h) = \dot{V}_{SURGE} \, (m^3/h) \times \rho_s \, (kg/m^3)$$

Considerando a curva de *surge* obtida pela relação de compressão e incluindo os valores constantes nos fatores "a_3" e "b_3", então a vazão de *surge* em função das medições será:

$$\dot{M}_{SURGE} \, (kg/h) = (a_3 \times R_C + b_3) \times P_s$$

6 – Adicionar uma folga à vazão mássica de *surge* calculada no item anterior, e definir desta forma o *setpoint* do controlador *anti-surge*. Prioritariamente, deve-se utilizar uma folga multiplicativa que tem a vantagem que ser a mesma para toda a faixa de operação (percentual constante da linha de *surge*, por exemplo 10%). Outra vantagem é que em *heads* altos o sistema costuma ser mais sensível; logo, o fato de se ter uma folga maior em valores absolutos de vazão para estes casos é uma boa opção.

$$SP = Folga \times \dot{M}_{SURGE} \, (kg/h)$$

Outra opção é se incluir uma folga proporcional a uma vazão de referência do compressor, como a vazão de projeto ou a vazão máxima.

$$SP = \dot{M}_{SURGE} \, (kg/h) + Folga \times \dot{M}_{PROJETO} \, (kg/h)$$

As duas opções de folgas podem ser utilizadas, e deve-se ter cuidado ao comparar uma folga de 10% (multiplicativa) de um sistema com uma de 8% de outro (relativa à vazão máxima da máquina), pois elas podem representar valores de vazão bem diferentes. Por exemplo, a de 8% pode ser mais conservativa em certos casos.

7 – Compensar a medição de vazão mássica pela pressão no ponto de leitura, o resultado será a variável a ser controlada pelo PID. Para os medidores de vazão recomendados (placa ou venturi), a vazão mássica medida é proporcional à raiz quadrada do diferencial de pressão no elemento sensor:

$$\dot{M}_{MED} = Fator \times \sqrt{h_w\,(0-100\%)}$$

O "Fator" depende do tipo e das dimensões do elemento sensor, das características do gás (peso molecular), e da pressão e temperatura do gás no ponto de medição [Martins, 1998]. Este fator pode ser calculado a partir da vazão máxima de projeto do elemento sensor em kg/h:

$$Fator = \frac{\dot{M}_{MAX}}{10}$$

Portanto, a variável de processo do controlador *anti-surge* (PV) é esta medição de vazão mássica compensada pela pressão no ponto de medição (que pode ser a sucção ou a descarga):

$$\dot{M}_{MED} = \left(\frac{\dot{M}_{MAX}}{10}\right) \times \left(\frac{\sqrt{P_{S\ ou\ D}\,(kgf/cm^2\ abs.)}}{\sqrt{P_{PROJ}}}\right) \times \sqrt{h_W(0-100\%)}$$

Supondo a medição na descarga (P_D), a variável controlada em função só das medições é obtida agrupando-se todos os outros parâmetros no fator "c":

$$\dot{M}_{MED} = c \times \sqrt{P_D} \times \sqrt{h_w}$$

A escolha da localização do ponto de medição depende do processo. Se a pressão normal de operação na sucção da máquina é baixa, então se deseja minimizar as perdas de carga na sucção e opta-se por instalar o medidor na descarga.

A vantagem desta estratégia estática discutida é a sua robustez em relação a variações do peso molecular do gás. Isto decorre do fato de este parâmetro (MW) ter sido considerado constante nas várias equações de cálculo do *setpoint* e também no fator do elemento sensor de vazão. Uma mudança de peso molecular costuma influenciar as equações de forma oposta, cancelando os efeitos.

Portanto, esta estratégia pode ser resumida pelas equações:

$$SP = Folga \times (a_3 \times R_C + b_3) \times P_s \quad e \quad PV = c \times \sqrt{P_D} \times \sqrt{h_w}$$

Esta estratégia tem sido utilizada com sucesso em muitas aplicações práticas. Uma variante desta estratégia seria passar o fator "c" e a raiz quadrada da pressão de descarga para o lado do cálculo do *setpoint*:

$$SP = Folga \times (a_3 \times R_C + b_3) \times \frac{P_S}{c \times \sqrt{P_D}} \quad e \quad PV = \sqrt{h_w}$$

Outra opção de configuração é:

$$SP = \left(Folga \times (a_3 \times R_C + b_3) \times \frac{P_S}{c \times \sqrt{P_D}} \right)^2 \quad e \quad PV = h_w$$

Normalmente, as medições de temperatura na sucção e na descarga do estágio de compressão serão necessárias para o acompanhamento do desempenho do compressor, mas não para o controle *anti-surge*. Isto porque o *surge* ocorre aproximadamente na mesma eficiência para a grande maioria das máquinas. Logo, o parâmetro "Alfa" da Figura 10.20 e da equação do cálculo do *head* pode ser considerado constante. A temperatura de sucção que também é um outro parâmetro da estratégia pode ser considerada constante, pois na maioria dos casos ela varia pouco, e sua influência na prática nestes casos fica na ordem de 1%, o que pode ser facilmente compensado com um pequeno aumento na "folga" do controle.

Entretanto, caso se deseje incluir as temperaturas, devido às particularidades de um certo compressor, elas serão utilizadas no cálculo do *head* e na compensação da vazão. As temperaturas também serão utilizadas para recalcular o parâmetro "Alfa" (utilizado na equação do *head*), conforme a equação a seguir:

$$Alfa = \ell n \left(\frac{T_D(C) + 273}{T_S(C) + 273} \right) \Big/ \ell n_{(R_C)}$$

onde: $\quad Alfa = \dfrac{(k-1)}{k \times \eta_P}$

Validação dos dados e degradação da estratégia de controle

A Figura 10.20 também mostra um bloco de validação dos dados utilizados nas equações anteriores. Isto é muito importante para o sucesso da implementação de um controle *anti-surge*. As medições necessárias ao controle devem passar por este módulo para validar os valores e converter as pressões para valores absolutos. Este bloco também é responsável por definir uma estratégia de controle durante uma falha de um dos sensores que compõem a estratégia.

A Figura 10.22 mostra o detalhe do módulo de validação e conversão. As pressões devem ser convertidas, caso necessário, para valores absolutos em função da pressão atmosférica ou barométrica do local onde será instalado o compressor. Esta pressão atmosférica do local é um dos parâmetros da estratégia de controle.

$$P_S \text{ (kgf / cm}^2\text{abs.)} = P_S \text{ (kgf / cm}^2\text{man.)} + P_{ATM}$$

$$P_D \text{ (kgf / cm}^2\text{abs.)} = P_D \text{ (kgf / cm}^2\text{man.)} + P_{ATM}$$

Este módulo também é necessário para evitar que o controle tome uma ação indesejada em caso de falha dos sensores. Isto é, ele permite que o controle opere em um modo degradado no caso de falha de um sensor. Por exemplo, em caso de falha do transmissor de pressão diferencial (vazão) o controlador *anti-surge* deve ser colocado em manual, e um alarme para o operador acionado. Desta forma, a válvula de reciclo fica na última posição válida, e a partir deste ponto o operador pode abrir manualmente o reciclo quando necessário, até a manutenção do transmissor.

Figura 10.22 Estratégia de validação e conversão de unidades das medições.

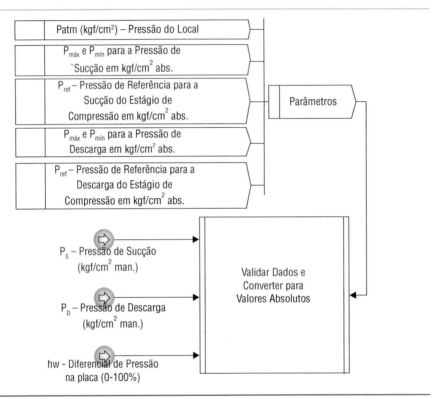

No caso de falha do transmissor de pressão de sucção (fora da faixa válida: mínima e máxima pressão esperada), então utiliza-se um valor de referência constante nos cálculos e envia-se um alarme para o operador. Este valor de referência deve ser tal que o *setpoint* do controlador passa a ser um valor conservativo. Durante esta situação, a folga do controlador também pode ser aumentada. Uma estratégia idêntica de degradação do controle também pode ser implementada para a pressão de descarga.

Estratégia dinâmica de controle *anti-surge*

O objetivo da estratégia dinâmica é implementar heurísticas que possibilitem evitar um *surge* iminente, ou minimizar as chances de o compressor continuar em *surge* após um ciclo de instabilidade. Elas são implementadas a partir do cálculo do *setpoint* e da "variável de processo" do controlador, que é o objetivo da estratégia estática (ver Figura 10.23).

Figura 10.23 Estratégia Dinâmica de Controle *anti-surge*.

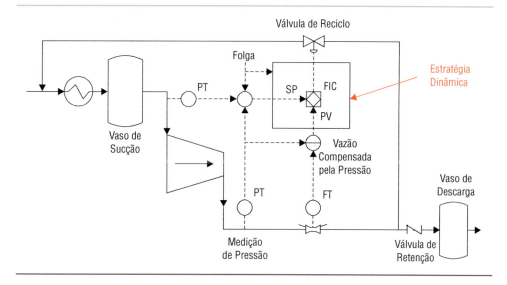

A primeira estratégia dinâmica possível é configurar dois controladores PID em paralelo, implementados de forma incremental (algoritmo de velocidade). Sendo um ajustado de forma rápida e outro de forma lenta (ver a Figura 10.24). O objetivo desta estratégia é permitir que a válvula de reciclo abra de forma rápida e feche de forma lenta. Como o ciclo de *surge* é rápido, esta estratégia permite que o controle vá abrindo continuamente a válvula de reciclo em caso de *surge*, de forma a retirar a máquina do *surge* de maneira automática.

Para que esta estratégia de retirada da máquina do *surge* tenha sucesso, o ciclo de controle deve ser duas vezes mais rápido do que o de *surge*. Como os ciclos de *surge* nos compressores industriais costumam variar entre 100 e 500 milésimos de segundo, então o controlador deve ter um *scan* entre 50 e 250 ms, dependendo do

Figura 10.24 Utilização de dois controladores "PID" para abrir rápido e fechar lentamente a válvula de reciclo.

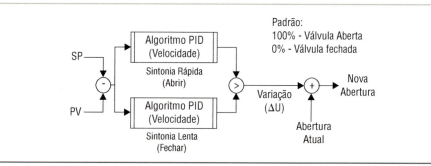

sistema de compressão a ser controlado, para funcionar adequadamente. Portanto, de forma conservativa, se o sistema de controle operar com um *scan* de 50 ms, ele será eficiente em praticamente todos os compressores industriais. Esta estratégia tem sido utilizada com sucesso na prática.

A Figura 10.25 mostra a dinâmica de abertura e de fechamento da válvula de reciclo.

Figura 10.25 Estratégia dinâmica desejada para o controlador *anti-surge*.

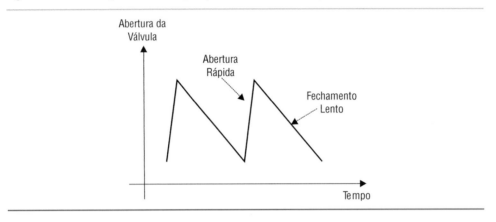

O *surge* é um fenômeno rápido, de forma que o controlador deve ser veloz na abertura da válvula de reciclo (ganho alto), mas isto tem um limite para manter a estabilidade da malha. Então, nos controladores industriais surgiram heurísticas para melhorar o desempenho do controlador *anti-surge* sem comprometer a estabilidade em malha fechada, ao se adicionar uma "variação" na abertura da válvula em malha aberta [Staroselsky e Ladin, 1979], [McMillan, 1983]. A Figura 10.26 mostra esta estratégia, onde se soma ao sinal de saída do controlador PI *anti-surge* um degrau pré-ajustado, sempre que o ponto de operação da máquina atingir um valor muito próximo do *surge*. O objetivo deste degrau é tentar evitar o *surge* iminente dando uma variação de abertura instantânea na válvula de reciclo. Com o passar do tempo, este degrau vai sendo retirado, pois se espera que o PI atue e retire a máquina de perto do *surge*.

O degrau a ser somado não pode ser exagerado, pois tiraria o compressor do *surge*, mas provocaria uma grande perturbação no processo. Este tipo de estratégia tenta simular o comportamento ideal do operador.

Esta segunda estratégia dinâmica a ser implementada (Figura 10.26) é conhecida como "controle antecipatório em malha aberta". Portanto, caso a vazão caia abaixo de um certo ponto (já bem próximo da linha de *surge*, neste exemplo 2%), o sistema incrementa automaticamente a abertura da válvula de reciclo de um valor predefinido.

Figura 10.26 Controle antecipatório em malha aberta.

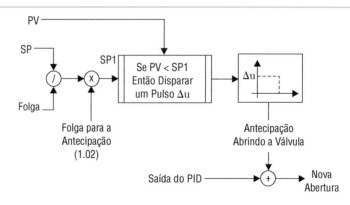

O objetivo, como já foi dito, é abrir a válvula instantaneamente de um certo valor, já que o PID não está sendo rápido o suficiente para esta perturbação, e a máquina está muito perto do *surge*. O sistema pode implementar uma grande abertura (por exemplo 20%) e não voltar a executar esta estratégia durante um certo tempo. Outra maneira de implementar é executar continuamente e definir um incremento menor e compatível com o ciclo do PLC ou do SDCD (se utilizar um algoritmo de velocidade).

A Figura 10.27 mostra a curva de ajuste deste controle antecipatório. Ela costuma ser ajustada com uma pequena folga do ponto de *surge* (2 a 5%). Esta folga é definida durante a configuração do sistema. Assim, sempre que a vazão medida cruza esta linha, o sistema de controle adiciona esta variação predefinida na posição atual da válvula.

Figura 10.27 A folga do controle antecipatório é menor do que a do *setpoint* do controlador *anti-surge*.

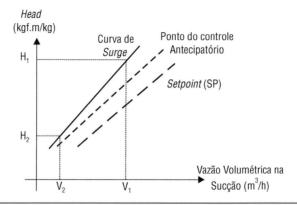

A Figura 10.28 mostra uma outra estratégia dinâmica que ajusta automaticamente a folga do controle (que define o *setpoint* do controlador) em caso da máquina ter entrado em *surge*. O objetivo é aumentar a folga, já que a atual não foi capaz de evitar o *surge*, porque, por exemplo, a dinâmica da válvula está lenta, ou as perturbações às quais o compressor é submetido pelo processo são grandes etc. Na prática, o sistema costuma só incrementar a folga, e a diminuição da mesma é feita pelo operador manualmente.

A detecção do *surge* normalmente é feita através da comparação da medição de vazão com a estimativa do ponto de *surge* (curva configurada no sistema digital). Outra possibilidade é detectar o *surge* monitorando a taxa de variação de vazão no tempo. Se ela for maior do que um certo valor, considera-se que a máquina entrou em *surge*.

Figura 10.28 Atualização da folga, caso a PV atinja a curva de *surge*.

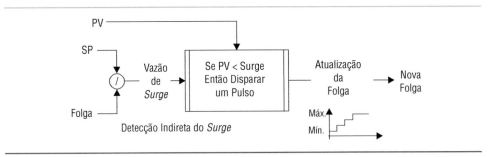

A Figura 10.29 mostra uma outra opção que a estratégia dinâmica pode permitir, que é o ganho variável do controlador PID. Assim, se a máquina operar longe do *surge*, o controlador pode ter um ganho pequeno, para não ficar abrindo a válvula em função de ruídos nas medições. A estratégia também pode permitir a inclusão de uma curva de linearização na saída para a válvula de reciclo.

Figura 10.29 Ganho e tempo integral do PID variável em função do erro.

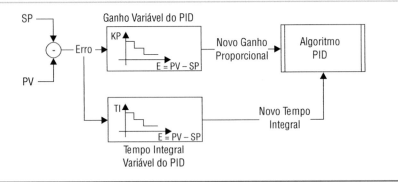

Outra estratégia utilizada na prática é se antecipar a uma queda abrupta de vazão, mesmo que longe da curva de controle (*setpoint*). O PI normalmente (o tempo derivativo está zerado para estas aplicações de controle *anti-surge*) só começa a abrir a válvula quando a variável de processo está perto do *setpoint* (depende do ganho do controlador).

Na prática, pode-se fazer com que o *setpoint* caminhe em direção ao ponto de operação, ficando próximo ao mesmo (a distância é um parâmetro neste caso) mas sempre à esquerda, de forma que a válvula fique fechada. A diminuição do valor do *setpoint* tem uma constante de tempo ajustada. Desta forma, sempre que a vazão diminuir mais rápido do que esta constante de tempo, a variável de processo do PI estará menor que o *setpoint*, e a válvula de reciclo começará a abrir, se antecipando e evitando que esta perturbação leve a máquina ao *surge*. Outra opção é adicionar à saída do PI um termo derivativo direcional, isto é, que só atue quando a vazão variar no sentido do *surge* e não na outra direção.

10.7 Exemplo de elaboração do controle *anti-surge*

O compressor de gás úmido da Unidade de Craqueamento (UFCC) da refinaria "RPBC" em Cubatão, São Paulo, tinha um histórico de *surge* muito grande antes de 1990. Estes eventos provocavam a parada da máquina por vibração alta. A Figura 10.30 a seguir mostra um diagrama simplificado do sistema.

A máquina apresenta duas seções ou estágios de compressão, com um resfriamento entre os estágios. O acionador é uma turbina a vapor. O controle de capacidade

Figura 10.30 Compressor de gás úmido da RPBC.

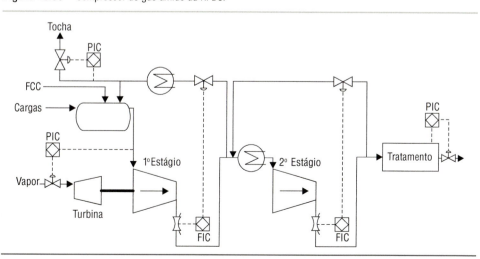

mantém a pressão de sucção manipulando o vapor e, consequentemente, a rotação da máquina. Existem dois controles *anti-surge* independentes, um para cada estágio. A pressão de descarga é controlada após o tratamento dos gases.

O grande desafio deste sistema era projetar um controle que absorvesse uma grande variação no peso molecular do gás. Esta perturbação era devida ao fato de a sucção do compressor receber gás não apenas da UFCC, mas de diversas outras unidades.

O controle *anti-surge* que existia na máquina era um PID simples, cuja variável controlada era o diferencial de pressão no medidor de vazão na descarga de cada estágio, e o *setpoint* era constante e definido pelo operador. Esta estratégia de controle pode ser utilizada com segurança se a pressão de sucção, a temperatura de sucção e o peso molecular forem constantes.

Supondo que a linha de *surge* possa ser uma parábola, conforme a Figura 10.31. Então, a curva de *surge* será: $H_P = \alpha \times (V_S)^2$

Figura 10.31 A linha de *surge* como uma parábola.

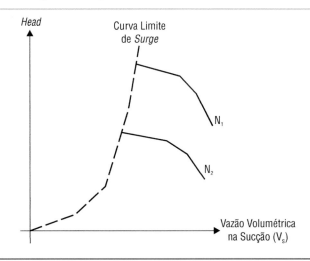

Substituindo a equação do *head* e do medidor de vazão na descarga:

$$H_P = \alpha \times (V_S)^2$$

$$\frac{zRk\eta_P}{k-1} \times \frac{T_S}{MW} \times \left[\left(\frac{P_D}{P_S}\right)^\phi - 1\right] = \alpha \times \frac{fator^2 \times P_D \times h_W}{P_S^2} \times \frac{T_S^2}{MW}$$

Observa-se, da equação anterior, que o peso molecular pode ser cancelado. Desta forma, a estratégia de controle relacionando o diferencial de pressão na placa da descarga da máquina com a razão de compressão é independente do peso molecular, mas depende das pressões e da temperatura de sucção.

Se o termo no colchete da equação anterior puder ser aproximado pela relação de compressão, então:

$$\frac{zRk\eta_P}{k-1} \times \frac{T_S}{MW} \times \left[\frac{P_D}{P_S}\right] = \alpha \times \frac{\text{fator}^2 \times P_D \times h_W}{P_S^2} \times \frac{T_S^2}{MW}$$

Observa-se, da equação anterior, que a pressão de descarga pode ser cancelada, e o diferencial de pressão na placa para proteger a máquina só depende da pressão e temperatura de sucção. Se estas grandezas forem constantes, então esta estratégia de controle *anti-surge*, que era utilizada na RPBC, pode ter sucesso.

Infelizmente, no caso do sistema de gás úmido da RPBC, principalmente no segundo estágio, a pressão de sucção, que é a de interestágio, varia bastante, e a estratégia de diferencial de pressão no medidor (h_W) constante não funciona adequadamente, como é mostrado na Figura 10.32, pois apresenta uma inclinação que não é paralela à linha de *surge*. Ao contrário, para rotações mais baixas, ela se afasta do ponto de *surge*. Para se ter uma proteção adequada em toda a faixa de rotação, seria necessária uma folga extremamente grande em baixas rotações, o que é inadmissível pela operação. Desta forma, os operadores alteravam o *setpoint* do controlador para um valor satisfatório. Mas, neste caso, se a condição operacional da máquina variasse e a rotação subisse, o compressor não mais estaria protegido, como mostra a Figura 10.33. E o sistema entrava em *surge*, com o controlador em automático sem que o controle nem ao menos iniciasse a abertura da válvula de reciclo.

Figura 10.32 Estratégia antiga de controle *anti-surge* no segundo estágio.

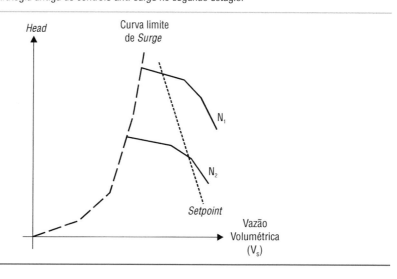

Figura 10.33 Estratégia antiga de controle *anti-surge* com novo *setpoint*.

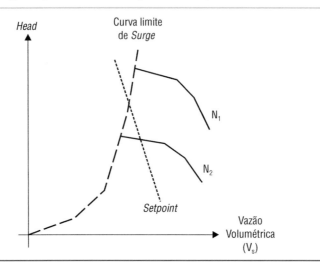

Outra forma de visualizar este problema é recorrendo às equações da estratégia de controle desenvolvida anteriormente:

$$SP = \left(\text{Folga} \times (a_3 \times R_C + b_3) \times \frac{P_S}{c \times \sqrt{P_D}}\right)^2 = \text{Constante} \quad e \quad PV = h_w$$

Conforme se observa, o *setpoint* deve ser proporcional ao quadrado da pressão de sucção para proteger a máquina. Como a pressão de sucção do segundo estágio variava bastante, ficava difícil proteger corretamente a máquina com um *setpoint* constante.

Outro problema do sistema da RPBC era a curva de *surge*, que não apresentava a forma clássica de uma parábola. A Figura 10.34 mostra as curvas da máquina.

Figura 10.34 Curvas de *surge* do compressor da RPBC para diferentes pesos moleculares (MW).

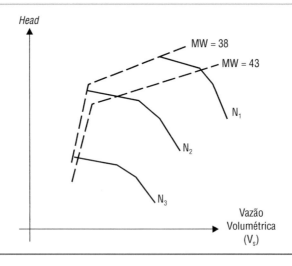

A estratégia adotada foi a seguinte, que é uma variante da desenvolvida anteriormente:

$$SP = \text{Folga} \times (a_3 \times R_C + b_3) \quad e \quad PV = c \times \frac{\sqrt{P_D \times h_w}}{P_S}$$

Os fatores "a", "b" e "c" são obtidos da curva de *surge* da máquina, dos dados do medidor de vazão, e das condições esperadas de temperatura do compressor. Uma outra maneira de pensar neste sistema é considerar que o *setpoint* é função das pressões de sucção e descarga da máquina, conforme a equação anterior. A Figura 10.35 a seguir mostra o desempenho desta estratégia.

Figura 10.35 Desempenho da estratégia *anti-surge* proposta, curva de *surge* e *setpoint* para os dois pesos moleculares.

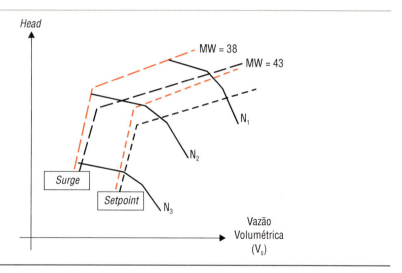

Portanto, a estratégia proposta conseguiu acompanhar o formato da curva de *surge*, e mostrou uma boa compensação do peso molecular. O sistema operou com folga da ordem de 10%, e os problemas operacionais decorrentes do *surge* pararam de acontecer.

10.8 O SISTEMA DE COMPRESSÃO

Várias podem ser as causas de um mau funcionamento de um sistema de compressão que utiliza máquinas dinâmicas:
- ☐ Compressor inadequado
- ☐ Configuração do sistema inadequada

☐ Estratégia de controle *anti-surge* inadequada

☐ Dinâmica do controle inadequada

Um exemplo de estratégia inadequada foi discutido no item anterior. Agora, será analisado o comportamento dinâmico do sistema de compressão. A melhor forma de se fazer esta análise é construir um simulador dinâmico, onde se pode estudar a influência dos parâmetros (Ex.: a constante de tempo da válvula) no desempenho do controle.

As principais variáveis dinâmicas, resultantes dos balanços de massa e energia, são a pressão, a temperatura e o peso molecular nos vasos de sucção e descarga. No entanto, como se deseja analisar os controles de capacidade e *anti-surge*, que são relativamente rápidos em comparação com as variações de temperatura e peso molecular, então serão desprezados os transientes destas últimas grandezas. Com isto, simplifica-se o problema para se analisar a dinâmica do sistema.

Não se pode pretender construir o modelo de toda uma unidade de processamento para estudar apenas o controle de um compressor. Por isso, deve-se limitar a simulação ao sistema de compressão, que consiste em um circuito destacado do processo e envolvendo apenas o compressor e um certo número de equipamentos vizinhos que lhe afetam diretamente o funcionamento.

As regras fundamentais para o estabelecimento do sistema de compressão são as seguintes [Campos e Rodrigues, 1987]:

☐ As ligações com o restante do processo devem ser efetuadas através de capacitâncias denominadas de terminais de interligação.

☐ O sistema deve abranger todos os componentes das malhas de controle relativas ao compressor (válvulas, governadores, medidores etc.).

Para ilustrar, considere o exemplo da Figura 10.36. Neste caso, o controle de capacidade controla a pressão de sucção (PIC), atuando no governador da turbina, que é um controlador de rotação (SIC) do conjunto rotativo. A saída do governador atua nas válvulas parcializadoras de vapor, fornecendo mais ou menos potência ao compressor. Existe também o controle de pressão alta (PIC) que alivia o gás para a tocha em situações de emergência.

O vaso de sucção da máquina é uma capacitância e pode ser o terminal de entrada do sistema de compressão. O terminal de saída deve se situar na tomada da linha de reciclo para incluir toda a malha *anti-surge*, e dessa forma é preciso associar a este ponto uma capacitância imaginária (com um volume equivalente ao das linhas de descarga até a válvula de retenção).

Figura 10.36 Exemplo de um sistema de compressão.

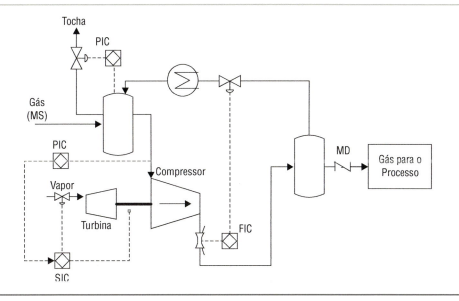

Dentro das fronteiras do sistema de compressão, os componentes podem ser classificados em capacitâncias e equipamentos de fluxo. As equações atribuídas às capacitâncias são balanços de massa, que definem por exemplo a evolução local da pressão. As equações atribuídas aos equipamentos de fluxo definem a vazão através desses componentes, em função do estado termodinâmico a montante e da pressão a jusante.

Nas capacitâncias associadas aos terminais de interligação do sistema com o processo existem variáveis externas, como a vazão de suprimento (MS) e a de demanda (MD). Um procedimento é considerar essas vazões como perturbações do tipo degrau ou rampa, ou introduzir uma equação heurística relacionando-as, por exemplo, com as pressões destes vasos. Portanto, esta abordagem incluindo a definição do sistema de compressão simplifica a análise e fornece bons resultados, pois a interação com o resto do processo fica representada de forma eficiente.

10.9 Simulação dinâmica do sistema de compressão

Será analisada neste item do capítulo a modelagem do sistema de compressão da Figura 10.36, que representa muitos casos práticos, e cujos resultados podem ser extrapolados para sistemas mais complexos. Os componentes, para os quais se deseja um modelo, são os seguintes:

- Compressor centrífugo
- Turbina a vapor

- [ ] Vaso ou capacitância
- [ ] Válvula de controle
- [ ] Controlador PID

Modelo do compressor

O objetivo deste modelo é fornecer a vazão pelo compressor e o conjugado resistente (torque requisitado ao acionador para a compressão), quando a máquina é submetida a uma determinada condição operacional, isto é, uma dada relação de compressão (P_D/P_S) e uma dada rotação (N).

A curva característica do compressor (Figura 10.8), uma das grandes fontes de não linearidade do sistema, pode ser escrita na seguinte forma paramétrica:

$$\left(\frac{P_D}{P_S}\right)^{a_1} = 1 + a_2 \times N^2 + a_3 \times N \times \left(\frac{\dot{M}}{P_S}\right) + a_4 \times \left(\frac{\dot{M}}{P_S}\right)^2$$

Onde:
P_D = Pressão de descarga
P_S = Pressão de sucção
N = Rotação
$\dot{M}$ = Vazão mássica pelo compressor
a_I = Parâmetros a serem identificados para o compressor em questão

Dadas a relação de compressão e a rotação obtém-se, pela equação anterior, a vazão mássica comprimida pela máquina. O conjugado resistente (CR), isto é, o torque necessário para executar esta compressão e que deve ser fornecido pelo acionador da máquina, é então calculado:

$$CR = a_5 \times \left(\frac{\dot{M}}{N}\right) \times \left[\left(\frac{P_D}{P_S}\right)^{a_6} - 1\right]$$

Modelo da turbina a vapor

A turbina está inserida no sistema para fornecer a potência necessária à compressão. Em função da demanda, o controle de capacidade irá aumentar ou diminuir a vazão de vapor da turbina e, consequentemente, a energia fornecida. A finalidade do modelo é fornecer o conjugado motor, isto é, o torque que irá acionar o compressor, a partir da vazão de vapor e da rotação atual da máquina. Inicialmente, recebe-se um sinal de entrada, que é a saída do governador, e considera-se uma função de transferência simples de primeira ordem, para modelar a válvula parcializadora e definir a vazão de vapor.

$$\dot{M}_{VAPOR} = \frac{K \times u}{\tau_V s + 1}$$

Onde:

u	=	Saída do governador (0 – 100%)
$\dot{M}_{VAPOR}$	=	Vazão de vapor
K	=	Ganho (vazão máxima de vapor da parcializadora/100)
τ_V	=	Dinâmica da parcializadora

A potência fornecida pela turbina é calculada a seguir em função da vazão de vapor atual do equipamento e da curva fornecida pelo fabricante da máquina, conforme a Figura 10.37. Na prática, observa-se uma grande linearidade entre a vazão de vapor e a potência fornecida.

Figura 10.37 Exemplo de curva de desempenho de uma turbina a vapor.

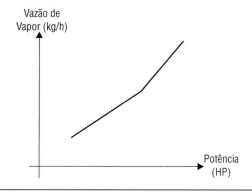

O conjugado motor (CM) pode então ser calculado conhecendo-se a rotação (N) pela equação a seguir. O fator que aparece nesta equação serve para compatibilizar as unidades utilizadas.

$$CM = fator_1 \times \left(\frac{Potência}{N}\right)$$

A equação que permite calcular a evolução da rotação da turbina e do compressor (N) é obtida do balanço mecânico. Isto é, em função da diferença entre os conjugados motor (CM) e resistente (CR), e do momento de inércia do conjunto rotativo (I) determina-se a taxa de variação da rotação. O fator é necessário para compatibilizar as unidades.

$$\frac{dN}{dt} = fator_2 \times \frac{(CM - CR)}{I}$$

Modelo das capacitâncias ou vasos

Os vasos, reais ou imaginários, são capacitâncias do sistema, onde se efetuam os balanços de massa, que resultam nas equações diferenciais das pressões envolvidas no processo.

$$\frac{dP}{dt} = \frac{R \times T}{V \times MW} \times \left(\dot{M}_{ENTRA} - \dot{M}_{SAI} \right)$$

Onde:
- P = Pressão do vaso
- $\dot{M}$ = Vazão mássica
- R = Constante dos gases
- T = Temperatura absoluta
- MW = Peso molecular
- V = Volume do vaso

Modelo das válvulas de controle

O modelo para as válvulas de controle deve considerar a possibilidade de escoamento crítico e, em função da posição de sua haste, das suas dimensões, das características do fluido e das pressões a montante e a jusante, fornecer a vazão que passa pelas mesmas.

A equação estática da válvula fornece a sua vazão volumétrica em função de certas variáveis conforme a equação a seguir.

$$\text{Vazão} = \text{fator} \times C_v \times a \times \alpha \times \sqrt{X \times P_M \times \rho}$$

$$X = \frac{(P_M - P_J)}{P_M}$$

$$\alpha = \left(1 - \frac{X}{3F_K X_T} \right)$$

Onde:
- P_M = Pressão a montante da válvula
- P_J = Pressão a jusante da válvula
- a = Abertura da válvula (0–100%)
- ρ = Massa específica do gás
- X_T = Fator que depende do tipo de válvula
- F_k = $k/1.4$ e "k" é expoente adiabático do gás (c_P/c_V)

Se o valor de "α" for menor do que 0.667, o regime de escoamento do fluido pela válvula é crítico e os valores de "α" e "X" devem ser limitados respectivamente em 0.667 e $F_K X_T$, para o cálculo da vazão.

A dinâmica da válvula também é muito importante para o controle, e é representada por uma função de transferência de primeira ou de segunda ordem, em função de dados práticos da mesma. Esta equação relaciona o sinal de saída do controlador (u) com a abertura da válvula (a), conforme a equação a seguir. As constantes (K, A e B) fornecem informações da dinâmica do atuador da válvula.

$$\frac{a(s)}{u(s)} = \frac{K}{As^2 + Bs + 1}$$

10.10 Outros detalhes do controlador *anti-surge* industrial

Devido às características do sistema de compressão, o controlador *anti-surge* possui certas particularidades. Como o compressor opera normalmente com uma vazão maior do que o *setpoint* deste controlador, a válvula de reciclo estará fechada (o controlador não consegue mais fazer a vazão cair para se igualar ao *setpoint*), e o termo integral do controlador PID estaria diminuindo continuamente o seu valor na tentativa de eliminar este erro, até saturar a sua saída. Nos controladores pneumáticos, esta saturação era o valor da pressão de ar de alimentação, nos eletrônicos era a corrente máxima na saída (no caso de 4 a 20 mA, seria por exemplo 25 mA).

O grande problema desta saturação é que quando a planta sofre uma perturbação e a vazão cai e cruza o *setpoint* o termo integral ainda está saturado (Ex.: 25 mA), e a válvula só começará a abrir quando o termo integral voltar para a faixa de 20 mA, o que pode levar um certo tempo, e a máquina já pode ter entrado em *surge*.

Por isso, estes controladores *anti-surge* devem ter mecanismos para evitar esta saturação do termo integral (mecanismos de *anti-reset wind-up*), pois, caso contrário, quando o compressor sofresse uma perturbação, e a vazão caísse abaixo do *setpoint*, a válvula de reciclo não abriria até que o termo integral decrescesse do seu valor de saturação. Este atraso na atuação não é admissível neste tipo de controle.

Nos controladores digitais atuais, este mecanismo de *anti-reset wind-up* já costuma estar implementado no algoritmo, pois basta limitar a saída do controlador de velocidade entre a faixa de operação de 0 e 100% para evitar a saturação. Nos controladores de posição, basta parar a execução do termo integral sempre que a saída atingir os limites de 0 e 100%. Nos controladores pneumáticos e eletrônicos, era necessário um dispositivo físico para executar esta função de evitar a saturação do termo integral.

No controle de compressores dinâmicos, existe um outro problema que é a interação entre os controles de capacidade e *anti-surge*. Quando por exemplo há uma queda na vazão de alimentação, a pressão de sucção tende a cair e o controle de capacidade tende a reduzir a rotação, o que faz com que a vazão caia, e o controle *anti-*

surge reage abrindo o reciclo, o que afeta a pressão de sucção (aumenta – logo é uma interação positiva neste caso) e, consequentemente, o controle de capacidade.

Esta interação pode em alguns casos dificultar a sintonia dos controladores de capacidade e *anti-surge*. As possíveis soluções para minimizar a briga entre os controladores são:

- Fazer com que o controlador *anti-surge* abra a válvula de reciclo com uma velocidade maior do que aquela com que ele fecha a mesma, com o uso por exemplo de dois controladores PID em paralelo. Este tipo de estratégia tem a vantagem de facilitar a retirada da máquina do *surge* quando eventualmente o controle não conseguiu evitar este fenômeno.

- Ajustar a sintonia dos controladores de forma que um fique bem mais lento do que o outro, por exemplo aumentando o tempo integral de um deles. Normalmente, o tempo integral e o ganho proporcional do PI de controle *anti-surge* são maiores do que o PI de capacidade. Isto é, ele atua de forma brusca [alto ganho proporcional], abrindo o reciclo, mas só repete a ação depois de o controle de capacidade ter corrigido [alto tempo integral].

- Utilizar um bloco de desacoplamento interligando o controlador *anti-surge* com o de capacidade. Neste caso, toda vez que houver uma variação no *anti-surge*, ele informa ao de capacidade, que atua proporcionalmente. Este desacoplamento só é usado em casos especiais, onde se deseja trabalhar com uma folga mínima e a planta está sujeita a grandes perturbações [Campos, 1990]. Esta estratégia de desacoplamento será estudada a seguir.

10.11 Desacoplamento de malhas

Muitos processos são acoplados, isto é, existem malhas de controle que interagem entre si. Por exemplo, no caso de compressores centrífugos, quando o controle *anti-surge* abre a válvula de reciclo, a pressão de sucção, que pode ser a variável de processo do controle de capacidade, tende a subir. Portanto, existe um sistema multivariável com acoplamento inerente ao próprio processo (ver a Figura 10.38).

Considerando-se o sistema linear, pode-se obter as funções de transferência do processo, conforme mostrado na Figura 10.39.

O objetivo do desacoplamento é projetar um sistema externo ao processo de maneira a cancelar os efeitos das interações entre as malhas de controle. Com isto, pode-se ajustar melhor os controladores PID e ter um desempenho melhor.

Para minimizar os efeitos de um processo acoplado e multivariável, com uma matriz de funções de transferência "G", introduz-se uma matriz de desacoplamento

Figura 10.38 Sistema de compressão.

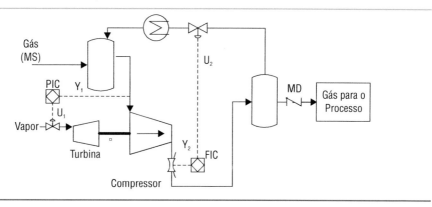

Figura 10.39 Funções de transferência do sistema de compressão.

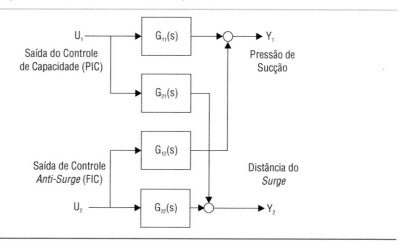

Figura 10.40 Desacoplador "D" para o processo "G".

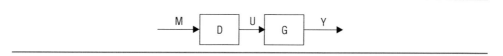

"D" no sistema de controle, de tal forma que a resultante "T" seja diagonal, eliminando-se assim o acoplamento [Deshpande e Ash, 1981], conforme a Figura 10.40.

A Figura 10.41 a seguir mostra, para o caso do sistema de compressão, as funções de transferência do processo e do desacoplador, que compõem respectivamente as matrizes "G" e "D". Estas matrizes e a resultante "T" são apresentadas nas equações a seguir.

Figura 10.41   Controlador multivariável com desacoplamento total.

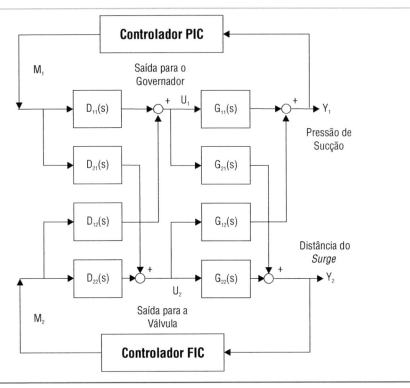

$$G = \begin{bmatrix} G_{11} & G_{12} \\ G_{21} & G_{22} \end{bmatrix} \quad D = \begin{bmatrix} G_{11} & G_{12} \\ G_{21} & G_{22} \end{bmatrix} \quad \Rightarrow \quad T = \begin{bmatrix} T_{11} & 0 \\ 0 & T_{22} \end{bmatrix}$$

Os controladores de capacidade e *anti-surge* continuam sendo algoritmos PID, só que agora as suas saídas não atuam diretamente no processo, mas são antes manipuladas no desacoplador "D". Mas como obter a matriz "D"? Isto pode ser feito invertendo-se a matriz do processo G, conforme as seguintes equações.

$$G \times D = T \quad \Rightarrow \quad D = G^{-1} \times T$$

$$D = \frac{1}{(G_{11}G_{22} - G_{12}G_{21})} \begin{bmatrix} G_{22}T_{11} & -G_{12}T_{22} \\ -G_{21}T_{11} & G_{11}T_{22} \end{bmatrix}$$

O problema neste ponto passa ser a escolha da matriz "T", assim como a realização, se possível, dos elementos da matriz "D". O trabalho de Luyben [1970] sugere um escolha natural ($T_{11} = G_{11}$ e $T_{22} = G_{22}$) que é chamada de desacoplamento ideal. Isto porque a função de transferência resultante enxergada por um controlador é a mesma que ele viria se o sistema não tivesse desacoplador e a outra malha fosse colocada fora de operação (manual), eliminando-se totalmente o acoplamento. Pelas equações acima, pode-se observar que esta escolha levará a expressões complicadas para os componentes da matriz "D", e de difícil implementação nos sistemas digitais existentes na indústria.

Uma outra forma de resolver este problema, citado no trabalho de Waller [1974], é escolher de uma forma inteligente e implementável a matriz "D", e depois ajustar os controladores PID em cima da matriz resultante "T". Esta forma de atuação lembra a filosofia do controle antecipatório (*feedforward*) onde, quando uma perturbação é detectada, atua-se no processo, de forma a minimizar o seu efeito. Em seguida, um controle com realimentação corrige os erros oriundos da própria imprecisão dos modelos do processo utilizados naquela antecipação.

Observando-se a equação do desacoplador "D", obtida anteriormente, percebe-se que existem dois graus de liberdade. Isto é, pode-se escolher livremente dois componentes da matriz de desacoplamento "D" e a partir destes obter os outros dois. Como os elementos podem ser vistos como controles antecipatórios, uma escolha interessante é fazer os outros dois componentes da diagonal principal da matriz "D" iguais a um (1). Esta escolha é chamada por Luyben [1970] de desacoplamento simplificado. Fazendo-se isto, a equação do desacoplador será:

$$D = \begin{bmatrix} 1 & -G_{12}/G_{11} \\ -G_{21}/G_{22} & 1 \end{bmatrix}$$

A vantagem desta matriz de desacoplamento é que existem apenas dois elementos (D_{12} e D_{21}) relativamente simples para serem implementados. No caso de não ser possível realizá-los fisicamente, pode-se voltar à equação geral e escolher dois outros elementos da matriz "D" para igualar a um (1). Na realidade, existem três possibilidades de matrizes simplificadas de desacoplamente, e pode-se provar que existirá sempre pelo menos uma destas matrizes realizáveis na prática, quando os modelos do processo são da mesma ordem [Chien e Mellichamp, 1987].

A modelagem de um sistema de compressão desenvolvido no trabalho de Campos [1990] gerou as seguintes funções de transferência:

$$G_{11} = \frac{-1.87}{48.5s^2 + 8.96s + 1} \qquad G_{21} = \frac{1.59}{10.1s^2 + 2.22s + 1}$$

$$G_{12} = \frac{0.21}{12s^2 + 4.86s + 1} \qquad G_{22} = \frac{0.66}{5s^2 + 7.21s + 1}$$

Este processo pode ser aproximado pelas dinâmicas mostradas na Tabela 10.1 (funções de transferência de primeira ordem), com o objetivo de calcular os desacopladores.

Tabela 10.1 Funções de transferência de um sistema de compressão.

Função	Ganho (K)	Constante de Tempo (τ)
G_{11}	−1.87	18.50
G_{21}	1.59	6.82
G_{12}	0.21	6.95
G_{22}	0.66	5.92

A equação do desacoplador será:

$$D_{21} = \frac{-G_{21}}{G_{22}} = -2.41 \times \left(\frac{5.92s + 1}{6.82s + 1}\right) \quad e \quad D_{12} = \frac{-G_{12}}{G_{11}} = +0.11 \times \left(\frac{18.5s + 1}{6.95s + 1}\right)$$

Observa-se que a equação para o desacoplador pode ser representada por um *lead-lag* que é encontrado em praticamente todos os sistemas digitais do mercado.

Se não existisse a matriz de desacoplamento "D", a função de transferência em malha aberta entre a saída do controlador de capacidade (M_1) e a pressão (Y_1) seria G_{11}; com o desacoplador, esta função se transforma em:

$$\frac{Y_1}{M_1} = G_{11} - \frac{G_{21} \times G_{12}}{G_{22}}$$

Portanto, como a dinâmica vista pelo controlador PID de capacidade muda com a introdução do desacoplador D, espera-se poder melhorar a sintonia dos controladores do sistema. Por exemplo, para o sistema de compressão em questão, tem-se a seguinte sintonia dos controladores PID para o caso de não se utilizar desacopladores (Tabela 10.2). Com o uso dos desacopladores, a sintonia pode ser bastante melhorada conforme a Tabela 10.3.

Tabela 10.2 Sintonia sem o desacoplamento.

Controlador	Ganho (K_p)	Tempo Integral (Ti)
Capacidade	−0.6	20 s
Anti-surge	4.0	120 s

Tabela 10.3 Sintonia com o desacoplamento.

Controlador	Ganho (K_p)	Tempo Integral (Ti)
Capacidade	−1.0	5 s
Anti-surge	4.5	28 s

A Figura 10.42 mostra o desempenho com e sem desacoplador. Pode-se observar que o desacoplador permitiu um melhor desempenho, minimizando as interações e oscilações inerentes ao processo.

Figura 10.42 Desempenho com e sem o desacoplador.

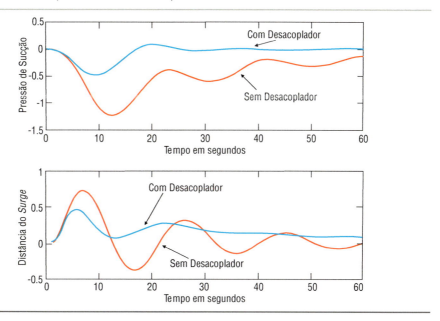

Entretanto, o controle de compressores dinâmicos apresenta uma particularidade especial. Ela decorre do fato de que uma das suas malhas de controle, a de *anti-surge*, só necessita atuar em algumas situações. Isto é, o compressor opera normalmente longe da linha de *surge*, de forma que a válvula de reciclo está fechada, e a interação entre os controladores desaparece. Sendo assim, pode-se pensar em eliminar um dos termos do desacoplador, ("D_{21}"), de maneira que em operação longe do *surge* o controle de capacidade não venha a interferir abrindo a válvula de reciclo. É mantido apenas o termo "D_{12}". Esta abordagem é interessante porque a interação só existe quando o controle *anti-surge* necessita atuar, e neste caso o desacoplador "D_{12}" estará em ação. A Figura 10.43 mostra o esquema deste desacoplador.

A matriz de desacoplamento D fica modificada conforme a equação:

$$D = \begin{bmatrix} 1 & -G_{12}/G_{11} \\ 0 & 1 \end{bmatrix}$$

A função de transferência em malha aberta vista pelo controlador de capacidade fica igual a "G_{11}", que é a mesma que ele veria se não houvesse acoplamento. Com a inclusão do desacoplamento, pode-se buscar uma nova sintonia que é bem próxima da do desacoplamento duplo (uso do "D_{12}" e do "D_{21}"), portanto foi mantida a mesma sintonia.

Figura 10.43 Controlador multivariável com desacoplamento parcial.

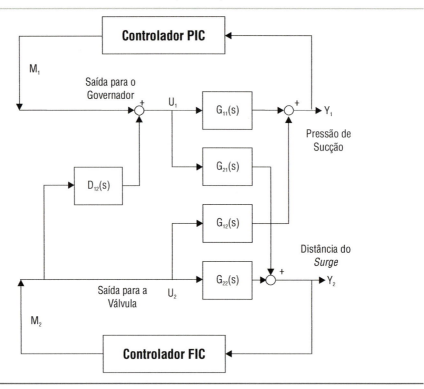

Figura 10.44 Desempenho sem desacoplador e com desacoplador parcial e total.

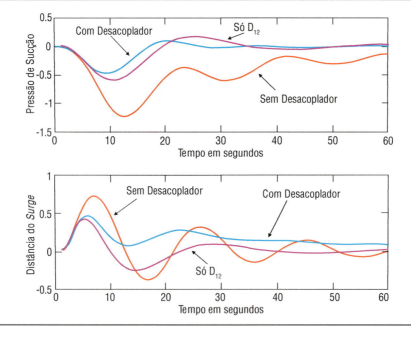

A Figura 10.44 mostra que o desempenho deste desacoplador parcial é muito parecida com o desacoplador total e é melhor adaptada para o controle de compressores. Na prática, costuma-se utilizar apenas o ganho estático de "D_{12}" com bons resultados quando necessário.

10.12 Importância da instrumentação para o controle ANTI-SURGE

Nesta parte do capítulo será estudada a importância da instrumentação (medidores de pressão, vazão, válvulas de controle, PLC onde se executa a lógica etc.) e da instalação dos mesmos para o bom desempenho do controle *anti-surge*. Inicialmente, será considerado o seguinte sistema de compressão:

- A válvula e os medidores de vazão e pressão são instantâneos
- Volume de 1 m³ entre descarga e a válvula de retenção
- Sistema digital (PLC) tem ciclo de execução de 250 ms
- A estratégia de controle é simples, apenas um controlador PI

A Figura 10.45 mostra o desempenho do sistema após uma perda instantânea da vazão de alimentação da máquina no tempo igual a 1000 segundos. Observa-se que a máquina entra e permanece em *surge*.

Figura 10.45 Desempenho do controle simples.

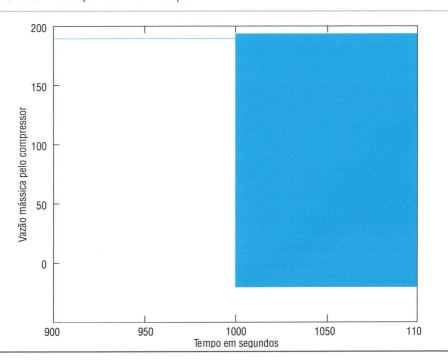

Ampliando a Figura 10.45, observa-se na Figura 10.46, que o ciclo de *surge* neste exemplo é da ordem de 500ms, este valor depende das curvas do compressor (inclinação) e do volume entre a descarga da máquina e a válvula de retenção.

Figura 10.46   O ciclo de *surge*.

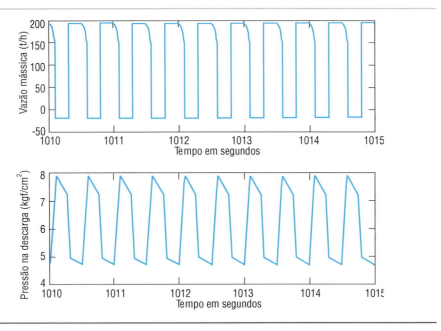

Agora, será alterada apenas a estratégia dinâmica de controle com o uso de dois controladores PI em paralelo, sendo um sintonizado rápido ($K_P = 1.0$ e $T_I = 60s$) e outro lento ($K_P = 0.1$ e $T_I = 300s$) (ver a estratégia na Figura 10.24). A Figura 10.47 mostra que o novo controle é capaz de retirar a máquina do *surge*.

Ampliando a Figura 10.47, observa-se na Figura 10.48, que a máquina teve apenas um ciclo de *surge*. A folga utilizada para este sistema, assim como a sintonia do controlador, não foram suficientes para evitar este evento de *surge*. Obviamente, a perturbação considerada é muito grande: perda total e instantânea da vazão de gás de alimentação da máquina. Na prática, deseja-se minimizar a folga, logo admite-se em muitos casos, que poucos ciclos de *surge* podem ocorrer em eventos raros, e que eles são absorvidos sem grandes danos pela máquinas industriais.

Agora, será alterada apenas a dinâmica da válvula de controle que passará a ter uma constante de tempo de 5 segundos, ao invés de responder instantaneamente. A Figura 10.49 mostra que o novo controle é capaz de retirar a máquina do *surge*, mas leva mais tempo (cerca de 8 segundos), pois a sua variável manipulada não responde tão rapidamente.

Figura 10.47 Desempenho do controle com estratégia dinâmica de dois PIs.

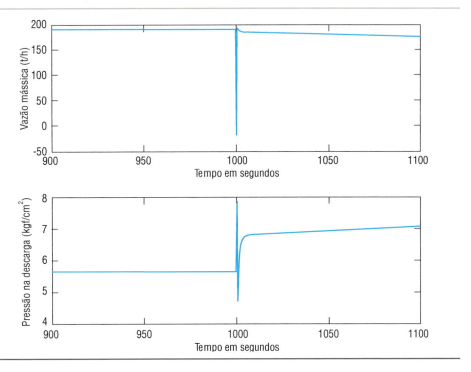

Figura 10.48 O novo controle retira a máquina do *surge* após um ciclo.

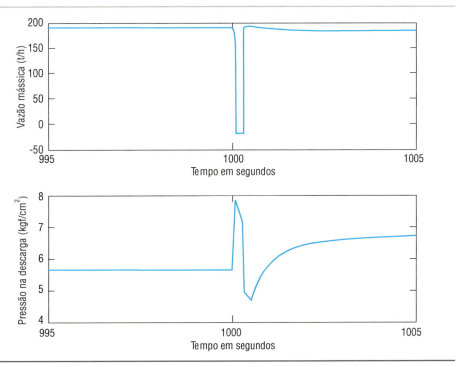

Figura 10.49 Desempenho do controle com estratégia de dois PIs – Válvula mais lenta.

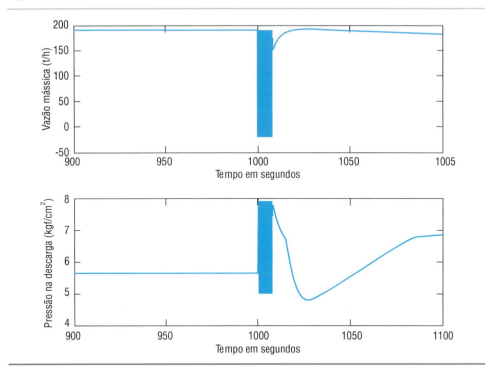

Figura 10.50 Desempenho do controle com válvula mais lenta e PLC mais rápido.

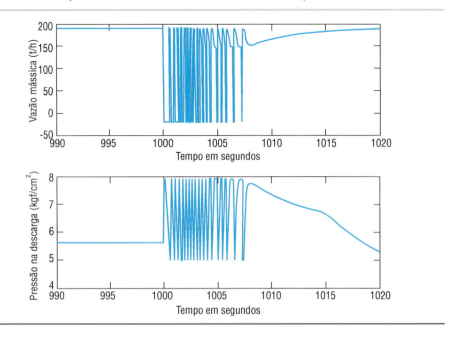

Agora, será alterada a velocidade do equipamento executor da lógica para 50 ms. A Figura 10.50 mostra que o desempenho não melhora e o controle continua retirando a máquina do *surge* após cerca de 8 segundos. Isto pode ser compreendido, já que a dinâmica dominante (mais lenta) continua sendo a válvula, e não adianta executar a lógica de controle em um ciclo mais rápido.

Este exemplo mostrou os seguintes fatos relacionados ao controle *anti-surge*:

☐ A importância da estratégia de controle tanto a estática (cálculo do SP) como a dinâmica.

☐ A dinâmica da válvula é muito crítica para retirar a máquina do *surge* em grandes perturbações. Pode-se extrapolar estes resultados também para a dinâmica dos transmissores, mas as válvulas costumam ser as mais lentas.

☐ O ciclo de execução do PLC deve ser o mais rápido possível, mas não é o fator mais crítico para o bom desempenho (valores de 100 ms são muitas vezes aceitáveis).

10.12.1 Válvulas de controle para *anti-surge*

As válvulas para controle *anti-surge* devem ser lineares, rápidas (constantes de tempo da ordem de 1 segundo), o que muitas vezes na prática necessita do uso de amplificadores pneumáticos (*boosters*) no caso de atuadores mola-diafragma. Ela deve ser dimensionada para a vazão de projeto, com 70% do diferencial normal de operação [McMillan, 1983], de forma a se ter uma folga durante a partida, pois em baixas rotações, como o diferencial de pressão é mais baixo, a válvula pode estar totalmente aberta e não ser capaz de proteger a máquina.

As linhas que ligam as válvulas de controle aos vasos e tubulações devem ser tais que evitem a possível formação de condensado. Caso contrário, este condensado sela o sistema e, mesmo com a válvula aberta, a máquina pode entrar em *surge*.

10.12.2 Transmissores de vazão

Os transmissores de vazão para controle *anti-surge* devem ser rápidos (constantes de tempo da ordem de 100 ms) para permitir identificar o fenômeno do *surge* que é bastante rápido. As tomadas da placa até os transmissores devem ser curtas (no máximo 2 metros), com o transmissor acima do medidor, de maneira a eliminar a possibilidade de formação de condensado e, consequentemente, de erros de leitura. Deve-se preferencialmente utilizar placas ou venturis.

10.13 Exemplos de problemas de estratégias de controle

Vários podem ser os problemas das estratégias de controle de compressores. A Figura 10.51 mostra um esquema clássico de controle *anti-surge* atuando nos reciclos. A unidade onde o compressor está inserido sofreu uma ampliação. Nas novas condições de operação, quando o reciclo abria a válvula, a pressão do vaso de interestágio atingia a pressão de abertura da válvula de segurança (PSV). Este é um fato indesejável, pois a regulagem da PSV é complicada, e pode gerar vazamento. A solução foi colocar um controlador de pressão no vaso de interestágio, cujo *setpoint* é ajustado com uma folga do ajuste da PSV. Quando a pressão sobe, este controlador atua em um seletor de maior, abrindo o reciclo do primeiro estágio, mesmo que o controlador *anti-surge* do

Figura 10.51   Estratégia de controle modificada com *override* de pressão alta no vaso de interestágio.

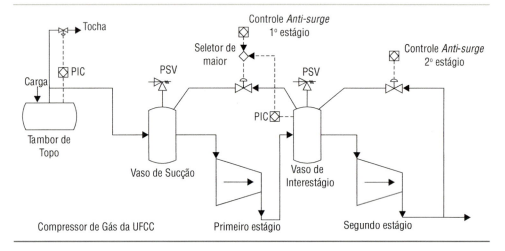

Figura 10.52   Foto do painel de controle de um compressor industrial.

primeiro estágio não necessite abrir esta válvula (estratégia de *override*). A vantagem é que, no vaso de sucção da máquina, existe tanto o controle de pressão de capacidade, atuando na rotação da máquina, como o controle de pressão que alivia para a tocha. Desta maneira, os problemas de abertura da PSV foram solucionados. A Figura 10.52 mostra uma foto de um painel de controle de um compressor industrial.

10.14 Referências bibliográficas

[Arant, 1976], "Centrifugal Compressor Auxiliary Instrumentation", 31 Annual ISA Conference, Houston, EUA.

[Aungier, 2003], "Axial-Flow Compressors – A strategy for aerodynamic design and analysis", ASME Press.

[Campos, 1990], "Controle de compressores centrífugos", Dissertação de Mestrado, COPPE-UFRJ.

[Campos e Rodrigues, 1988], "Equations developed to accurately model centrifugal compressor performance", Oil and Gas Journal, Nov. 28, pp. 75-78.

[Campos e Rodrigues, 1990], "Program finds centrifugal compressor operating point", Hydrocarbon Processing, V. 9, Sept. Pp. 47-48.

[Campos e Rodrigues, 1987], "Simulação dinâmica de sistemas de compressão", 7° Seminário IBP, Instituto Brasileiro de Petróleo e Gás, Agosto.

[Campos, e Perez, 2005], "Controle *anti-surge* de grandes máquinas", 4°Fórum de Turbomáquinas, 29 a 31 de março de 2005, Petrobras.

[Chien, e Mellichamp, 1987], "Self-Tuning Control with Decoupling", AIChE Journal, 33, 7, pp. 1079-1088.

[Cumpsty, 1989], "Compressor Aerodynamics", Ed. Longman Scientific&Technical.

[Deshpande e Ash, 1981], "Elements of computer process control with advanced control application", Instrument Society of America, EUA.

[Gaston, 1976], "Centrifugal Compressor Operation and Control", 31 Annual ISA Conference, Houston, EUA.

[Greitzer, 1976], "Surge and Rotating Stall in Axial Compressors", Journal of Fluids Engineering, ASME, pp. 190-217, 1976.

[Greitzer, 1981], "The stability of pumping systems", Trans. ASME Journal of Fluids Engineering, 103, pp. 193-242.

[Hall, 1976], "Thermodynamics of Compression a Review os Fundamentals", 31 Annual ISA Conference, Houston, EUA.

[Hoerbiger, 2006], ver site www.hoerbiger-compression.com.

[Japikse e Baines, 1994], "Introduction to Turbomachinery", Ed Oxford Univ. Press.

[Luyben, 1970], "Distillation Decoupling", AIChE Journal, 16, pp. 198.

[Martins, 1998], "Manual de Medição de Vazão", Ed. Interciência.

[McMillan, 1983], "Centrifugal and Axial Compressor Control", Ed. ISA – Instrument Society of America, EUA.

[Nisenfeld, 1982], "Centrifugal Compressor – Principles of Operation and Control", Monograph ISA, EUA.

[Nisenfeld e Cho, 1976], "Control of Parallel Compressor", 31 Annual ISA Conference, Houston, EUA.

[Rodrigues, 1991], "Compressores Industriais", EDC- Ed. Didática e Científica Ltda.

[Sayers, 1990], "Hydraulic and Compressible flow Turbomachines", McGraw Hill Book Company.

[Staroselsky e Ladin, 1979], "Improved Surge Control for Centrifugal Compressor", Chemical Engineering, May, 21, pp. 175-184.

[Staroselsky e Rutshtein, 1976], "Control Strategy for Compressor Station", 31 Annual ISA Conference, Houston, EUA.

[Stebanoffs, 1955], "Turboblowers", Ed. John Wiley&Sons, NY.

[Toyoma, *et al.*, 1977], "An Experimental Study of Surge in Centrifugal Compressors", Journal of Fluids Engineering, ASME, pp. 115-131.

[Waggoner, 1976], "Process Control for Compressors", 31 Annual ISA Conference, Houston, EUA.

[Walsh e Fletcher, 1998], "Gas Turbine Performance", Ed. Blackwell Science.

[Warnock, 1976], "Typical Compressor Control Configuration", 31 Annual ISA Conference, Houston, EUA.

[White, 1979], "Surge Control for Centrifugal Compressor", Chemical Engineering, May, 21, pp. 175-184.

[Waller, 1974], "Decoupling in Distillation", AIChE Journal, 20, 3, pp. 592-594.

Fabricantes de sistemas de controle de compressores:

[CCC, 2005], Compressor Control Corporation, ver o site: www.cccglobal.com

[DRESSER-RAND, 2005], ver o site: www.dresserrand.com

[INVENSYS, 2005], ver o site: www.invensys.com

[WOODWARD, 2005], ver o site: www.woodward.com

11

Controle de colunas de destilação

controle de colunas de destilação

11 Controle de colunas de destilação

As colunas de destilação são os mais importantes equipamentos para a separação de uma mistura de líquidos miscíveis em seus componentes na indústria química e petroquímica. Esta separação é realizada aproveitando-se o fato de os elementos constituintes da mistura terem diferentes temperaturas de ebulição. Assim, através do fornecimento de calor à mistura consegue-se preferencialmente vaporizar as substâncias mais voláteis (menor temperatura de ebulição), que são condensadas no topo da coluna, enquanto as menos voláteis tendem a permanecer na fase líquida do fundo da coluna. Estes equipamentos também são responsáveis por grande parte do custo operacional de uma refinaria ou de uma central petroquímica, em função do alto consumo energético necessário para o aquecimento e resfriamento das correntes. Portanto, o grande desafio dos engenheiros de automação e otimização é projetar sistemas de controle para colunas de destilação que garantam a qualidade dos produtos com um consumo mínimo de energia.

A seguir, será feita uma introdução aos conceitos básicos do processo de destilação. Cada componente químico puro possui uma pressão de vapor ou pressão interna, que é função da temperatura a que ele está submetido. Esta pressão está associada com a energia interna das moléculas do líquido. Quando esta pressão de vapor se

Figura 11.1 Unidade de destilação de petróleo em uma refinaria.

iguala à pressão externa, inicia-se o processo de vaporização. A Figura 11.2 mostra que a pressão de vapor aumenta exponencialmente com a temperatura. Desta forma, aumentando-se a temperatura de um líquido, a pressão interna aumenta e quando esta pressão de vapor se igualar à pressão à que ele está submetido, inicia-se a ebulição.

Figura 11.2 Pressão de vapor de uma substância química.

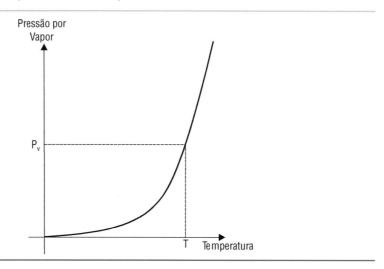

Uma substância, que para uma certa temperatura, apresenta uma maior pressão de vapor é dita mais volátil ou mais leve, pois começa a vaporizar antes, para uma mesma pressão externa, em comparação com uma outra que é menos volátil ou mais pesada. A Figura 11.3 mostra este exemplo.

Figura 11.3 Pressão de vapor de duas substâncias químicas diferentes.

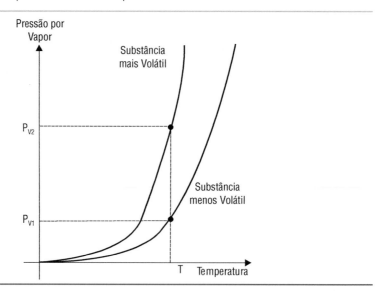

A pressão de vapor de uma substância pode ser modelada por uma função da temperatura (T) e de parâmetros "A" e "B", como mostra a equação de Clapeyron:

$$\ell n\, p = A - \frac{B}{T}$$

A pressão de vapor de uma mistura de substâncias químicas não é função apenas da temperatura, mas depende da composição desta mistura. Ela é maior que a pressão de vapor do componente menos volátil e menor que a do componente mais volátil.

Para uma certa pressão, a temperatura de ebulição de uma mistura também depende da concentração, como mostra a Figura 11.4, onde a concentração é o percentual do componente mais volátil em uma mistura binária (2 componentes). Nesta Figura, a pressão é constante, observa-se que, para uma certa temperatura externa, o líquido fica mais concentrado com o componente pesado, enquanto o vapor fica mais rico do componente leve. Como a corrente vapor é resfriada em direção ao topo da coluna (temperatura da mistura vai caindo), a concentração do componente leve na fase vapor aumenta nestes estágios. Enquanto a corrente líquida vai sendo aquecida nos estágios de fundo da coluna fazendo com que a concentração dos componentes mais pesados na fase líquida aumente.

Na Figura 11.4, a pressão é constante. Se a pressão aumentar, as curvas se deslocam para cima e tendem a serem mais estreitas, isto é, a diferença entre as composições na fase vapor e líquida tende a ser menor. Desta forma, quando a pressão au-

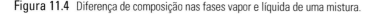

Figura 11.4 Diferença de composição nas fases vapor e líquida de uma mistura.

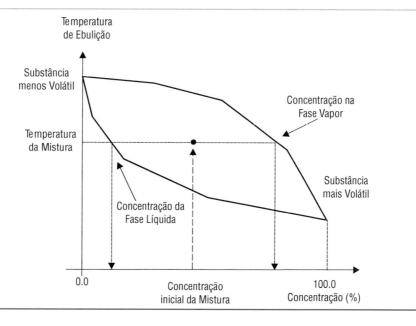

menta, a separação por destilação fica mais difícil. A Figura 11.5 exemplifica o efeito da pressão. Observa-se também que só existe uma forte correlação entre a temperatura e a composição da fase vapor e líquida, quando a pressão é constante e conhecida.

Figura 11.5 Efeito da pressão na destilação de uma mistura.

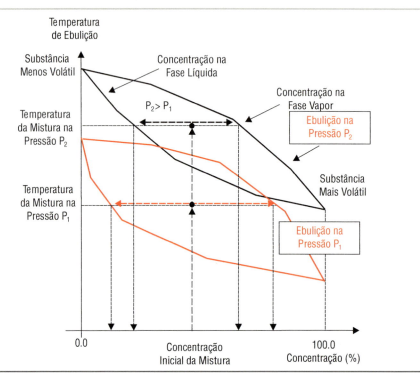

De forma simplificada, o princípio físico de separação das colunas de destilação se baseia no fato de que para uma certa pressão e temperatura, cada componente químico de uma mistura tem uma volatilidade diferente. Isto é, estes componentes têm diferentes constantes de equilíbrio, ou razões entre as suas composições na fase vapor e na fase líquida (não vaporizada).

$$\frac{Y_I}{X_I} = K(P, T)$$

onde
Y_I = Composição ou concentração do componente "i" na fase vapor.
X_I = Composição ou concentração do componente "i" na fase líquida.

Como existe uma variação de temperatura entre o topo (mais frio) e o fundo (mais quente) da coluna de destilação, os componentes mais pesados, que não vaporizam facilmente, tendem a se concentrar nas correntes líquidas no fundo (pode-se

Figura 11.6 Perfil de Temperatura ao longo da Coluna.

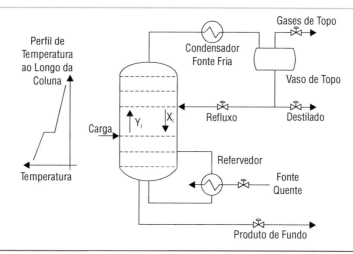

ter colunas com várias retiradas laterais de produtos, e não apenas no topo e fundo), enquanto os componentes leves da mistura tendem a se concentrar na fase vapor no topo. A Figura 11.6 exemplifica um perfil de temperatura ao longo da coluna.

Os gases no topo da coluna são condensados em um "condensador", que é um trocador de calor com um fluido mais frio (Ex.: água de refrigeração ou propano), e em seguida vão para o vaso de topo e são retirados da coluna. Em algumas torres de destilação existe uma condensação total, com a retirada apenas de um produto líquido. Em outras, pode existir também uma corrente gasosa de saída pelo vaso de topo.

Uma parte destes vapores condensados volta para a coluna como uma corrente líquida fria chamada de "refluxo" de topo. Este refluxo é responsável por manter a temperatura desejada no topo da coluna.

A corrente líquida no fundo da coluna, rica nos componentes pesados da carga, é retirada no fundo. Nesta parte da coluna existe o "refervedor", que fornece calor para a coluna vaporizando uma parte do líquido que desce pela torre, e mantendo o fundo aquecido na temperatura desejada. Este refervedor é um trocador de calor entre o fundo da coluna e um fluido mais quente (Ex.: vapor ou hidrocarbonetos). Desta forma, através de ajustes no condensador (ou no refluxo) e no refervedor pode-se ter o perfil de temperatura adequado à separação desejada.

O calor do refervedor não é a única fonte de energia para a coluna de destilação. Normalmente, a carga da coluna já chega aquecida, através da utilização de baterias de trocadores de calor (recuperadores de energia) ou de fornos. A Figura 11.7 mostra a utilização de um forno para aquecer a carga até uma temperatura ideal para a separação dos componentes da mistura.

Em função do alto consumo de energia destas unidades, os projetos de novas unidades utilizam técnicas de recuperação de calor que acarretam dificuldades para

Figura 11.7 Forno para aquecer a carga a uma temperatura ideal para o fracionamento.

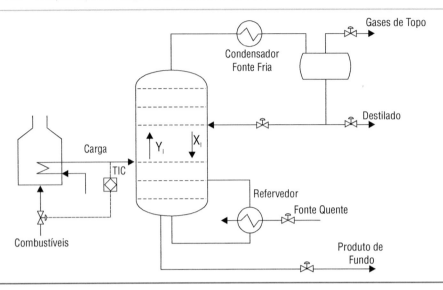

o controle, devido a uma maior interação entre as variáveis do processo. Por exemplo, a corrente de fundo da coluna de destilação tem uma temperatura superior à da carga; logo, pode-se em alguns casos colocar um trocador de calor entre o fundo e a carga para aproveitar esta energia do produto de fundo. Consequentemente, qualquer variação de temperatura no fundo irá alterar a temperatura da carga, que por sua vez irá afetar novamente a temperatura de fundo. Esta interação dificulta o controle, principalmente quando se está tentando trabalhar nos limites das especificações das diversas correntes. A Figura 11.8 mostra este exemplo.

Figura 11.8 Interação entre a carga fria e o fundo quente da coluna.

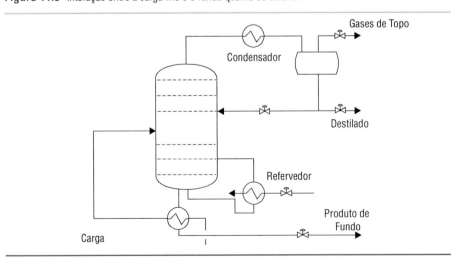

Existem diversos tipos de internos nas colunas de destilação, que têm o objetivo de facilitar a separação dos componentes. Estes internos podem ser classificados em dois grandes grupos:

- Pratos – Cada estágio de destilação possui uma bandeja com um nível e um vertedouro de líquido para o prato abaixo.
- Recheio – A separação é realizada em um leito, onde ocorre o contato entre a fase líquida e gasosa.

A Figura 11.9 mostra um esquemático de um prato, com as correntes líquidas e gasosas que chegam e saem do prato. O líquido escoa para o prato inferior quando o nível está acima do vertedouro. A fase vapor do prato inferior borbulha o líquido do prato através de pequenos orifícios ou encapsulamentos (válvulas) na bandeja. Através deste contato entre o vapor e o líquido ocorre a transferência de energia e massa fazendo com que o vapor fique mais rico com os componente leves. A quantidade de pratos, ou de estágios de separação, depende da facilidade ou não da separação desejada. Se a volatilidade relativa entre os componentes a serem separados for baixa, isto é, se estes componentes forem muito parecidos quimicamente, então serão necessários muitos pratos. Como é o caso de colunas que separam o etileno do etano, ou o propeno do propano, que podem ter mais de 100 pratos (torres que chegam a medir mais de 100 metros de altura).

Figura 11.9 Esquema simplificado de um prato de destilação.

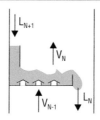

Um outro conceito importante para o controle de colunas de destilação é o relativo à hidráulica da torre. A pressão deve ser tal que o vapor escoe pelos orifícios dos pratos e não o líquido. A corrente líquida "L_N" também deve ser capaz de escoar para o prato "$N - 1$", e para que isto ocorra algumas condições de diferencial de pressão e vazões de vapores "V_N" devem ser satisfeitas. Caso contrário, a coluna pode "inundar". Isto é, não ocorrerá escoamento nem separação, e haverá acúmulo de produtos na torre. Esta é uma condição operacional que deve ser evitada pelo controle. A principal variável a ser controlada é o diferencial de pressão ao longo da coluna, que não pode ser superior a um certo valor para cada torre.

O petróleo é uma mistura de hidrocarbonetos, podendo conter moléculas com diferentes números de átomos de carbono. Uma forma de avaliar um certo petróleo é obter a sua curva de destilação (PEV – ASTM D2892). Ela permite determinar o rendimento de cada corte ou fração do petróleo de acordo com a sua temperatura de ebulição verdadeira. Através desta curva (Figura 11.10), pode-se determinar para cada temperatura qual é o percentual já vaporizado do petróleo. Por exemplo, nesta figura com a temperatura de 200 °C cerca de 15% do volume do óleo já foi vaporizado. Este vapor é composto preferencialmente dos componentes mais leves do petróleo (moléculas com poucos átomos de carbono). Quando a temperatura alcança 400 °C o percentual vaporizado sobe para cerca de 75%, e o líquido é composto pelas moléculas mais "pesadas" ou grandes. Uma coluna de destilação de petróleo costuma ter várias retiradas laterais de diferentes produtos, como o diesel, a gasolina etc. A qualidade de cada retirada está associada com a faixa de temperaturas da curva PEV (ver Figura 11.10).

Figura 11.10   Exemplo de curva de destilação PEV de um petróleo.

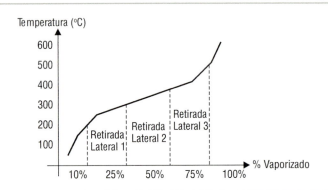

Existem dois tipos de destilação, a contínua em que, como o nome diz, possui uma carga contínua de alimentação e separa em duas ou mais correntes de saída, e a destilação em batelada, onde se alimenta um volume fixo de carga e vai se separando no tempo os componentes mais voláteis dos mais "pesados". A seguir, serão discutidos os aspectos operacionais básicos de colunas de destilação contínua.

11.1 Variáveis de controle de uma coluna de destilação

Antes de elaborar uma estratégia de controle para um processo, deve-se definir quais os graus de liberdade que este sistema possui. Implementar um controle que não respeite este conceito significa o fracasso deste sistema na prática. Por exemplo, suponha que para um vaso se deseje controlar o nível atuando em uma válvula na saída, e se decida também controlar a vazão de saída deste vaso atuando-se em uma outra válvula nesta corrente. Pode-se inicialmente pensar que, pelo fato de existirem duas válvulas, pode-se controlar independentemente o nível do vaso e a vazão desta corrente. Entretanto, este processo não possui estes dois graus de liberdade, mas apenas um. Para se controlar o nível, a vazão de saída já está definida, que é igual à de alimentação do vaso. Logo, para que o sistema funcione adequadamente deve-se eliminar uma das válvulas de controle e colocar o controlador de nível (LIC) em cascata com o de vazão (FIC). Obviamente, este exemplo (ver Figura 11.11) é simples, mas demonstra a importância de analisar os verdadeiros graus de liberdade que um certo processo possui.

Figura 11.11 Definição dos verdadeiros graus de liberdade do sistema.

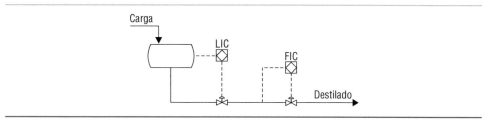

Para o exemplo da coluna de destilação da Figura 11.12 existem cinco graus de liberdade, associados às cinco válvulas de controle do sistema. Portanto, pode-se escolher até cinco variáveis do processo a serem controladas.

Figura 11.12 Graus de liberdade de uma coluna de destilação.

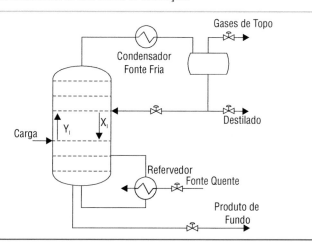

De uma forma geral, pode-se ter dois tipos de variáveis a serem controladas:
- ☐ As associadas ao controle do inventário – que estão relacionadas com o "balanço de massa" do sistema, como a pressão da coluna e os níveis no vaso de topo e no fundo da torre.
- ☐ As associadas ao balanço de energia da coluna – que estão relacionadas com a qualidade dos produtos, como as temperaturas.

O controle do inventário é mais crítico, pois garante a operação do sistema. Por exemplo, se a pressão da coluna, ou os níveis não puderem ser controlados de forma satisfatória, então os operadores terão muita dificuldade em manter a coluna em operação. Por outro lado, as variáveis associadas à qualidade não impedem a operação, mas têm um grande impacto econômico e são importantes para otimizar o sistema.

11.1.1 Controle da pressão

A pressão é uma variável fundamental para a operação de uma coluna de destilação. Se a pressão variar, as constantes de equilíbrio dos componentes irão variar ao longo da coluna, dificultando a manutenção da composição dos produtos nos seus valores desejados. Assim a estabilidade operacional da coluna fica prejudicada.

A definição do valor de operação da pressão da coluna também é muito importante. Quanto menor a pressão de operação, menor a temperatura necessária de operação para uma certa qualidade desejada. Portanto, será necessário gastar menos energia no refervedor. Além disto, uma pressão mais baixa tende a facilitar a separação entre os componentes leves e pesados. Por outro lado, uma menor temperatura no topo dificulta o trabalho do condensador.

Mas independentemente do valor de pressão, o mais importante para a estabilidade operacional é evitar variações bruscas nesta pressão, mantendo a mesma em controle. Se houver um descontrole e a pressão cair rapidamente, os componentes leves dos pratos irão vaporizar instantaneamente, causando um aumento dos vapores que sobem internamente pela coluna e podendo "inundar" a mesma (ou aumentar o diferencial de pressão ao longo da mesma em função desta maior vazão interna de vapor). Esta queda de pressão também pode fazer com que componentes mais pesados apareçam nas correntes dos produtos de topo, pois como a temperatura não muda rapidamente e a pressão está mais baixa, isto fará com que mais componentes pesados sejam vaporizados. Portanto, esta perturbação também poderá tirar de especificação os produtos de topo.

No outro sentido, um aumento brusco da pressão pode causar o aparecimento de componentes leves nas correntes líquidas do fundo da coluna, podendo tirar estes produtos de especificação.

A composição da carga da coluna de destilação também é fundamental para garantir um bom controle de pressão. Por exemplo, se houver arraste indevido de água para uma coluna desetanizadora (separa C_2 de outros componentes pesados), o controle de pressão pode ficar "instável". Isto é, como a diferença ou razão entre a massa específica da água e o vapor é muito grande (mais de 200 vezes), quando ocorre a vaporização da água, a pressão da coluna pode aumentar muito. Na prática, pode-se observar nestes casos variações bruscas (ciclos) de 1,5 kgf/cm².

Não existem duas colunas de destilação iguais, logo o controle deve considerar as particularidades de cada uma. Existem várias maneiras de controlar a pressão destas torres, como foi visto no Capítulo 6, mas supondo que, na coluna da Figura 11.13, a corrente de gases no vaso de topo é considerável, então se pode controlar a pressão da coluna manipulando-se esta vazão de alívio.

Figura 11.13 Controle de pressão no topo.

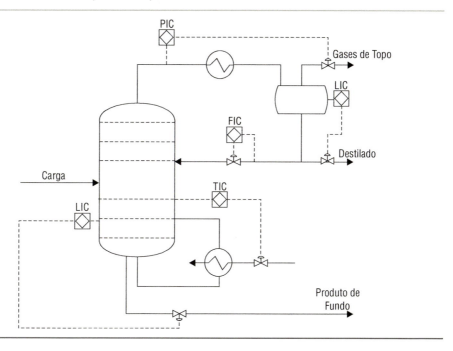

11.1.2 Controle dos níveis

Os controles dos níveis dos vasos de topo e do fundo da coluna são, depois da pressão, os controles mais importantes para a boa operação de uma coluna. Eles garantem que não existirá um acúmulo de massa no sistema, evitando problemas associados à "inundação" do vaso de topo ou do nível do fundo da coluna.

Um conceito básico associado aos controles dos níveis é que se deve procurar controlar o nível manipulando a maior vazão associada, ou a variável com maior influência ou impacto neste nível. Por exemplo, se a corrente de destilado do topo for considerável em relação ao refluxo, e se a vazão de retirada no fundo for considerável em relação à corrente líquida vaporizada no refervedor, então uma boa estratégia de controle é mostrada na Figura 11.13.

Em relação ao projeto de uma coluna de destilação, do ponto de vista de controle, deve-se buscar os maiores tempos de residência nos pratos, no vaso de topo e no fundo. Este fato estará associado com maiores dimensões e, portanto, permitirá que o controle tenha mais tempo para corrigir eventuais perturbações. Muitos problemas de controle nas colunas de destilação estão associados aos baixos tempos de residências (baixo *hold-up*) nos pratos de retirada dos produtos. Entretanto, o projeto costuma ir na direção oposta com menores tempos de residência, menores dimensões e, portanto, menores custos. Do ponto de vista de segurança, em muitos casos práticos, estes menores tempos de residência também significam um acúmulo menor de produtos inflamáveis. Portanto, existe um compromisso e deve-se procurar um mínimo tempo de residência que garanta a operação e o controle da coluna.

Outro detalhe de projeto é elevar o fundo das torres o suficiente para evitar problemas de NPSH para as bombas, com a respectiva cavitação, o que significa problemas para o controle de nível no fundo da coluna. Entretanto, esta maior elevação representa custos, e normalmente o projeto considera uma folga mínima.

Em resumo, as colunas de destilação representam um desafio para os responsáveis pelo seu controle, pois elas operam perto de vários limites, como a "inundação" ou esvaziamento dos pratos, a circulação nos refervedores (tipo termossifão), o NSPH das bombas etc.

11.1.3 Controle da qualidade dos produtos

O principal objetivo de uma coluna de destilação é separar a carga nos diversos produtos, garantindo a qualidade ou composição desejada para os mesmos. Portanto, o que se deseja é controlar a qualidade dos produtos de topo, não permitindo um percentual de pesados nestas correntes maior do que um certo valor. Assim como a qualidade do produto de fundo, não permitindo um percentual de leves nesta corrente maior do que um certo valor.

Quando possível e disponível, a melhor opção é instalar analisadores para medir a composição de topo e de fundo. Estes sinais vão para controladores PID e controlam os dois graus de liberdade restantes da coluna: a vazão de refluxo e a vazão do fluido quente do refervedor, conforme a Figura 11.14. Dependendo da coluna, pode ser muito difícil controlar estas duas composições simultaneamente em função da interação entre estas malhas, como será visto no Item 11.2 deste capítulo.

Figura 11.14 Controle de composição no topo e no fundo.

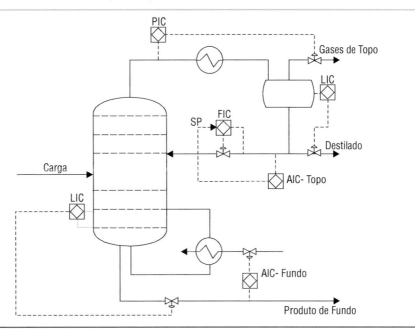

Os analisadores costumam ter um tempo morto associado ao processo de amostragem e análise. Este tempo costuma ser da ordem de 5 minutos. Logo, estes controladores PID de análise devem ter um mecanismo de compensação do tempo morto, ou então a sintonia deve ser compatível (baixo ganho proporcional e alto tempo integral). Sistemas de compensação de tempos mortos serão ainda discutidos neste capítulo.

Outra opção é não se usar analisadores e sim inferências para estimar a composição e a qualidade das correntes de saída. Uma das inferências mais simples é a medição da temperatura em certos pratos sensíveis da coluna. Isto é, como a pressão é constante, a temperatura de um prato está diretamente associada com a composição do mesmo, para uma certa composição da carga. Portanto, controlando-se a temperatura em um valor constante, espera-se controlar indiretamente a composição (ver a Figura 11.15).

Um problema com esta estratégia é a escolha da localização dos sensores de temperatura. Eles devem estar em pratos "sensíveis" da coluna, onde ocorre uma variação considerável da temperatura para diferentes composições do produto. Existem torres onde o perfil de temperatura é muito plano, isto é, a temperatura muda muito pouco ao longo dos pratos, por exemplo, variações de 0,1 °C. Nestes casos, o controle por temperatura não é o mais indicado.

Figura 11.15 Controle de temperatura para manter a composição.

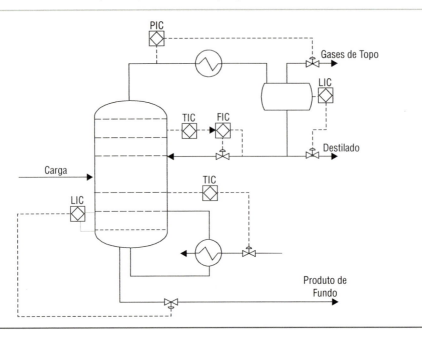

11.1.4 Exemplos de controle de colunas de destilação

A Figura 11.13 mostrou um exemplo de controle de coluna de destilação. Neste caso, considera-se que a vazão de destilado é considerável de forma a se conseguir controlar o nível do tambor de topo. Se a vazão de refluxo for muito maior do que a do destilado, então se deve manipular lentamente este refluxo. Normalmente, pode-se manter um refluxo constante, ou manipular lentamente o seu *setpoint* através de um controlador de composição ou de temperatura no topo da torre. Outra opção é manipular este refluxo, controlando a razão de refluxo (razão entre a vazão de refluxo e a de destilado). Neste exemplo, também se optou por controlar apenas uma temperatura na coluna, de maneira a evitar a interação entre as malhas.

Nesta Figura 11.13, utiliza-se a estratégia clássica de controlar o nível de fundo atuando na vazão de retirada de fundo e a temperatura manipulando a fonte de calor do refervedor. Esta estratégia funciona adequadamente, desde que o refluxo interno da torre não seja muito elevado, e a vazão de retirada de fundo seja a variável de maior impacto no nível de fundo.

Se o refluxo interno da torre for muito elevado, então esta estratégia de manipular a vazão de retirada de fundo para controlar o nível não é efetiva. Isto é, se ocorrer uma perturbação no refluxo ou no refervedor (que é o encarregado de vaporizar todo este refluxo e fazer com que ele volte em direção ao vaso de topo), o nível poderá sumir (abaixo da escala de 0%) ou indicar 100% (sair da escala do instrumento), fazendo com que o controlador (LIC) feche ou abra toda a válvula de retirada (controle *on-off*). Entretanto, esta ação não irá surtir efeito no curto prazo. Portanto, esta estratégia, neste caso, é ruim e pode levar a problemas operacionais, como os de inundações da coluna.

Figura 11.16 Controle típico para colunas com alta razão de refluxo e com condensação parcial no topo.

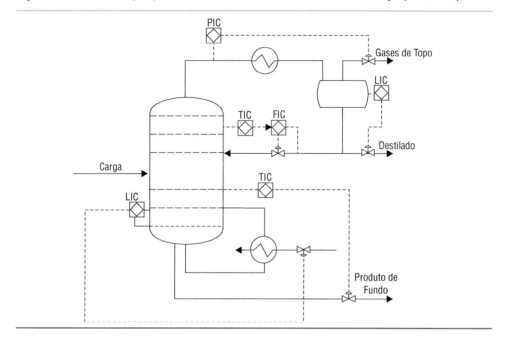

Uma opção, nestes casos (por exemplo as superfracionadoras de separação de propano do propeno apresentam estas altas razões de refluxo), é utilizar a estratégia da Figura 11.16. O nível de fundo da coluna passa a manipular o refervedor, para vaporizar todo o refluxo interno da coluna naquele instante. A vazão de retirada de produto no fundo passa a ser uma vazão, que é manipulada para garantir a composição da corrente. Em caso de superfracionadoras, pequenas variações na temperatura acarretam grandes variações na composição, logo o controle da Figura 11.16 do TIC controlando a retirada de fundo pode em alguns casos não ser o mais recomendado. Outra opção é manter uma razão constante desta retirada com a carga e ajustada pela composição desejada.

Estas várias opções possíveis para o controle de um sistema multivariável representam um desafio para o engenheiro de controle: qual a melhor estratégia para um certo processo? A seguir, será apresentada uma ferramenta que auxilia nestas escolhas.

11.2 Controle multivariável

Um dos principais desafios do engenheiro em um sistema multivariável é definir a estrutura de controle que consiste em [Skogestad, 2004]:

- ☐ Escolha das variáveis manipuladas.
- ☐ Escolha das variáveis controladas.
- ☐ Definição da necessidade de medições das variáveis de perturbação do sistema.
- ☐ Definição dos pares de variáveis controladas-manipuladas, no caso do sistema multimalhas (usando os PIDs).
- ☐ Definição do controlador e da estratégia (PID ou preditivo multivariável [Rossiter, 2003], cascata, razão, antecipatório etc.).

As variáveis manipuladas estão associadas com o grau de liberdade da planta (normalmente o número de válvulas, variadores de rotação etc.). A escolha das variáveis controladas pode ser dividida em dois passos.

O primeiro passo é controlar as variáveis associadas ao inventário (vazões, pressões e níveis). Estes controles são responsáveis por rejeitar as perturbações e estabilizar a planta. A escolha dos pares controladas-manipuladas neste caso pode ser feita através de uma análise de sensibilidade (qual a manipulada que afeta mais uma controlada em particular?). O algoritmo de controle utilizado é geralmente o PID.

O segundo passo é definir como controlar as variáveis associadas com a otimização do processo. Por exemplo, as temperaturas de uma coluna de destilação que controlam indiretamente a qualidade dos produtos, e os seus respectivos rendimentos. Nestes casos, a interação do processo pode fazer com que a escolha dos pares de controle (controlada-manipulada) não seja tão trivial. A interação em alguns casos pode ser tão grande que o esquema multimalhas (vários PIDs) pode necessitar de uma estrutura de desacoplamento, e até da utilização de um algoritmo de controle preditivo [Rossiter, 2003]. O conhecimento do processo é fundamental e muitas vezes suficiente para a escolha das variáveis de controle (Luyben, 1989).

Seja por exemplo uma coluna de destilação, onde se pode manipular a vazão de refluxo (corrente fria) e a vazão do refervedor (fonte de calor), e se deseja controlar uma temperatura na região de topo da coluna e outra na região de fundo. Obviamente, quando se aumenta a vazão de refluxo (U_1) se perturba tanto a temperatura na região de topo (T_1) quanto a do fundo (T_2). O mesmo ocorre, ao se manipular a vazão de fluido quente para o refervedor (U_2). Este sistema é multivariável e possui um diagrama de bloco mostrado na Figura 11.17, cujas funções de transferência $G_{21}(s)$ e $G_{12}(s)$ representam as interações.

Figura 11.17 Exemplo do sistema multivariável.

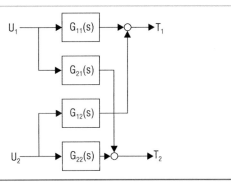

Para este sistema multivariável, existe uma questão básica: o que é melhor: controlar T_1 manipulando U_1 ou U_2? De forma a auxiliar na resolução deste problema, Bristol (1966) propôs uma análise conhecida como a dos ganhos relativos (RGA – Relative Gain Array). A ideia de Bristol foi desconsiderar a parte dinâmica das funções de transferência (G_{ij}) e considerar apenas os ganhos (K_{ij}), como na Figura 11.18. A partir desta matriz de ganhos estáticos do processo, ele propôs uma análise simplificada da interação entre as malhas de controle de um sistema multivariável. Cada configuração possível (controlada-manipulada) pode ser analisada e aquela que apresentar a menor interação pode ser escolhida para implementação.

Figura 11.18 Sistema multivariável representado pelos ganhos estáticos.

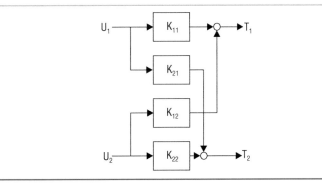

O ganho relativo é escolhido como a razão entre o ganho do processo visto pelo controlador que se deseja implementar (por exemplo: controlada "i" (T_i) com manipulada "j" (U_j)), quando todas as outras malhas de controle estão em manual, e o ganho visto por este controlador quando todas as outras malhas estão em automático – controlando suas respectivas variáveis.

$$\lambda_{ij} = \frac{\left(dT_i/dU_j\right)_{MANUAL}}{\left(dT_i/dU_j\right)_{AUTOMÁTICO}}$$

Como as mesmas dimensões aparecem no numerador e denominador, este ganho é adimensional e independe das escalas escolhidas para as variáveis. Seja a Figura 11.18, e considere que se deseja analisar a seguinte configuração: controlar T_1 com U_1 e controlar T_2 com U_2. O ganho, visto pelo controlador associado a $T_1 - U_1$, quando a outra malha ($T_2 - U_2$) está aberta ou em manual, é o próprio ganho estático K_{11}.

$$\left(dT_1/dU_1\right)_{MANUAL} = K_{11}$$

O ganho visto pelo controlador associado a $T_1 - U_1$, quando a outra malha ($T_2 - U_2$) está fechada ou em automático, é calculado da seguinte forma:

- Seja um degrau: ΔU_1
- Ele irá perturbar T_1 devido a K_{11}: $\Delta T_1 = K_{11} \Delta U_1$
- Devido à interação este degrau também irá provocar uma perturbação em T_2 igual a: $\Delta T_2 = K_{21} \Delta U_1$
- Como a malha T_2–U_2 está em automático, o controlador irá atuar em U_2 para que a variação em T_2 seja zero. Portanto:
  $K_{21} \Delta U_1 + K_{22} \Delta U_2 = 0 \implies \Delta U_2 = -(K_{21}/K_{22}) \times \Delta U_1$
- Logo, devido ao controle na malha T_2–U_2, existirá uma variação em ΔU_2, calculada anteriormente, que também influencia Y_1:
  $\Delta T_1 = K_{12} \Delta U_2 \implies \Delta T_1 = -(K_{21}K_{12}/K_{22}) \Delta U_1$
- Desta forma, a variação de total em T_1 será:
  $\Delta T_1 = [K_{11}-(K_{21}K_{12}/K_{22})] \Delta U_1$

Portanto, o ganho entre T_1–U_1 será:

$$\left(dT_1/dU_1\right)_{AUTOMÁTICO} = \frac{K_{11}K_{22} - K_{12}K_{21}}{K_{22}}$$

Desta maneira, o ganho relativo associado ao par T_1–U_1 será:

$$\lambda_{11} = \frac{\left(dT_1/dU_1\right)_{MANUAL}}{\left(dT_1/dU_1\right)_{AUTOMÁTICO}} = \frac{K_{11}K_{22}}{K_{11}K_{22} - K_{12}K_{21}}$$

Pode-se montar uma matriz de ganhos relativos (RGA):

$$RGA = \begin{bmatrix} \lambda_{11} & \lambda_{12} \\ \lambda_{21} & \lambda_{22} \end{bmatrix}$$

Esta matriz tem como característica que a soma dos elementos de uma linha ou coluna é sempre igual a 1.0. Portanto, para sistemas multivariáveis 2 x 2, como o da Figura 11.18, a matriz RGA fica determinada conhecendo-se apenas um elemento da mesma.

O elemento λ_{11} representa o quanto o ganho visto pelo controlador $T_1 - U_1$ muda quando as outras malhas são colocadas em automático. O ideal seria que este valor fosse o mais próximo de 1.0, indicando que o ganho não muda quase nada. Logo, como este ganho do processo está associado à sintonia ótima do controlador, este fato significa que não haverá grande degradação do desempenho devido à interação das malhas.

Como o controlador PID é linear, deve-se definir a ação do controlador: direta ou reversa. Por exemplo, quando a temperatura de topo (T_1) aumenta, deve-se aumentar a vazão de refluxo (U_1) para esfriar o topo e trazer T_1 de volta ao *setpoint*. Logo, a ação deste controlador é direta. Esta análise é feita considerando-se o sinal do ganho K_{11}. Entretanto, se λ_{11} for negativo, significa que o sinal do ganho visto pelo controlador inverte, devido à interação, quando a outra malha é colocada em automático. Agora, se T_1 subir deve-se diminuir U_1 para se controlar o processo, mas isto significa que a ação do PID deve ser trocada para reversa. Entretanto, a ação do controlador não muda em operação, só na configuração do sistema digital, logo o sistema será instável.

Portanto, não se pode escolher um par de variáveis controlada-manipulada, cujo respectivo "Lambda" seja negativo na matriz RGA. Quando o denominador da expressão de "lambda" é zero, significa que as malhas de controle não podem operar todas em automático simultaneamente, pois elas não são independentes (não existe este grau de liberdade).

Valores de "lambda" maiores que um, ou entre 0 e 1, significa que existe interação e que será necessário "dessintonizar" os controladores, por exemplo, diminuindo os ganhos proporcionais e aumentando os tempos integrais, que poderiam ser utilizados se o sistema fosse monovariável, para se ter um comportamento aceitável.

Esta análise pode ser estendida para um processo multivariável de dimensões mais elevadas, por exemplo, 3x3, ou 4x4. Por exemplo, para um sistema 3 x 3, o ganho, visto pelo controlador associado a T_1–U_1, quando as outras malhas ($T_2 - U_2$) e ($T_3 - U_3$) estão fechadas ou em automático, é calculado da seguinte forma:

- Seja um degrau: ΔU_1
- Ele irá perturbar T_1 devido a K_{11}: $\Delta T_1 = K_{11} \Delta U_1$
- Devido à interação este degrau também irá provocar uma perturbação em T_2 igual a: $\Delta T_2 = K_{21} \Delta U_1$ e em T_3 igual a: $\Delta T_3 = K_{31} \Delta U_1$

☐ Como as malhas T_2–U_2 e T_3–U_3 estão em automático, os controladores irão atuar em U_2 e U_3 para que as variações em T_2 e T_3 sejam zero. Portanto, deve-se resolver o sistema para calcular ΔU_2 e ΔU_3:

$\Delta T_2 = 0 \Rightarrow K_{21}\Delta U_1 + K_{22}\Delta U_2 + K_{23}\Delta U_3 = 0$

$\Delta T_3 = 0 \Rightarrow K_{31}\Delta U_1 + K_{32}\Delta U_2 + K_{33}\Delta U_3 = 0$

☐ A solução deste sistema define os valores de ΔU_2 e ΔU_3 em função de ΔU_1. Assim, pode-se calcular ΔT_1 e o ganho em malha fechada.

Uma maneira mais simples de obter a matriz RGA para sistemas com um número maior de variáveis é perceber que esta matriz pode ser obtida a partir da matriz de ganhos estáticos (K), multiplicando-se elemento a elemento a inversa da matriz de ganhos pela sua transposta:

$RGA = inv(K) \cdot \times K'$

Seja por exemplo uma matriz de ganhos estáticos de um sistema 2x2 (Figura 11.18) igual a:

$$K = \begin{bmatrix} K_{11} & K_{12} \\ K_{21} & K_{22} \end{bmatrix} = \begin{bmatrix} 1 & 0.5 \\ 1 & 1 \end{bmatrix}$$

A RGA associada é:

$$RGA = \begin{bmatrix} 2 & -1 \\ -1 & 2 \end{bmatrix}$$

Pode-se observar que a única escolha possível é controlar T_1, manipulando U_1, e T_2 manipulando U_2. A outra escolha ($T_1 - U_2$) tem "lambda" negativo, o que instabiliza o processo. A Figura 11.19 mostra que o controle de T_1 com U_2 instabiliza no momento em que a outra malha $T_2 - U_1$ é colocada em automático, no tempo igual a 250 minutos. Até este tempo, como U_1 ficou constante, o sistema foi capaz de controlar T_1.

A Figura 11.20 mostra que a escolha $T_1 - U_1$ e $T_2 - U_2$ consegue operar em automático, apesar da interação. Se o desempenho alcançado não for adequado, então pode-se estudar o uso de desacopladores ou de um controlador preditivo [Rossiter, 2003].

Seja agora um sistema 3x3, cuja matriz de ganhos estáticos é:

$$K = \begin{bmatrix} 1 & 2 & 0.5 \\ 3 & 1 & 0.5 \\ 0.5 & 0.5 & 2 \end{bmatrix}$$

Figura 11.19 Sistema multivariável $T_1 - U_2$ e $T_2 - U_1$ instável.

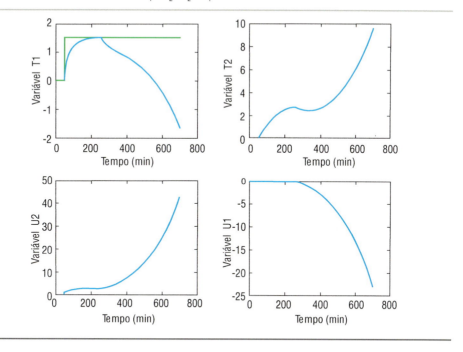

Figura 11.20 Sistema multivariável $T_1 - U_1$ e $T_2 - U_2$ estável.

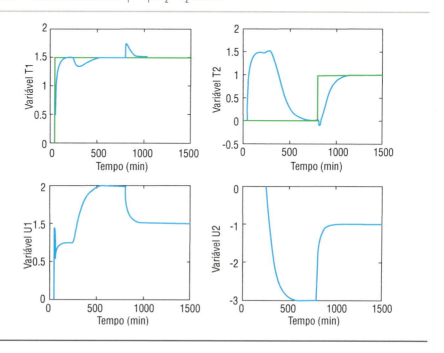

A matriz de ganhos relativos RGA será:

$$RGA = \begin{bmatrix} -0.19 & 1.21 & -0.02 \\ 1.24 & -0.19 & -0.05 \\ -0.05 & -0.02 & 1.07 \end{bmatrix}$$

Pode-se observar que a única estrutura de controle estável será: T_1–U_2, T_2–U_1, e T_3–U_3. Todas as outras opções possuem "lambda" negativo, o que gera um sistema instável em malha fechada.

A análise dos ganhos relativos (RGA – Relative Gain Analysis) vista neste capítulo considera apenas os ganhos estáticos, não considerando outros aspectos da dinâmica do processo. O ideal seria repetir esta análise para as amplitudes (ganhos) das funções de transferência na frequência de operação (corte). Obviamente, não se pode escolher um par, cujo "lambda" é negativo para os ganhos estáticos.

Quando a interação entre as malhas é muito forte, deve-se "dessintonizar" (diminuir o ganho proporcional e aumentar o tempo integral) os controles menos prioritários. Preservando o desempenho das malhas mais importantes.

11.3 Sistema de compensação de tempo morto

Sistemas com tempos mortos elevados causam muitos problemas para o ajuste dos controladores PID. Como se observa pelas regras de sintonia, o ganho proporcional do controlador (K_p) deve ser cada vez menor, quanto maior for o tempo morto (θ). Por exemplo, pela regra de sintonia de Ziegler e Nichols: $K_P = \tau/K\theta$

Este ganho pequeno do controlador significa que o desempenho do controlador será bastante afetado. Por exemplo, após uma mudança de *setpoint* o sistema demorará muito até que a variável controlada atinja este novo valor desejado. O controlador também demorará muito para eliminar os efeitos das perturbações.

O primeiro esquema de controle, com o objetivo de melhorar o desempenho de PIDs que atuam em processos com tempos mortos elevados, foi proposto por Smith em 1957. A ideia do compensador de tempo morto (CTM) é configurar no sistema digital de controle, em paralelo ao processo, uma função de transferência de maneira que o controlador PID veja uma dinâmica sem tempo morto. Desta forma, o ganho do controlador pode ser ajustado em um valor bem maior.

Obviamente, esta função de transferência depende do conhecimento da dinâmica do processo, que inclui o seu tempo morto. Portanto, este tipo de compensador de tempo morto pode ser visto como um controlador com modelo interno (IMC). Este compensador também é conhecido como *Smith Predictor*, em homenagem ao autor desta estratégia de controle. Seja um processo com tempo morto:

$$G_P(s) = \frac{K \times e^{-\theta s}}{\tau s + 1}$$

A ideia de Smith foi ler a saída do processo e somar com a resposta de uma função de transferência colocada em paralelo com o processo para cancelar o tempo morto. A função de transferência sugerida é:

$$G_{CTM}(s) = \frac{K^* \times \left(1 - e^{-\theta^* s}\right)}{\tau^* s + 1}$$

Os valores (K^*, τ^*, θ^*) representam um modelo da dinâmica do processo. Se este modelo fosse perfeito, a variável controlada pelo PID ($\overline{Y}$) dependeria apenas da dinâmica do processo sem tempo morto:

$$\overline{Y} = \frac{K \times e^{-\theta s}}{\tau s + 1} \times u + \frac{K^* \times \left(1 - e^{-\theta^* s}\right)}{\tau^* s + 1} \times u \cong \frac{K^*}{\tau^* s + 1} \times u$$

Portanto, através desta compensação o controlador PID vê um processo modificado sem o tempo morto. Desta forma, a sintonia do PID pode ter um ganho proporcional bem maior. A Figura 11.21 mostra a implementação do compensador de tempo morto.

Figura 11.21 Controlador PID com Compensador de Tempo Morto.

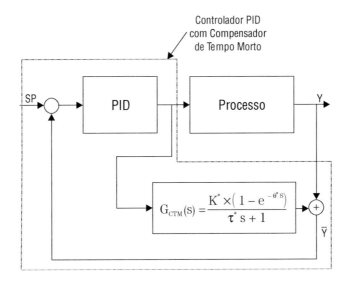

Na prática, não existe um modelo perfeito, logo deve-se considerar que esta estratégia não é capaz de anular completamente o tempo morto. Ela também apresenta problemas de robustez, e pode instabilizar o sistema de controle em função dos erros de modelagem, caso se tente sintonizar o controlador de forma muito agressiva (como se não houvesse mais tempo morto) [Lee et al., 1996].

De maneira a dar robustez ao sistema de controle, pode-se considerar que apenas 60% do tempo morto é compensado com esta estratégia. Portanto, o modelo do processo a ser utilizado para a sintonia do PID seria:

$$G_P(s) = \frac{K^* \times e^{-0.4\theta^* s}}{\tau^* s + 1}$$

O uso destes compensadores de tempo morto permite melhorar consideravelmente o desempenho dos controladores PID aplicados a processos com tempos mortos elevados. O cuidado é dar robustez para a sintonia, não considerando a compensação perfeita.

A seguir, será analisado o desempenho da estratégia de compensação do tempo morto para um processo modelado por uma primeira ordem com tempo morto:

$$G_{PROCESSO}(s) = \frac{1.0 \times e^{-20.0\,s}}{10\,s + 1}$$

A sintonia proposta pelo método do ITAE (servo – Tabela 3.9) para o processo sem compensação de tempo morto é: ganho proporcional igual a 0.54, o tempo integral igual a 20.0 e o tempo derivativo de 5.8. Supondo que a compensação do tempo morto reduz o mesmo para valores da ordem de 2.0 segundos, então a nova sintonia será: ganho proporcional igual a 3.8, o tempo integral igual a 13 e o tempo derivativo de 0.69.

A Figura 11.22 mostra que o desempenho do controle com compensação de tempo morto foi superior, já que a sintonia do PID pôde ser mais agressiva. Supondo agora que houve um erro de modelagem e o processo real tem a seguinte função de transferência de primeira ordem com tempo morto:

$$G_{PROCESSO\ REAL}(s) = \frac{1.05 \times e^{-21.0\,s}}{12\,s + 1}$$

A Figura 11.23 mostra o desempenho do compensador de tempo morto quando existe este erro de modelagem. Observa-se que houve uma degradação desta estratégia de controle em função deste erro de modelagem. Esta degradação pode chegar a instabilizar a malha de controle, se o erro de modelagem for elevado.

Figura 11.22 Desempenho do Compensador de Tempo Morto.

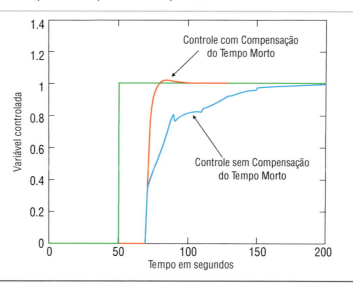

Figura 11.23 Robustez do Compensador de Tempo Morto.

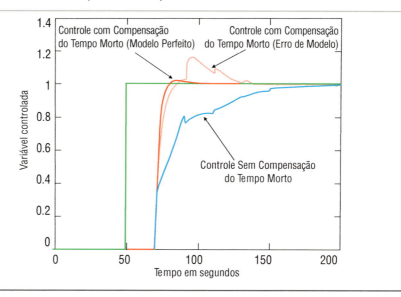

11.4 REFERÊNCIAS BIBLIOGRÁFICAS

[Bristol, 1966], "On a new measure of interaction for multivariable control systems", IEEE Transactions on Automatic Control, pp. 133-134.

[Lee *et al.*, 1996], "Robust Smith-Predictor Controller for Uncertain Delay Systems", AIChE Journal, April, V. 42, N. 4, pp. 1033-1040.

[Liporace, F., 2003], "Destilação atmosférica e a vácuo", Apresentação não publicada, PETROBRAS/CENPES, 2003.

[Luyben, 1989], "Process Modeling, Simulation and Control for Chemical Engineers", McGraw-Hill.

[McAvoy, 1981], "Connection between Relative Gain and Control Loop Stability", AIChE Journal, v. 27, N°4.

[Rossiter, 2003], "Model-Based Predictive Control – A Practical Approach", CRC Press LLC, USA.

[Saraf et al., 2003], "Online tuning of a steady state crude distillation unit model for real time application", Journal of Process Control, 13, 267-282.

[Skogestad, 2004], "Control structure design for complete chemical plants", Computers and Chemical Engineering, 28, pp. 219-234.

[Smith, 1957], "Closer Control of Loops with Dead Time", Chemical Engineering Progress, May, V. 53, N. 5, pp. 217-219.

12

Controle
de sistemas
de cogeração
de energia

Controle de sistemas de cogeração

12 Controle de sistemas de cogeração de energia

Os sistemas de cogeração de energia têm por objetivo a produção combinada de energia elétrica, mecânica e/ou térmica. Por exemplo, os sistemas térmicos para geração de eletricidade costumam ter rendimento da ordem de 40%, isto é, apenas 40% da energia liberada pela queima do combustível é convertida em eletricidade. O restante é perdido no calor dos gases exaustos, no atrito dos equipamentos etc.

Se existe associado a este sistema térmico de geração de eletricidade um processo que necessita de calor, então se pode recuperar esta energia através de trocadores de calor que aquecem as várias correntes do sistema com estes gases exaustos. Com isto, pode-se aumentar a eficiência global do sistema para valores em torno de 90%. Isto é um exemplo de cogeração associando energia elétrica e térmica.

Pode também existir outros processos onde uma certa corrente de gás tem energia suficiente para acionar mecanicamente um equipamento. Esta energia pode ser perdida em válvulas de controle ou recuperada através de uma turbina. Esta máquina pode acionar um gerador de energia elétrica, um compressor ou uma bomba. Este também é um exemplo de cogeração.

Portanto, existem dois tipos principais de cogeração:

- No primeiro, um motor ou uma turbina a gás queima um combustível para acionar um gerador ou gerar energia mecânica para um compressor ou uma bomba. E o calor dos gases de combustão do sistema é utilizado para aquecer as correntes de um outro processo associado.
- No segundo, uma corrente de um processo é usada para gerar energia elétrica ou para acionar mecanicamente um outro equipamento (compressor ou bomba).

Neste capítulo, serão estudados os principais controle associados com certos sistemas de cogeração. Serão também detalhados alguns exemplos destes sistemas de cogeração.

12.1 Turboexpansor acionando um compressor

Muitos processos necessitam expandir e depois comprimir um gás, de forma a permitir a separação dos seus componentes. Por exemplo, nas Unidades de Processamento de Gás Natural (UPGN), tenta-se separar os componentes pesados do gás, como o gás de cozinha (Gás Liquefeito de Petróleo – GLP), e depois exportar os componentes leves, como gás natural tratado.

Para realizar a expansão, pode-se utilizar uma válvula de controle para quebrar a pressão, abaixando a temperatura, o que facilita a condensação dos componentes pesados, mas desta forma perde-se uma grande quantidade de energia. Outra possibilidade é colocar um turboexpansor para realizar trabalho durante esta expansão do gás, além de continuar abaixando a temperatura do mesmo. Esta energia pode ser utilizada, por exemplo, para comprimir o gás na saída da unidade, economizando energia nos compressores de exportação. A Figura 12.1 mostra um exemplo, onde a válvula de desvio (Joule-Thomson) opera normalmente fechada.

Figura 12.1 Exemplo do turboexpansor acionando o compressor.

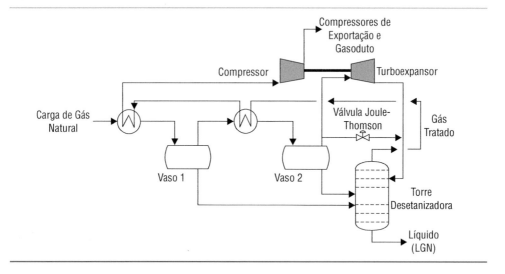

O turboexpansor é um equipamento composto de um conjunto de palhetas (estatores e rotores), onde o gás ao se expandir transforma parte da sua energia potencial de fluxo em energia cinética do rotor, que aciona um compressor ou um gerador de energia elétrica. Este equipamento, apesar de representar um alto investimento inicial, permite aumentar bastante a eficiência energética da unidade. Em uma UPGN existirá sempre a válvula de controle (Joule-Thomson) em paralelo com o turboexpansor, que é utilizada na partida e quando a carga está muito alta e se atinge a capacidade máxima do turboexpansor.

A Figura 12.2 mostra um esquema de controle típico de turboexpansor. Existe um controle de vazão de carga da unidade que atua normalmente modulando a válvula de admissão do turboexpansor para manter a vazão desejada. Este controle atua em *split-range* com a válvula de desvio, e caso a válvula de admissão do turbo esteja toda aberta, porque a capacidade do turboexpansor já está no máximo, ou devido a uma parada de emergência desta máquina, então o controle automaticamente abre esta válvula de desvio (Joule-Thomson) e passa a modular a vazão pela mesma. Na entrada da unidade existe normalmente um controle de pressão que admite mais ou menos gás natural em função da vazão ajustada no turbo, que é a carga da unidade. O problema deste controle é se o operador ajustar uma vazão pelo turbo maior do que a disponibilidade de gás no gasoduto, neste caso a válvula na entrada da unidade irá abrir totalmente

Figura 12.2 Esquema típico de controle de um turboexpansor em UPGNs.

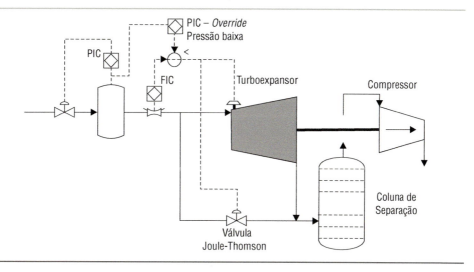

e a pressão irá cair. De forma a evitar este problema, coloca-se um outro controlador de pressão baixa, que neste caso irá assumir o controle do turbo, através do seletor de menor sinal e evitar que a pressão fique sem controle.

Normalmente, após o expansor existem equipamentos de separação, e em seguida o gás é enviado para o compressor. A pressão entre o turboexpansor e o compressor associado não é controlada, e é uma variável livre para compatibilizar as curvas do compressor com as do turboexpansor na rotação de equilíbrio.

Nestas unidades o gás, após o compressor do turbo, é enviado para um vaso de sucção do compressor de exportação que é acionado por um motor elétrico ou por uma turbina. O turboexpansor permite economizar energia destes acionadores, além de resfriar o gás natural de carga para o processo. O controle de capacidade deste compressor de exportação mantém normalmente a pressão de sucção da máquina constante.

12.2 Turboexpansor acionando um gerador elétrico

Na Unidade de Craqueamento Catalítico fluido (FCC), uma carga de hidrocarbonetos pesados é convertida em produtos mais leves e nobres, como a gasolina e o GLP, em um reator pela ação de um catalisador fluidizado aquecido. Um subproduto da reação é um "coque" que se deposita no catalisador. Este catalisador é enviado para um regenerador, onde este coque é queimado de forma controlada com ar comprimido. Os gases de combustão deste regenerador têm uma grande vazão, alta temperatura e uma pressão em torno de 2,5 kgf/cm^2 man. Grande parte desta energia era perdida em válvulas de controle e em seguida enviada para uma caldeira recuperadora de energia térmica. Esta redução de pressão era necessária para a operação da caldeira e depois para a emissão dos gases na atmosfera.

Atualmente, coloca-se um turboexpansor para realizar trabalho e movimentar um gerador de energia elétrica antes de enviar os gases de combustão para a caldeira. A Tabela 12.1 mostra alguns exemplos de dados de processo para estes equipamentos.

Tabela 12.1 Dados de processo de dois turboexpansores.

	Unidade de Pequeno Porte	Unidade de Grande Porte
Vazão de gás (ton/h)	177	560
Pressão (kgf/cm^2 man)	1,8	2,3
Temperatura (C)	700	697
Potência do Gerador (MW)	7	30

A Figura 12.3 mostra um esquema de um turboexpansor na saída do regenerador da Unidade de FCC. Nestes tipos de sistema, o controle do regenerador é o mais importante, e não existe um compromisso rígido com a potência de energia elétrica a ser gerada. Isto é, controla-se o turbo para manter a pressão do regenerador, e desta forma se coloca mais ou menos gás no turbo, em função da carga da unidade e das perturbações normais na mesma. Portanto, a quantidade de energia elétrica produzida irá variar com o processo.

Figura 12.3 Turboexpansor acionando um gerador elétrico em UFCCs.

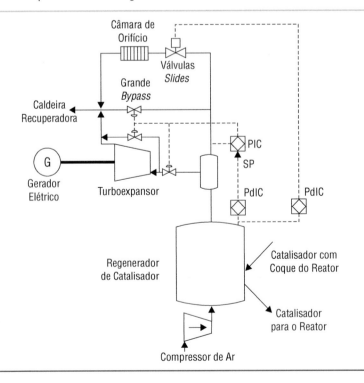

A Figura 12.3 mostra também o sistema de controle típico de turboexpansores acionando um gerador elétrico em unidade de FCC. Quando o turbo não está em operação, controla-se o diferencial de pressão regenerador/separador (PdIC) atuando nas válvulas *slides*. Quando o turbo opera, o diferencial de pressão regenerador/separador manipula em cascata o controlador de pressão na sucção do turboexpansor.

Este controlador de pressão manipula em *split-range* três válvulas: a do *trim-bypass* (ou pequeno *bypass* – em paralelo com o turbo), a de admissão de gases no turboexpansor e a do grande *bypass* do turboexpansor. O *split-range* entre as válvulas do *trim-bypass* e de admissão de gases no turboexpansor só ocorre durante a partida do equipamento, especificamente, durante a fase de aquecimento e sincronização do gerador.

A razão para a implementação da estratégia em cascata se deve à necessidade de eliminar mais rapidamente uma perturbação de pressão na entrada do turboexpansor originada por exemplo pela parada de emergência desta máquina. O controle de pressão atuará em resposta a esta perturbação, abrindo o grande *bypass* do turboexpansor, antes que a mesma influencie no diferencial de pressão do regenerador. Se este controle não for rápido o suficiente, o diferencial de pressão entre o regenerador e o reator poderá sair da sua faixa normal de operação, e o sistema de segurança levará a uma parada total da Unidade, com corte de carga e todos os prejuízos associados. A Figura 12.4 mostra uma foto de um turboexpansor de unidades de FCC.

Figura 12.4 Foto de um turboexpansor de UFCC.

A Tabela 12.2 mostra o resultado de uma simulação dinâmica para o turboexpansor do FCC de uma refinaria, para diferentes dinâmicas das válvulas do pequeno e do grande *bypass*. Foram analisados dois casos: A – Descarte total de carga do gerador operando a 30 MW (simula a abertura do disjuntor) e B – Quebra do acoplamento entre o turbo e o gerador.

Observa-se que as válvulas não podem demorar mais do que 1,2 segundos para atuar, pois com dinâmicas da ordem de 2,4 segundos, após a quebra do acoplamento a rotação ultrapassa a máxima permitida por segurança, o que significa que existe risco de destruição da máquina, devido à perda de palhetas, que podem furar a carcaça e atingir pessoas que estejam nas proximidades.

Tabela 12.2 Influência da dinâmica das válvulas para o controle do turbo.

Tempo de abertura das válvulas de *bypass*	Consequências na Unidade
1,2 s	Para os dois casos, o sistema fica em controle
2,4 s	A pressão do regenerador atinge o máximo permitido e no caso B a rotação da máquina ultrapassa o valor máximo.

O detalhe do controlador de pressão na sucção do turboexpansor atuando em *split-range* nas válvulas de grande *bypass*, pequeno *bypass* e de sucção da máquina é mostrado na Figura 12.5. Observa-se que no início da faixa (0% na saída do PIC) só o pequeno *bypass* está aberto. Em seguida, a válvula de sucção vai sendo aberta e o pequeno *bypass* vai fechando. Depois existe uma região, que é a normal de operação, onde o controlador manipula só a válvula de sucção, e o pequeno e grande *bypass* estão fechados. E finalmente uma região, onde a válvula de sucção está toda aberta, e o controlador atua abrindo o grande *bypass*.

Figura 12.5 Esquema de controle em *split-range* do turboexpansor de UFCCs.

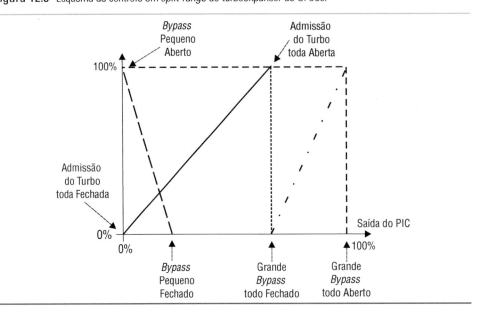

Inicialmente, antes do turbo entrar em operação, o controle de diferencial de pressão do reator atua nas válvulas *slides* a montante da câmara de orifícios. Em paralelo, condiciona-se o turbo e começa a abrir a sua válvula de sucção, como o pequeno *bypass* todo aberto e o grande *bypass* todo fechado.

A Figura 12.6 mostra o detalhe deste controle. Existe um controle manual (HIC) que inicia a abertura da válvula de sucção e começa a aquecer o turbo (existe um limite na máxima abertura da válvula – HIC). Em seguida, um controlador de temperatura (TIC) aquece a máquina seguindo uma rampa. Este controlador atua em *override* (seletor de menor sinal) na saída do controlador principal de pressão. Quando a máquina já atingiu a temperatura desejada, pode-se então aumentar a rotação e começar a gerar energia.

Figura 12.6 Detalhe do controle do turboexpansor de UFCCs.

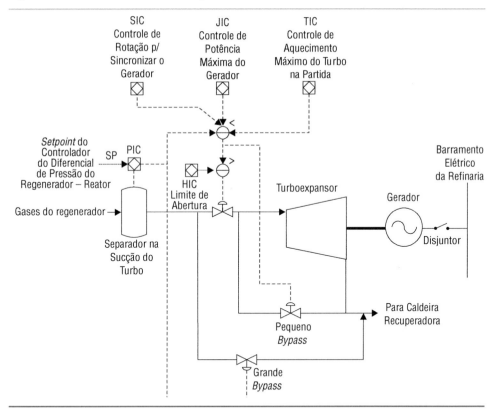

Neste ponto, o controle da máquina é feito pelo "SIC" que controla a rotação do gerador e permite sincronizar com o sistema elétrico da refinaria antes de fechar o disjuntor. Este controlador "SIC" também atua no seletor de menor sinal na saída do "PIC" de sucção da máquina.

A sincronização é o termo que se refere a combinar a forma de onda de um gerador com a de outro. Para que dois sistemas elétricos estejam sincronizados é necessário:

- Terem o mesmo número de fases.
- A mesma direção de rotação destas fases.
- A amplitude das tensões ser a mesma.
- As frequências dos dois sistemas serem as mesmas.
- Terem o mesmo ângulo de fases nas respectivas tensões.

As duas primeiras condições são definidas na instalação. A amplitude da tensão é controlada no gerador pelo regulador automático de tensão (RAT). Este controle mede a tensão na saída da máquina e atua na tensão de campo do gerador. A frequência e o ângulo de fase dependem da rotação da máquina e portanto dependem da potência fornecida pelo acionador (controle carga-frequência), que neste caso é o turboexpansor. Portanto, durante a sincronização, o "SIC" passa a atuar na potência e quando o sistema detecta que não existe grande discrepância nem na frequência, nem na fase das tensões do gerador em relação à rede, fecha-se o disjuntor conectando-se esta máquina com o sistema elétrico da refinaria.

Agora, a rotação da máquina ficará praticamente constante, pois ela está conectada a um sistema elétrico com outros geradores no barramento. Pequenas oscilações na rotação ocorrem em função de perturbações nas cargas elétricas.

A partir deste ponto, o turboexpansor está pronto para abrir mais a sua válvula de sucção e passar a controlar o diferencial de pressão entre o regenerador e o reator. O controlador "SIC" fica então ajustado com a rotação máxima permitida em operação normal, e caso exista uma perda do acoplamento, ou um descarte de carga, ele atuará através do seletor de menor sinal (*override*), fechando a válvula de admissão de gás para o turbo e evitando que a rotação atinja a máxima permitida. Neste caso, o PIC irá abrir o grande *bypass* para evitar que a pressão do regenerador atinja a máxima recomendada de operação.

Portanto, neste ponto com o gerador sincronizado, ajusta-se o *setpoint* do PIC para que ele comece a abrir a válvula do turbo, e o controle de diferencial de pressão do reator atue fechando as válvulas *slides* a montante da câmara de orifícios. Quando as válvulas *slides* já estiverem bem fechadas, pode-se passar a controlar o diferencial de pressão do reator em cascata com o PIC do turboexpansor e passar a fechar manualmente as *slides* a montante da câmara de orifícios.

Existe um outro controle em *override* que é o de máxima potência permitida para o gerador elétrico. Este controle protege o gerador, e se o processo abrir a válvula de gás para o turbo e o gerador atingir a sua máxima potência, então o "JIC" atua através do seletor de menor, limitando a potência e o controlador "PIC" passa a abrir o grande *bypass* para manter a pressão em controle.

Os controladores associados ao sistema de geração de energia elétrica são projetados para operar em dois modos:

- Isócrono ou em "ilha", onde o gerador do turboexpansor assume sozinho a demanda total ou parcial da refinaria,
- *Droop* com geração de energia elétrica compartilhada com outros geradores da refinaria ou com uma concessionária de energia.

Quando o gerador do turboexpansor assume sozinho a demanda elétrica total da refinaria, em função da perda do fornecimento de energia por parte da concessionária, o controlador de geração de energia elétrica em modo "isócrono" deverá entrar imediatamente em operação de modo a manter a frequência da rede elétrica em torno de 60 Hz. Este controlador de frequência é implementado pelo controlador de velocidade (SIC) do turboexpansor e sua sintonia deve ser agressiva. Nesta situação, o "SIC" assume o controle da válvula de admissão de gás no turbo (através do seletor de menor sinal) e o controle do processo (PIC) passa a ser realizado pela válvula do grande *bypass*, através da estratégia de *split-range*. O "SIC" passa a manipular a vazão para o turbo e, consequentemente, a potência, para manter a rotação em função de flutuações no consumo de energia elétrica pela refinaria. A Figura 12.7 exemplifica o modo isócrono, onde se mede e controla a rotação do conjunto através da potência fornecida pelo acionador. Como existem outros geradores elétricos na refinaria, o associado ao turbo não costuma operar neste modo.

Figura 12.7 Exemplo do modo isócrono do gerador.

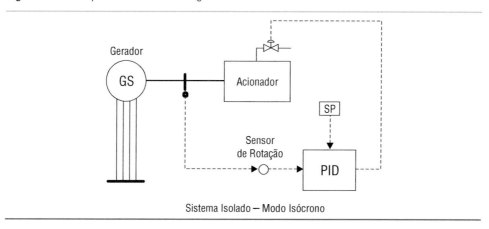

No outro modo de operação, o gerador do turboexpansor assume parcialmente a demanda elétrica da refinaria, e o controlador de geração de energia elétrica opera em modo *droop*. A Figura 12.8 ilustra o gerador do turbo operando em paralelo com outro gerador da refinaria. Neste caso, com vários geradores em paralelo, apenas um irá operar no modo isócrono, controlando a frequência da rede e os outros poderão estar no modo *droop*. A máquina que irá ficar no modo isócrono deve ser a maior possível em termos de potência, para permitir as maiores variações de carga elétrica nos consumidores.

Figura 12.8 Geradores operando em paralelo.

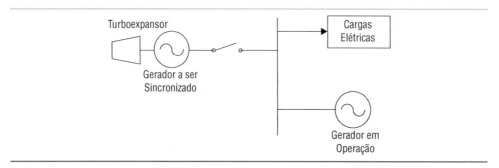

Uma primeira opção para as outras máquinas é definir uma potência constante a ser fornecida ao sistema. Assim, após sincronizar e fechar o disjuntor, o gerador do turbo pode operar fornecendo uma potência elétrica constante. Entretanto, no caso do turboexpansor quem controla normalmente a potência é a disponibilidade ou não de gás do regenerador. Isto é, o principal objetivo é controlar o diferencial de pressão do regenerador, e a potência elétrica gerada é uma consequência.

No entanto, podem existir geradores elétricos, que diferentemente do turbo, não tenham esta restrição de potência disponível. Neste caso, deve-se definir uma potência que ele fornecerá para o sistema. Como foi dito, uma possibilidade é definir uma potência constante, e a outra possibilidade é operar no modo *droop*, onde a potência fornecida é maior ou menor em função da carga elétrica no sistema, que é refletida em uma queda ou aumento da frequência.

Isto é, o gerador que opera no modo isócrono pode não conseguir gerar toda a potência elétrica solicitada pelos consumidores, neste caso a frequência da rede pode tender a cair, e as outras máquinas que estão em paralelo poderiam ajudar fornecendo mais potência, se estivessem no modo *droop*. Caso elas tivessem um controle de potência constante, elas não iriam ajudar a máquina isócrona, mesmo que elas tivessem disponibilidade de potência.

O gerador no modo *droop* permite trabalhar com uma potência elétrica fornecida que é variável em função da frequência da rede. A Figura 12.9 ilustra o *droop* ou inclinação da curva para um certo caso; os parâmetros de ajuste para cada gerador são a frequência principal (F_{SP}) e o *droop*. O *droop* é definido em percentual da frequência de base ($F_{SP} = 60$ Hz), por exemplo, se o *droop* for de 5%, então em 100% da potência a frequência de operação será de 57 Hz.

Figura 12.9 Definição do modo *droop* do gerador.

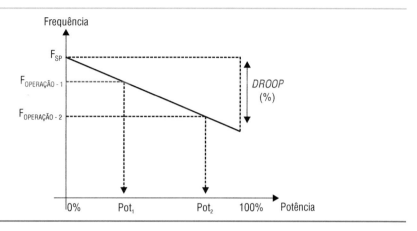

Uma forma possível de implementar o modo *droop* para um gerador é definir um controlador PID para controlar a potência elétrica fornecida, cujo *setpoint* é função da frequência. A Figura 12.10 mostra esta forma de implementação do modo *droop*. Existem na prática outras formas de implementação, por exemplo, pode-se adicionar um "bias" variável em função da potência na frequência que é controlada no "SIC" de rotação [O'Halloran e Ramsay, 1991].

Figura 12.10 Possível implementação do modo *droop* do gerador.

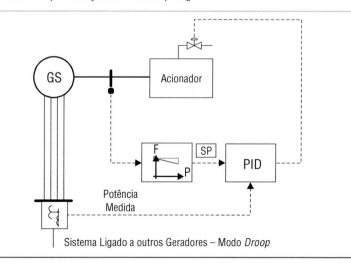

O sistema com geradores elétricos em paralelo tem uma máxima e mínima potência que eles podem fornecer. A máxima e a mínima potência dependem dos ajustes do modo *droop* e da potência dos equipamentos. Além do sistema de controle, deve-se ter um sistema de segurança para evitar que o gerador isócrono seja motorizado. Entretanto, este assunto está fora do escopo deste livro. A Figura 12.11 mostra a foto de um gerador elétrico em uma unidade industrial.

Figura 12.11   Gerador elétrico industrial.

12.3 Turbina a gás gerando energia elétrica e calor

A Figura 12.12 mostra um esquema que pode ser utilizado em unidades industriais onde existe um gás residual disponível para ser queimado em uma turbina a gás. Esta turbina aciona um gerador que supre a planta com energia elétrica e exporta o excedente. Os gases de combustão têm energia suficiente para, por exemplo, aquecer o petróleo em uma unidade de destilação. Outra aplicação possível para os gases de combustão é utilizá-los com "ar" quente para a combustão em fornos ou caldeiras. Isto é, o percentual de oxigênio nestes gases ainda é considerável, de forma que se pode adaptar os fornos e caldeiras da unidade para utilizá-los.

Portanto, este sistema de cogeração é capaz de gerar energia elétrica, térmica e vapor de alta pressão. Os controles destes equipamentos são os clássicos, já discutidos neste livro, para turbinas a gás, geradores elétricos e caldeiras.

Figura 12.12 Sistema de cogeração com turbina a gás e outros equipamentos.

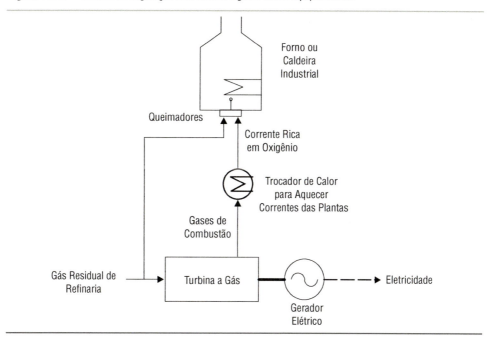

12.4 Referências bibliográficas

[O'Halloran e Ramsay, 1991], "Power Management", Manual, Woodward Governor Company.

[Perez, 2005], "Automação Industrial em unidades de refino", Notas de Aula – Curso CENEL da Petrobras.

13

Avaliação de desempenho das malhas de controle

Avaliação de desempenho das malhas

13 AVALIAÇÃO DE DESEMPENHO DAS MALHAS DE CONTROLE

As empresas têm investido muito dinheiro para otimizar seus processos, através da substituição da instrumentação e da aplicação de algoritmos de controle avançado e de otimizadores rigorosos em tempo real. No entanto, estes sistemas atuam normalmente nos *setpoints* de controladores PID, que desta forma devem ter um bom desempenho. Muitas vezes na prática, o mais difícil é manter este desempenho ao longo do tempo. Portanto, ferramentas de monitoração e avaliação do desempenho destas malhas de controle são muito importantes por vários fatores:

- As malhas são ajustadas normalmente em uma condição operacional que evolui ao longo do tempo. Por exemplo, ela é ajustada na partida da Unidade quando a vazão de carga pode ser bem diferente daquela de operação normal, ou a planta passa por uma ampliação.

- Os equipamentos podem mudar as suas dinâmicas, em função de desgaste e sujeira (deposições nos trocadores de calor). As válvulas de controle, por exemplo, podem apresentar problemas de agarramento com o tempo.

- O grande número de malhas de controle a serem avaliadas continuamente em um complexo industrial, que pode chegar a milhares. Este fato se agrava quando a equipe de manutenção é pequena.

Portanto, estas ferramentas para monitorar o desempenho das malhas de controle são fundamentais para diagnosticar e apontar aquelas que necessitam de uma nova sintonia, ou que necessitam de manutenção na sua instrumentação. O objetivo é melhorar o controle, evitando tanto respostas excessivamente lentas, como respostas muito oscilatórias.

Existem várias ferramentas de mercado que facilitam a avaliação das malhas de controle, por exemplo:

- O *ProcessDoctor* da Matrikon (2005)
- O *ControlArts Performance Assessment Tool* da ControlArts (2005)
- O *PlantTriage* da ExperTune (2005)
- O *Aspen Watch* da AspenTech (2005)
- O *LoopScout* da Honeywell (2005)
- O *BRPerfX* desenvolvido em um projeto do fundo setorial CT-PETRO da FINEP com a Petrobras e a Universidade Federal do Rio Grande do Sul (UFRGS) e comercializado pela TriSolutions (2005).

Estas ferramentas coletam dados automaticamente do processo e geram índices de monitoramento para cada malha de controle. Entretanto, a interpretação e o diagnóstico costumam ser realizados pelo usuário, já que estes índices são relativos.

13.1 Índices para acompanhar a variabilidade do processo

O trabalho de Ender (1993) mostrou que, na indústria, sessenta por cento (60%) das malhas de controle apresentavam um desempenho insatisfatório e aumentavam a variabilidade das variáveis controladas, quando comparado com o controle em manual. Este fato é ruim para o processo, pois afeta a sua rentabilidade. Várias podem ser as causas deste desempenho ruim:

- Sintonia inadequada para o processo (ou muito lenta ou muito agressiva).
- Válvulas mal dimensionadas, ou com problemas de não linearidades do tipo histereses ou atritos [Ruel, 2000].
- Sensores inadequados com ruídos ou com grandes tempos mortos.
- Não linearidades do processo etc.

Portanto, é necessário se ter uma ferramenta para acompanhar o desempenho das malhas e diagnosticar os problemas. A principal variável de análise do desempenho das malhas de controle costuma ser o erro do controlador (este erro é igual ao *setpoint* menos a variável de processo "PV"). Se a malha está funcionando adequadamente, então ela deve rejeitar as perturbações e a variável do processo deve seguir o *setpoint*. Por outro lado, se existe uma oscilação da variável de processo (PV) em torno do *setpoint* (SP), então deve-se buscar as causas, que podem ser várias, por exemplo [Harris *et al.*, 1999]:

- Sintonia ou instrumentação inadequada
- Variável manipulada saturada (Ex.: válvula toda aberta)
- Interação com outras variáveis
- Estratégia de controle inadequada etc.

Historicamente, as pessoas envolvidas com o ajuste dos controladores PID sempre utilizaram técnicas de avaliação de desempenho, como as análises visuais após um degrau para determinar o sobrevalor ou *overshoot*, ou tempo de assentamento etc. Atualmente, graças aos sistemas digitais de aquisição de dados pode-se utilizar outros índices, por exemplo:

- Variabilidade (normalmente definida como o dobro do desvio padrão do erro dividido pela média da variável de processo) [Wilton, 2000]
- Integral do erro (IAE, ISE, ITAE, ITSE)
- Variância na saída do controlador, associada com o desgaste da válvula
- Percentual (%) do tempo fora do modo automático
- Percentual (%) do tempo com o controle saturado (Ex.: válvula toda aberta).

Avaliação de desempenho das malhas de controle 371

A variabilidade da malha reflete o quão próxima a variável de processo ("PV") está do seu *setpoint*, independentemente de perturbações aleatórias. Ela é, portanto, uma medida estatística da dispersão desta variável controlada com respeito ao seu valor de referência. A Figura 13.1 mostra o histograma de uma certa variável (PV) obtido a partir de um programa que será apresentado no próximo item.

Figura 13.1 Histograma obtido a partir do programa *BR PerfeX*.

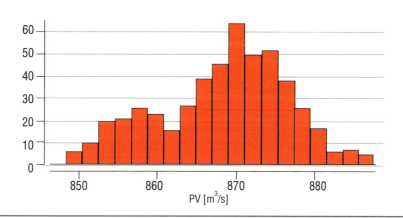

A medida típica de variabilidade é calculada como sendo duas vezes o desvio padrão do erro dividido pela média (que normalmente é o *setpoint*) multiplicado por 100%. Seja, por exemplo, uma temperatura que tem valor médio de 230 °C e desvio padrão de 8 °C, então:

$$\text{Variabilidade} = \frac{2 \cdot \delta}{\mu} 100\% = 6{,}95\%$$

Se, por outro lado, o valor médio da temperatura fosse 830 °C, então a variabilidade seria de 1,93%. Desta forma, o valor da variabilidade é muito afetada pela média, o que pode não permitir uma comparação entre os valores de variabilidade de duas malhas de controle diferentes.

Normalmente, uma variável é controlada em uma região de interesse, ou dentro de um *range*. Por exemplo, nas temperaturas acima, a faixa de interesse das duas malhas poderia ser ±30 °C em torno do *setpoint*. Logo, pode-se mudar a definição de variabilidade para ser igual a duas vezes o desvio padrão do erro dividido pelo *range* de interesse multiplicado por 100%.

$$\text{Variabilidade} = \frac{2 \cdot \delta_{ERRO}}{\text{Range}} 100\%$$

Com esta nova definição, ambas as malhas de temperatura acima teriam a mesma medida de variabilidade:

$$\text{Variabilidade} = \frac{2 \cdot 8}{60} 100\% = 26{,}66\%$$

Portanto, o valor da variabilidade das malhas de controle pode ser acompanhado de forma a se atuar para diminuí-los ao máximo. Desta forma, se estará atuando para otimizar o processo, já que as variáveis poderão estar bem próximas dos seus valores ótimos. Entretanto, existem malhas que devem ser lentas e aumentar a variabilidade, como por exemplo o controle de nível de vasos pulmão.

13.2 Índice baseado em controle com variância mínima

Um dos índices de avaliação de malhas de controle bastante utilizados atualmente é aquele que compara a variância atual da saída do sistema (σ_y^2) com a estimativa da variância mínima teórica (σ_{MV}^2). A vantagem deste método de análise é utilizar dados de operação da malha, e não necessitar de nenhum teste em particular, como uma variação em degrau no *setpoint*.

Esta variância mínima teórica é aquela que seria obtida ao se utilizar um controlador de variância mínima. A teoria deste controlador (CVM) surgiu com o trabalho de Aström (1970) sobre predição ótima de processos. Ele é o melhor controlador linear com retroalimentação que minimiza a variância da saída do processo (PV). Em 1989, Harris mostrou que era possível estimar esta variância mínima de um sistema sem utilizar o controlador (CVM) a partir da análise dos dados temporais de saída e do conhecimento do tempo morto do processo. A seguir, será feita uma introdução simplificada dos conceitos, pois não é do escopo deste livro abordar transformada "z" e muito menos o controle estocástico de processos.

Seja um processo, cuja dinâmica da sua saída "y" possa ser representada por um termo que depende da sua entrada "u" somado a outro termo (distúrbio) que depende de processos aleatórios. O sinal "e" é uma sequência de valores aleatórios independentes (não correlacionados) com média zero e desvio padrão definido.

$$y(t) = \frac{B}{A} \times u(t - \theta) + \frac{C}{A} \times e(t)$$

Onde "A", "B", e "C" são polinômios que definem o modelo, e "θ" é o tempo morto. Conforme a teoria de predição ótima (Aström, 1970), a saída após o tempo morto seria:

$$y(t + \theta) = F \times e(t + \theta) + \frac{G}{A} \times e(t) + \frac{B}{A} \times u(t)$$

Explicitando "e(t)" na primeira equação e substituindo na segunda, e usando outros resultados da teoria de predição ótima:

$$y(t+\theta) = F \times e(t+\theta) + \left\{ \frac{G}{C} \times y(t) + \frac{B \times F}{C} \times u(t) \right\}$$

Portanto, a variância da saída "y" depende de um termo associado com variáveis aleatórias do processo e de um segundo termo que pode ser zerado com a seguinte lei de controle:

$$u(t) = \frac{-G}{B \times F} \times y(t)$$

Esta equação define o **controlador de variância mínima**. Este controlador costuma ser bastante agressivo, isto é, ele provoca grandes variações na variável manipulada. A variância deste controlador é a mínima variância teórica alcançável por um sistema de controle retroalimentado e linear, e é igual a:

$$\sigma_{MV}^2 = \text{Esperança } (F \times e(t+\theta))^2$$

Desborough e Harris (1992) propuseram usar o controlador de variância mínima como referência para analisar o desempenho de controladores. Basicamente, eles propuseram um índice que é a razão entre a variância na saída que um controlador de variância mínima produziria (σ_{MV}^2) e a variância atual da saída do sistema de controle (σ_y^2). Quanto mais próximo de 1 for o valor calculado para o índice, melhor é o controlador.

$$\text{Índice de Harris} = \frac{\sigma_{MV}^2}{\sigma_Y^2} \quad (13.1)$$

O ponto forte do trabalho de Harris foi propor uma forma de estimar a variância mínima (σ_{MV}^2) a partir dos dados do processo, sem interferir na operação da planta, e necessitando apenas da estimativa do tempo morto. O trabalho de Kempf (2003) detalha estes cálculos e apresenta outras formas de se obter esta variância mínima. No trabalho original o índice de Harris foi definido como 1 menos a equação anterior.

$$\text{Índice de Harris} = 1 - \frac{\sigma_{MV}^2}{\sigma_Y^2} \quad (13.2)$$

Este índice pode ser injusto com o controlador PID, pois o compara com um controlador de alta ordem e bastante agressivo. Normalmente, deve-se utilizar este índice não como um valor absoluto (o mais próximo de 1 pela Equação 13.1) e sim como um valor relativo. Por exemplo, ajusta-se a malha e define-se que um bom compromisso entre desempenho e robustez é obtido com o índice igual a 0.4, e este passa a ser o valor de referência para acompanhar a necessidade ou não de um novo ajuste no sistema.

Na prática, também existem controles onde não se deseja uma variância mínima da variável controlada, mas sim da variável manipulada. Por exemplo, os sistemas de controle de nível dos vasos pulmões, que são colocados entre partes da unidade para amortecer as variações de vazão e minimizar as perturbações de uma área na outra. Logo, nestes controles deseja-se que o nível varie bastante em torno do *setpoint*, mas que a vazão de saída fique o mais estável possível. Logo, o índice de Harris para estes controladores será bem baixo em torno de 0.1 a 0.3 (pela Equação 13.1).

O trabalho de Farenzena e Trierweiler (2006) propõe uma metodologia para definir, do ponto de vista de otimização da planta, quais as malhas que devem ser sintonizadas de forma lenta e aquelas, de forma rápida.

O trabalho de Thornhill *et al.* (1999) descreve os problemas práticos de aplicar este método de monitoração do desempenho de malhas de controle em refinarias de petróleo. Ele sugere alguns ajustes para os parâmetros e mostra que se deve evitar a utilização de uma base de dados histórica, devido aos algoritmos de compressão e de exceção dos dados, que existem nestes sistemas de aquisição de dados históricos.

A Petrobras em conjunto com a Universidade Federal do Rio Grande do Sul (projeto CTPETRO da FINEP) desenvolveu um programa para avaliação de malhas de controle que atualmente é comercializado pela Trisolutions (2005). As Figuras 13.2 e 13.3 mostram exemplos de acompanhamento dos índices com o *BRPerfeX*.

Figura 13.2 Tabela para acompanhamento dos índices na prática.

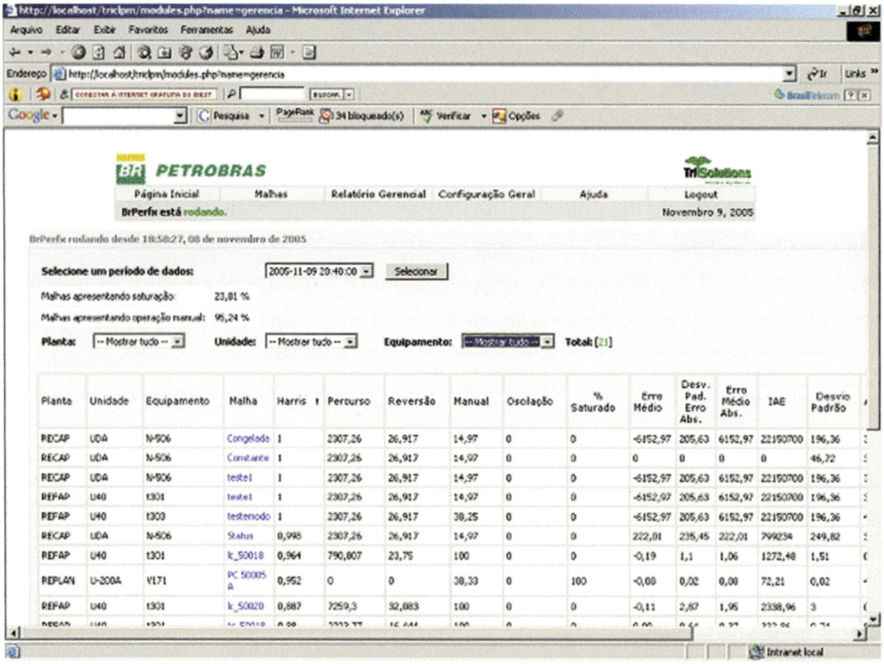

Figura 13.3 Tela de análise das malhas do software *BRPerfeX*.

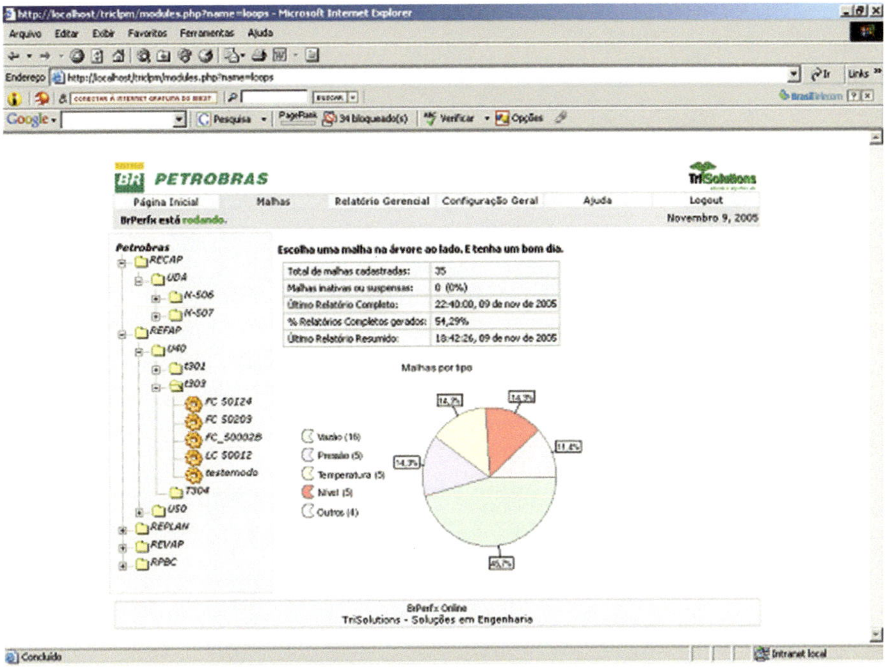

13.3 Algoritmo para detecção de oscilações

Hägglund (1995) propôs um método para detectar oscilações em controladores PIs ou PIDs. Este algoritmo monitora a magnitude da integral (IAE) entre dois cruzamentos do *setpoint* (SP) e da variável controlada (PV) da malha.

$$IAE = \int_{t1}^{t2} \|PV - SP\| dt$$

Esta integral é zerada a cada cruzamento ou intersecção. Se o valor da integral for maior do que um certo limite, então existe uma perturbação e incrementa-se um certo contador. Se em um certo tempo, que é um outro parâmetro do algoritmo, o número de perturbações for maior do que um outro limite, então o algoritmo informa ou detecta que a malha é oscilatória.

Tanto uma sintonia inadequada quanto um problema na válvula de controle (agarramento) podem causar oscilações. A Figura 13.4 mostra as oscilações causadas por uma válvula agarrando. Observa-se que a saída do controlador (OP) varia sem uma alteração da variável medida (PV), até que ocorre uma movimentação exagerada da válvula e o ciclo se reinicia na direção oposta. A análise da válvula pode ser feita analisando o gráfico da PV e da OP.

Figura 13.4 Oscilações causadas pelo agarramento da válvula.

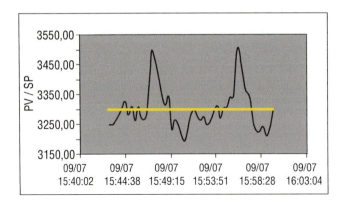

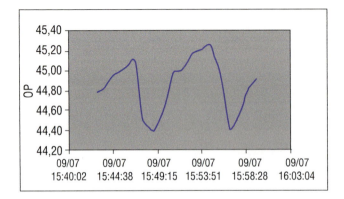

13.4 Acompanhamento da margem de ganho e de fase

A seguir, será descrito um procedimento que permite estimar a margem de ganho e de fase de um controlador PID, que estão associados tanto com o desempenho quanto com a robustez da malha. Na realidade, este é um procedimento utilizado para a sintonia, mas que também pode ser utilizado para acompanhamento do desempenho do sistema. A diferença em relação à abordagem anterior é que neste caso necessita-se perturbar o processo em torno do ponto de regime permanente.

Seja o sistema de retroalimentação da Figura 13.5, onde um sistema composto por um controlador e um processo é perturbado por um *setpoint* senoidal com amplitude "A" e frequência "w". Supondo este sistema linear, a sua saída também será um senoidal, mas com amplitude modificada e igual a "A" multiplicada pelo módulo da função de transferência do sistema e com fase também modificada pelo argumento da função de transferência do sistema.

Figura 13.5 Sistema de Controle com retroalimentação.

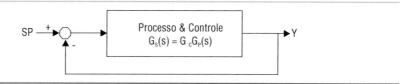

Portanto, para uma entrada senoidal:

SP = A × sen(wt)

A saída também será uma função senoidal modificada pelas características do sistema (módulo e fase da função de transferência na frequência de excitação):

Y = A × ∥G$_S$(jw)∥ × sen(wt + arg (G$_S$(jw)))

Quando para uma certa frequência "w" o argumento da função de transferência for igual a $-180°$, a saída seria:

Y = A × ∥G$_S$(jw)∥ × sen(wt − 180) = −A × ∥G$_S$(jw)∥ × sen(wt)

Como este sinal de saída é retroalimentado e comparado com o *setpoint*, a nova entrada para o sistema será (supondo que o sistema estava inicialmente no equilíbrio, isto é, saída igual a zero):

Entrada$_1$ = SP − Y = A × sen(wt) − (−A × ∥G$_S$(jw)∥ × sen(wt))

Entrada$_1$ = A × (1+ ∥G$_S$(jw)∥) × sen(wt)

No próximo instante:

Entrada$_2$ = A × (1+ ∥G$_S$(jw)∥ + ∥G$_S$(jw)∥^{2}) × sen(wt)

Para que o sistema acima seja estável é necessário que o módulo da função de transferência do sistema seja menor do que 1: ∥G_S (jw)∥ <1, de forma que a série convirja. Por outro lado, se o módulo for maior do que 1, então a amplitude na entrada do sistema crescerá continuamente e o sistema será instável.

Tanto o módulo, como a fase da função de transferência do sistema, dependem da frequência "w", na qual o sistema é excitado. Na prática costuma-se traçar um gráfico destas grandezas em função da frequência, conhecido como "diagrama de Bode". A Figura 13.6 mostra um exemplo deste diagrama, assim como as indicações das margens de fase e de ganho. Pelo diagrama de Bode pode-se determinar para a fase de $-180°$, o quão longe o módulo está de 1, este valor é conhecido como "margem de ganho" do sistema. Da mesma forma para o módulo igual a 1, pode-se determinar o quão longe a fase está de −180°, este valor é conhecido como margem de fase.

No diagrama de Bode, a amplitude e a fase da função de transferência do sistema são traçadas separadamente como funções da frequência "w". Para acomodar as amplas faixas de frequência uma escala logarítmica é usada para a variável frequência. O diagrama de Bode é traçado em papel *semilog*. A magnitude da função de transferência é normalmente expressa em decibéis, abreviadamente dB, e definida como:

$$|G|_{dB} = 20 \times \log(|G|)$$

Figura 13.6 Diagrama de Bode de um sistema.

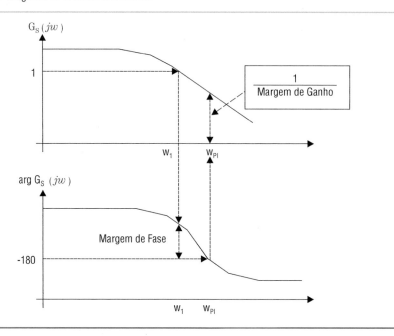

Arruda e Barros (2001) e Arruda (2003) desenvolveram um experimento do relé capaz de estimar a margem de ganho e um outro experimento para estimar a margem de fase. Este sistema também permite acompanhar ao longo do tempo o desempenho do sistema de controle.

A Petrobras em conjunto com a Universidade Federal de Campina Grande desenvolveu um programa para avaliação em malha fechada da margem de ganho e de fase (*BR-Tuning*). Este programa excita o processo e a partir da análise da resposta da planta estima estas margens e propõe novas sintonias para os controladores PID. A Figura 13.7 mostra um exemplo dos testes na planta para se estimar as margens de ganhos e de fase de um controlador. Em seguida, os dados são analisados no software mostrado na Figura 13.8. Neste caso, a margem de ganho foi de 3.0 e a de fase foi de 85°. Valores em torno de 2.5 para a margem de ganho e 80° para a margem de fase são valores bons para malhas rápidas.

Figura 13.7 Testes na planta com o programa *BR-Tuning*.

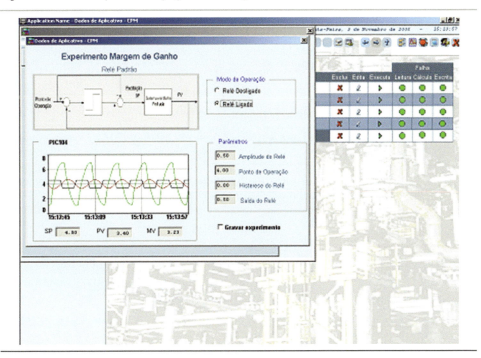

Figura 13.8 Análise dos resultados no programa *BR-Tuning*.

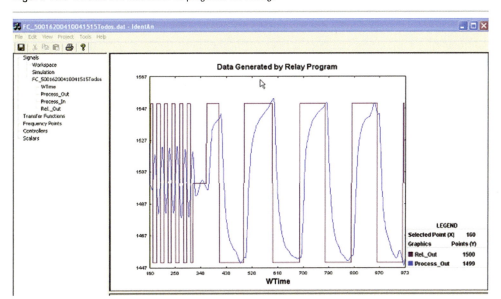

13.5 Conclusões

Vários podem ser os índices de desempenho das malhas de controle:
- Índice de Harris
- Variabilidade
- Oscilações
- Margem de ganho e de fase
- Tempo de assentamento
- Critério ITAE
- Número de mudanças no *setpoint*
- Percentual do tempo que a malha opera em manual (MAN) e não em automático (AUT)
- Percentual do tempo que a malha opera saturada, isto é, nos limites físicos dos atuadores. Por exemplo, uma válvula toda aberta (100% na saída do controlador) etc.

Uma sugestão para se poder comparar índices é normalizá-los em relação a uma referência (R) e a um limite de máximo ou de mínimo [Brittain, 2003]. Quanto maior for este índice normalizado, pior é o desempenho da malha:

$$\text{Índice}(\%) = 100 \left(\frac{\text{Índice} - R}{\text{Limite} - R} \right)$$

A escolha do índice depende do processo analisado, mas indiscutivelmente é fundamental acompanhar e dar manutenção nas malhas de controle, de maneira a garantir que a planta opere com a maior rentabilidade possível. O trabalho de Jelali (2006) apresenta um resumo das tecnologias e das aplicações industriais destes sistemas de avaliação de malhas de controle.

Estas ferramentas de avaliação de malhas são fundamentais para aumentar a produtividade, mas necessitam de pessoas dedicadas e com conhecimentos para analisar, diagnosticar e implementar as modificações, de maneira que as malhas de controle tenham um desempenho adequado. Estas modificações podem ser tanto na instrumentação, na estratégia de controle, quanto na sintonia dos controladores PID.

13.6 Referências bibliográficas

[Arruda, 2003], "Sistemas de Realimentação por Relé: Análise e Aplicações", Tese de Doutorado, Dep. Eng. Elétrica, Universidade Federal de Campina Grande, UFCG.

[Arruda e Barros, 2001], "Relay based gain and phase margins PI controller Design", IEEE Instrumentation and Measurement Technology Conference, Budapest, Hungary, May 21-23.

[AspenTech, 2005], ver no site "www.aspentech.com".

[Aström, 1970], "Introduction to Stochastic Control Theory", Academic Press.

[Brittain, 2003], "Performance Assessment for Management", ISA Show, Houston.

[Ender, 1993], "Process control performance: not as good as you think", Control Engineering, 180.

[ControlArts, 2005], ver site "www.controlarts.com".

[Desborough e Harris, 1992], "Performance Assessment Measures for Univariate Feedback Control", The Canadian Journal of Chemical Engineering, V. 70, pp. 1186-1197.

[ExperTune, 2005], ver no site "www.expertune.com".

[Farenzena e Trierweiler, 2006], "Using the variability matrix to prioritize loops maintenance". SICOP 2006, Gramado, Brasil.

[Hagglund, 1995], "A Control Loop Performance Monitor", Control Engineering Practice, V. 3, pp. 1543-1551.

[Harris, 1989], "Assessment of Control Loop Performance", The Canadian Journal of Chemical Engineering, V. 67, pp. 856-861.

[Harris *et al.*, 1999], "A review of performance monitoring and assessment techniques for univariate and multivariate control systems", Journal of Process Control, V. 9, pp. 1-17.

[Honeywell, 2005], ver no site "www.honeywell.com".

[Jelali, 2006], "Na overview of control performance assessment technology and industrial applications", Control Engineering Practice V. 14, pp. 441-466.

[Kempf, 2003], "Avaliação de Desempenho de Malhas de Controle", Dissertação de Mestrado, Departamento Eng. Química, Universidade Federal do Rio Grande do Sul, UFRGS.

[Matricon, 2005], ver site "www.matrikon.com".

[Ruel, 2000], "How valve performance affects the control loop", Chemical Engineering, V. 104, N. 10, pp. C13-C18, Sept.

[Schäfer e Cinar, 2004], "Multivariable MPC system performance assessment, monitoring and diagnosis", Journal of Process Control, V. 14, pp. 113-129.

[Thornhill *et al.*, 1999], "Refinery-wide control loop performance assessment", Journal of Process Control, V. 9, pp. 109-124.

[Trisolutions, 2005], ver site: "www.trisolutions.com.br".

[Wilton, 2000], "Control valves and process variability", ISA Transactions, V. 39, pp. 265-271.

14

Conclusões

Conclusões

Este livro teve por objetivo mostrar várias das dificuldades que os operadores, instrumentistas e engenheiros enfrentam no dia a dia, para que os sistemas de controle das plantas industriais operem com um bom desempenho. A Figura 14.1 mostra uma sala de controle de uma unidade industrial, de onde os operadores monitoram os processos.

Figura 14.1 Acompanhamento e controle dos processos na prática.

Também foi mostrada, ao longo deste livro, a importância do conhecimento de como funcionam os processos e os equipamentos associados, para se projetar um bom sistema de controle. É fundamental se ter uma boa ideia de como a planta reage às diversas variáveis manipuladas para se definir uma estratégia de controle efetiva, estável e robusta. As principais definições e escolhas para se ter sucesso nesta área são:

- A escolha adequada da instrumentação: medidores, atuadores e equipamentos digitais, onde será configurado o controle, no que se refere às suas qualidades estáticas (por exemplo, característica inerente das válvulas de controle) e dinâmicas (por exemplo, tempo de resposta dos transmissores e válvulas, ciclo de execução do algoritmo de controle etc.).

- A escolha adequada das variáveis manipuladas e controladas nos sistemas multivariáveis, onde a interação entre as malhas é grande. Se esta escolha for errada, o controle poderá ser instável, independentemente da sua sintonia. Esta interação entre os controladores PID é a razão de muitas destas malhas operarem em manual na prática.

- A escolha adequada da estratégia de controle (cascata, *override*, razão, antecipatório, *split-range*, compensação de tempo morto e das não linearidades estáticas etc.).
- A configuração adequada no sistema digital, de forma a evitar perturbação durante o chaveamento dos controladores (por exemplo: de manual para automático ou cascata). Esta configuração também deve incluir o rastreamento, quando um controlador ficar saturado ou deixar de atuar em função de um seletor de maior ou menor, etc.
- A boa instalação dos instrumentos na planta.
- O bom ajuste dos controladores PID (sintonia) assim como dos outros blocos de cálculo que atuam na estratégia de controle.

Estes vários fatores críticos para o sucesso de um bom sistema de controle mostram a importância da interação entre as várias especialidades (processo, instrumentação, controle etc.), para que o controle opere com um bom desempenho.

Sistemas de controle bem projetados, que operem em automático, podem trazer grandes ganhos para as plantas industriais, tais como:

- Aumento da segurança, evitando situações indesejadas, como pressões ou temperaturas elevadas.
- Aumento da confiabilidade, através da redução da variabilidade, que permite que a unidade opere, a maior parte do tempo, em uma região ótima, onde não ocorre um desgaste acentuado dos equipamentos.
- Aumento da rentabilidade, através da própria otimização da unidade, ou viabilizando a implantação de programas de otimização em tempo real.

Existem casos de unidades, onde a sintonia ótima dos controladores PID da planta gerou uma maior estabilidade, com a diminuição da variabilidade das grandezas críticas, e permitiu aumentar a recuperação dos produtos nobres em 3,6%. Este número representava para aquela planta um ganho da ordem de US$ 2.500.000 por ano. A Figura 14.2 mostra a redução da variabilidade da pressão de uma coluna de destilação em aproximadamente 60%. O desvio padrão desta grandeza foi reduzido de 0,220 kgf/cm^2 para 0,073 kgf/cm^2.

Figura 14.2 Redução da variabilidade através da sintonia dos controladores PID.

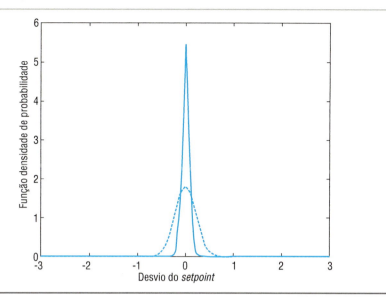

Portanto, os ganhos econômicos potenciais de um sistema de controle bem projetado e bem sintonizado são grandes, além obviamente do aumento da segurança e da facilidade de operação do processo.

A1

Conceitos básicos de Transformada de Laplace

Conceitos básicos de Transformaç

O objetivo deste anexo é apresentar alguns conceitos matemáticos básicos necessários à análise dos sistemas de controle. A transformada de Laplace é um operador linear, que opera sobre funções de variável contínua positiva, definido por:

$$L[f(t)] = F(s) = \int_0^\infty f(t) e^{-st} dt \qquad \text{Onde } f(t) \text{ é definida para } t>0$$

Diz-se que a transformada de Laplace de **f(t)** existe se a integral acima converge para algum valor **s**, caso contrário ela não existe. Pode-se provar que as funções contínuas e limitadas possuem transformada de Laplace. Desta forma, pode-se associar uma função no domínio do tempo [f(t)] com a sua transformada [F(s)] no domínio de "s".

A operação inversa tem a forma [Spiegel, 1981]:

$$f(t) = L^{-1}[F(s)] = \frac{1}{2\pi i} \int_{\gamma-i\infty}^{\gamma+i\infty} e^{st} F(s) ds \quad \text{onde} \quad i = \sqrt{-1} \quad \text{e} \quad f(t) = 0 \quad \textbf{para } t<0$$

Trata-se de uma integral de linha no plano complexo, que é efetuada ao longo da reta s = γ. De formas esquemática, as operações de transformação podem ser resumidas conforme a Figura A1.1.

Figura A1.1 Transformada de Laplace e sua inversa.

A1.1 Propriedades da Transformada de Laplace

Existem tabelas muito completas de transformada de Laplace para várias funções elementares [Ogata, 1982]. Os pares das transformadas de maior interesse, ao nível da análise de controle de processos, são mostrados na Tabela A1.1:

Tabela A1.1 Transformada de Laplace de algumas funções (continua).

função	f(t)	F(s)
impulso unitário	δ(t)	1

Tabela A1.1 Transformada de Laplace de algumas funções (continuação).

função	f(t)	F(s)
degrau	A	$\dfrac{A}{s}$
rampa	rt	$\dfrac{r}{s^2}$
exponencial	e^{-at}	$\dfrac{1}{s+a}$
seno	$\text{sen}(\omega t)$	$\dfrac{\omega}{\omega^2 + s^2}$
cosseno	$\cos(\omega t)$	$\dfrac{s}{\omega^2 + s^2}$
tempo morto	$f(t - t_d)$	$e^{-t_d s} F(s)$

Algumas propriedades de interesse

- Linearidade

$$L\{a \times f(t) + b \times g(t)\} = a \times L\{f(t)\} + b \times L\{g(t)\}$$

- Deslocamento

$$L\{e^{at} f(t)\} = F(s-a)$$

- Transformada da integral de uma função (entre 0 e t)

$$L\left[\int_0^t f(\tau)\,d\tau\right] = \frac{1}{s} F(s)$$

- Transformada da derivada de ordem n de uma função

$$L\left[\frac{d^n f(t)}{dt^n}\right] = s^n F(s) - s^{n-1} f\big|_{t=0} - s^{n-2} \frac{df}{dt}\bigg|_{t=0} \ldots - s \frac{d^{n-2} f}{dt^{n-2}}\bigg|_{t=0} - \frac{d^{n-1} f}{dt^{n-1}}\bigg|_{t=0}$$

- Transformada de uma integral de convolução

$$L\left[\int_0^t f(\tau) g(t-\tau)\,d\tau\right] = F(s)G(s)$$

☐ Teorema do valor inicial

$$\lim_{t \to 0} f(t) = \lim_{s \to \infty} s.F(s)$$

☐ Teorema do valor final

$$\lim_{t \to \infty} f(t) = \lim_{s \to 0} s.F(s)$$

Para o objetivo deste livro, o leitor deve observar os seguintes detalhes:
☐ Um sistema com tempo morto, ou deslocamento no tempo, tem a seguinte transformada de Laplace:

$$L\left\{f(t-a)\right\} = F(s) \times e^{-aS}$$

☐ Supondo-se que um sistema de controle parte de um regime permanente, a transformada de Laplace de uma equação diferencial de primeira ordem será:

$$\tau \frac{dy}{dt} + y(t) = K \times u(t)$$

$$\tau s Y(s) + Y(s) = K\, U(s) \;\Rightarrow\; \frac{Y(s)}{U(s)} = \frac{K}{\tau s + 1}$$

☐ Portanto, a transformada de Laplace de um sistema de primeira ordem com tempo morto θ será:

$$\frac{Y(s)}{U(s)} = \frac{K}{\tau s + 1} \times e^{-\theta s}$$

A relação da equação anterior entre a transformada de Laplace da saída do processo "Y(s)" e a entrada "U(s)" também é conhecida como a função de transferência deste processo "G(s)". A Figura A1.2 mostra o processo e a sua função de transferência.

Figura A1.2 Função de Transferência do Processo.

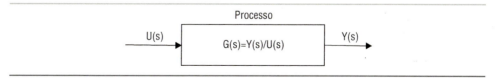

A1.2 Função de transferência de ordem elevada

A dinâmica de um sistema monovariável (*Single Input Single Output* – SISO), linear e invariante no tempo (os parâmetros a_i e b_i são constantes) é, genericamente, modelada por uma equação diferencial:

$$a_n \frac{d^n y}{dt^n} + a_{n-1} \frac{d^{n-1} y}{dt^{n-1}} + \ldots + a_1 \frac{dy}{dt} + a_0 y = b_m \frac{d^m y}{dt^m} + b_{m-1} \frac{d^{m-1} u}{dt^{m-1}} + \ldots + b_1 \frac{du}{dt} + b_0 u$$

Em termos de variáveis desvio, isto é, interpretando y e u como o desvio destas variáveis em relação ao ponto inicial de equilíbrio, e supondo que o sistema estava no estado estacionário (condições iniciais nulas), aplica-se a transformada de Laplace em ambos os lados da equação e se obtém a função de transferência do processo:

$$\frac{Y(s)}{U(s)} = G(s) = \frac{b_m s^m + b_{m-1} s^{m-1} + \ldots + b_1 s + b_0}{a_n s^n + a_{n-1} s^{n-1} + \ldots + a_1 s + a_0}$$

Para que corresponda à função de transferência de um sistema real, é necessário que:

$n \geq m$

Considerando um exemplo em que $n < m$:

$$a_0 y(t) = b_1 \frac{du(t)}{dt} + b_0 u(t)$$

obtém-se uma equação que, para uma entrada na forma de degrau unitário, a saída iria variar abruptamente, o que não ocorre na prática (o sistema responderia com um impulso unitário $\delta(t)$ que é uma idealidade).

Para um sistema multivariável (*Multiple Input Multiple Output* – MIMO) haverá tantas funções de transferência como indicado pelo produto do número de variáveis de entrada pelo número de variáveis de saída. Por exemplo, a Figura A1.3 mostra o caso 2x2.

Figura A1.3 Funções de Transferência do Processo MIMO.

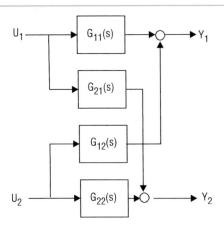

Este sistema poderia ser representado pela matriz (G) de funções de transferência:

$$\begin{bmatrix} Y_1 \\ Y_2 \end{bmatrix} = \begin{bmatrix} G_{11} & G_{12} \\ G_{21} & G_{22} \end{bmatrix} \begin{bmatrix} U_1 \\ U_2 \end{bmatrix} \quad \text{ou} \quad Y = G \times U$$

A1.3 Polos e Zeros de uma Função de transferência

As raízes do denominador de uma função de transferência (P(s) = 0) de um sistema são conhecidas como os polos deste sistema. E as raízes do numerador da função de transferência (Z(s) = 0) são os chamados "zeros" do sistema.

$$\frac{Y(s)}{U(s)} = G(s) = \frac{b_m s^m + b_{m-1} s^{m-1} + \ldots + b_1 s + b_0}{a_n s^n + a_{n-1} s^{n-1} + \ldots + a_1 s + a_0} = \frac{Z(s)}{P(s)}$$

Seja uma função de transferência de primeira ordem:

$$\frac{Y(s)}{U(s)} = \frac{K}{\tau s + 1}$$

Pode-se observar que ela tem apenas um polo em:

$$P(s) = \tau s + 1 = 0 \quad \Rightarrow \quad s = \frac{-1}{\tau}$$

Se este processo tiver como entrada um degrau unitário (u(t) = 1 para t > 0), a transformada desta entrada será (conforme a Tabela A1.1):

$$U(s) = \frac{1}{s}$$

Logo, a transformada de Laplace da saída será:

$$Y(s) = \frac{K}{\tau s + 1} \times \frac{1}{s}$$

Esta função não possui transformada inversa calculada na Tabela A1.1, logo ela deve ser transformada em frações parciais:

$$Y(s) = \frac{K}{\tau s + 1} \times \frac{1}{s} = \frac{A}{\tau s + 1} + \frac{B}{s}$$

Agora, necessita-se calcular as constantes "A" e "B". Para calcular "B", multiplica-se tudo por "s" e depois faz-se "s = 0":

$$\frac{K}{\tau s + 1} \times 1 = \frac{s \times A}{\tau s + 1} + B \quad \Rightarrow \quad \text{Para } s = 0 \quad \Rightarrow B = K$$

Para calcular "A", multiplica-se tudo por "τs + 1" e depois faz-se "s = −1/τ":

$$K \times \frac{1}{s} = A + B \times \frac{Ts + 1}{s} \Rightarrow \text{Para } s = \frac{-1}{\tau} \Rightarrow A = -K \times \tau$$

Portanto, a função tem a seguinte decomposição em frações parciais:

$$Y(s) = \frac{K}{\tau s + 1} \times \frac{1}{s} = \frac{-K \times \tau}{\tau s + 1} + \frac{K}{s} = \frac{-K}{s + \frac{1}{\tau}} + \frac{K}{s}$$

As duas frações parciais têm transformadas inversas na Tabela A1.1; logo, a saída do processo no tempo, após um degrau unitário na entrada será:

$$y(t) = -K \times e^{-t/\tau} + K = K\left(1 - e^{-t/\tau}\right)$$

Observa-se que para este processo ser estável a exponencial deve decrescer com o tempo e, para isto ocorrer, a constante de tempo (τ) deve ser positiva, o que equivale a dizer que o polo da função de transferência deve ser negativo "polo = −1/τ". De forma mais geral, como os polos podem ser complexos: $p_i = \sigma_i \pm jw_i$ a resposta temporal relativa a este polo seria: $y(t) = e^{\sigma t} \times sen(w_i t)$.

Estes resultados podem então ser generalizados: para que uma função de transferência seja estável, todos os seus pólos devem ter a parte real negativa. Isto gerou, na teoria clássica de controle, todo um estudo da estabilidade de um sistema dinâmico baseado na localização dos polos da função de transferência.

REFERÊNCIA BIBLIOGRÁFICA

[Ogata, 1982], "Engenharia de Controle Moderno", Ed. Prentice Hall do Brasil.

[Spiegel, 1981], "Transformada de Laplace", Ed. MCGraw Hill do Brasil.